坂田アキラの
指数・対数
が面白いほどわかる本

坂田　アキラ
Akira Sakata

※　本書は，小社より2007年に刊行された『新装版　坂田アキラの　三角関数・指数・対数が面白いほどわかる本』の「指数・対数」に関する内容を，加筆・修正した改訂版です。

史上最強の参考書 降臨

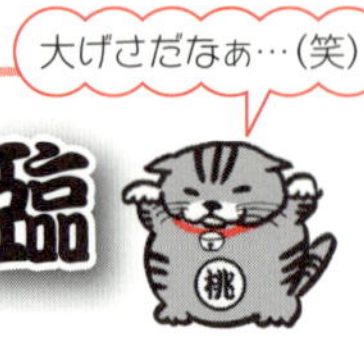

なぜ最強なのか…?? ご覧いただけばおわかりのとおり…

1問やれば10問分，いや20問分の**良問がぎっしり**!!
みなさんが修得しやすいように問題の配列，登場する数値もしっかり吟味してあります。

理由その 前代未聞!! 他に類を見ない**ダイナミック**かつ**詳しすぎる解説**!! 途中計算もまったく省かれていないので，数学が苦手なアナタもスイスイ進めますよ。

つまり，実力＆テクニック＆スピードがどんどん身についていく仕掛けになっています。

かゆ――いところに手が届く**導入**と**補足説明**が満載です。つまり，**なるほどの連続**を体験できます。そして感動の嵐!!

とゆーわけで…

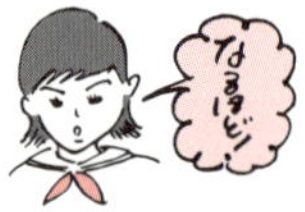

すべてにわたって最強の参考書です!!
そこで!! 本書を有効に活用するためにひと言!!

本書自体，史上最強であるため，よほど下手な使い方をしない限り**絶大な効果**を諸君にもたらすことは言うまでもない!!

しかし!! 最高の効果を心地よく得るためには，本書の特長を把握していただきたい。

本書の解説は，**大きい文字だけを拾い読み**すれば大たいの流れがわかるようになっています。ですから，この拾い読み

だけで理解できた問題に関しては，いちいち**周囲に細かい文字で書いてある補足や解説を見る必要はありません。**

しかし，**大きな文字で書いてある解説だけで理解不能となった場合は，周囲の細かい文字の解説を読んでみてください。きっとアナタを救ってくれます!!**

見る必要ない…??

細かい文字の解説部分には，**途中計算，使用した公式，もとになる基本事項**など，他の参考書では省略されている解説がしっかり載っています。

特長その3

問題のレベルが 基礎の基礎　基礎　標準　ちょいムズ　モロ難 の5段階に分かれています。

そこで!!　進め方ですが…

まず，比較的キソ的なものから固めていってください。つまり， 基礎の基礎 と 基礎 レベルをスラスラできるようになるまで，くり返しくり返し**実際に手を動かして**演習してください。

キソが固まってきたら，ちょっとレベルを上げて 標準 レベルをやってみましょう。このレベルは，特に**重要なテクニック**が散りばめられているので，必修です。これもまた，くり返しくり返し同じ問題でいいから，スラスラできるようになるまで，**実際に手を動かして**演習してください。これで**センターレベル**まではOKです。

さてさて，ハイレベルを目指すアナタは， ちょいムズ　モロ難 レベルから逃れることはできませんよ!!　しかし，安心してください。詳しすぎる解説がアナタをバックアップします。このレベルまでマスターすれば，アナタはもう完璧です。

いろいろ言いたいことを言わせてもらいましたが，本書を活用する諸君の **幸運** を願わないわけにはいきません。

Good Luck!!

坂田アキラ より 愛 をこめて…

も・く・じ

Theme 1	$\sqrt[m]{a}$ の意味って？？	8
Theme 2	指数のいじくり講座	17
Theme 3	大小比較のカギとは？？	30
Theme 4	指数方程式＆指数不等式いろいろ	43
Theme 5	結局，2次関数になるやつ！	55
Theme 6	対数関数 log とは…？	64
Theme 7	まだまだ重要な掟があります！	74
Theme 8	対数方程式は，大切すぎる！	82
Theme 9	対数不等式は，最重要なり！	97
Theme 10	対数の大小比較伝説	110
Theme 11	またしても，結局，2次関数になるやつ	119
Theme 12	よくありがちな文章題	131
Theme 13	桁数物語	139
Theme 14	領域がらみの問題を攻略せよ！！	150
Theme 15	指数関数＆対数関数のグラフにズームイン！！	169

| Theme 16 | 有理数と無理数の話題がからむ問題 ………………… **186** |
| Theme 17 | 公式証明ダイジェスト！……………………………… **193** |

問題一覧表 ………………………………………………… **195**

この本の特長と使い方

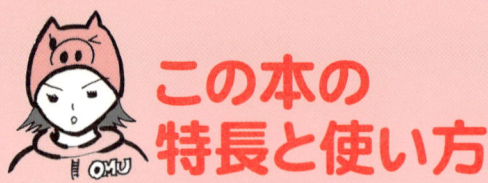

絶対理解しなければならない重要な概念を，ゼロからわかるように説明しています。

問題のレベルを段階別に表示しているので，学習の目安になります。

- 基礎の基礎
- 基礎
- 標準
- ちょいムズ
- モロ難

掲載している問題は，入試の典型的なパターンをすべて網羅した良問の数々です。

64

Theme 6　対数関数 log とは…？

ログと読む

ログ…!?

これを覚えろ!!

$$a^x = b \iff x = \log_a b$$

イメージは…

$a^x = b$ のとき $x = ?$

このとき…

この x を $x = \log_a b$ と表現する！

まず名称を

$\log_a b$

ここの小さい数を **底** と呼ぶ

ここの大きい数を **真数** と呼ぶ

で，ウォーミングアップを…

問題 6-1　　　　　　　　　　　　　　基礎の基礎

次の方程式を解け。
(1) $3^x = 5$
(2) $7^x = 13$
(3) $4^x - 2^{x+1} - 3 = 0$

おまけ　懐かしのタイプ…
(4) $2^x = 8$　　Theme 4 のタイプ！

ナイスな導入!!

テーマは(1)〜(3)と **おまけ** の(4)との違いです！

おまけ

(4)では，$2^x = 8$　　$8 = 2^3$　両辺ともに 2 が登場!!

$2^x = 2^3$　　一致!!　$2^x = 2^3$

そこで，∴ $x = 3$　**できあがり！**

この本は、「指数・対数」の基本から応用，重要公式から㊙テクニックまで，幅広く網羅した決定版です。この分野が苦手な人でも得意な人でも，好きな人でも嫌いな人でも，だれが読んでも納得・満足の内容です！　さあ，さっそく始めてみましょう！

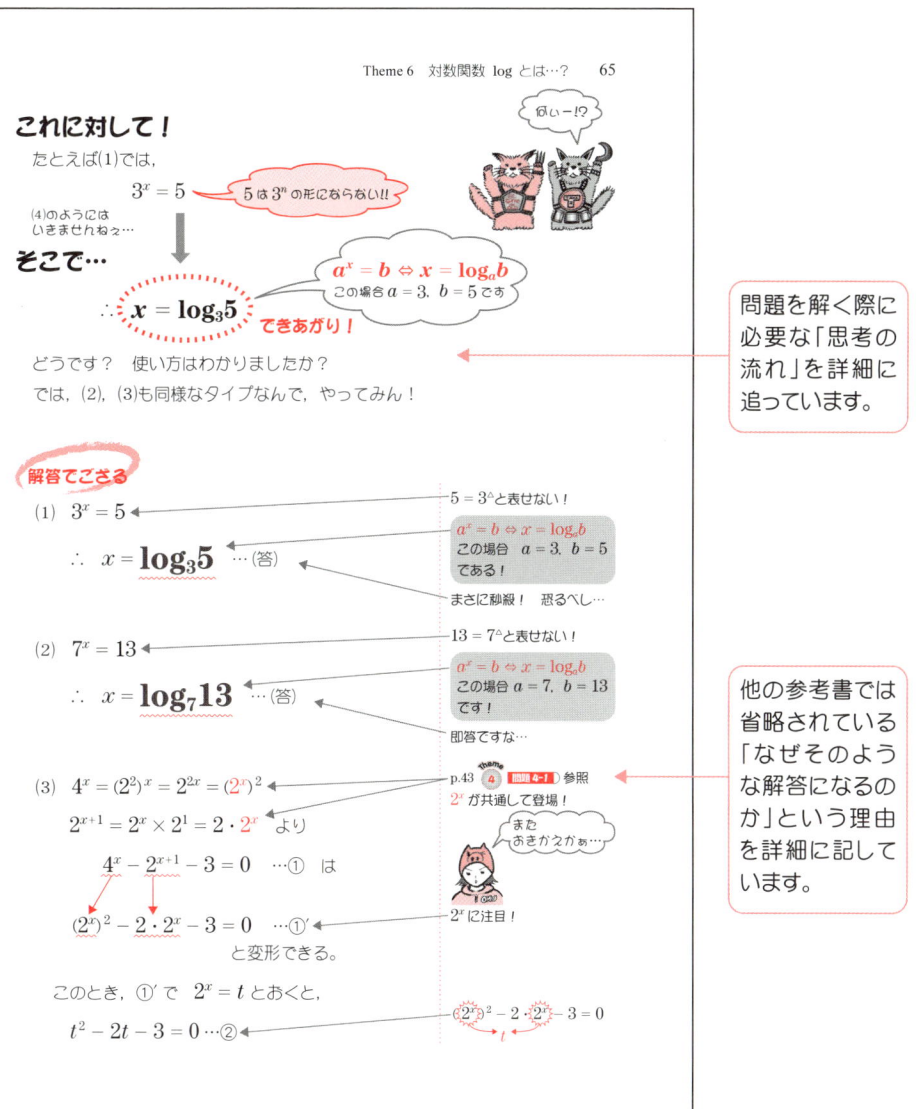

Theme 1: $\sqrt[m]{a}$ の意味って？？

a の m 乗根!!

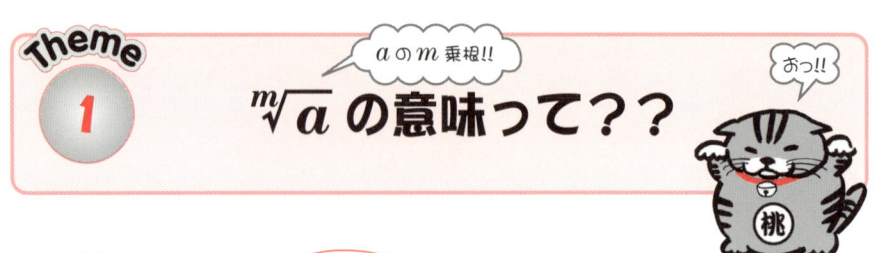

おっ!!

たとえば

$x = \sqrt[3]{5}$ — 3乗すると… → $x^3 = 5$

5の3乗根
3乗すると5になる数

$x = \sqrt[8]{3}$ — 8乗すると… → $x^8 = 3$

3の8乗根
8乗すると3になる数

で，有名なものが…みんな知ってるヨ♥

$x = \sqrt[2]{6}$ — 2乗すると… → $x^2 = 6$

6の2乗根（平方根）
2乗すると6になる数

ん!! こっ，これは…
そーです，ふつうのルートですよ！

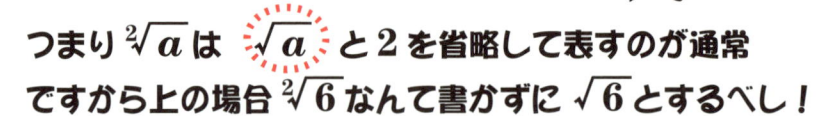

なるほどッ！

つまり $\sqrt[2]{a}$ は $\sqrt{a}$ と 2 を省略して表すのが通常ですから上の場合 $\sqrt[2]{6}$ なんて書かずに $\sqrt{6}$ とするべし！

つま———り!!

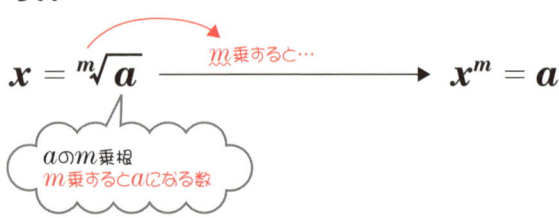

$x = \sqrt[m]{a}$ — m乗すると… → $x^m = a$

aのm乗根
m乗するとaになる数

Theme 1　$\sqrt[m]{a}$ の意味って??

ひとまず，公式を紹介しておきまーす！

掟 Part I　累乗根の法則　（前ページ参照）

その1　$(\sqrt[m]{a})^m = a$

> 中3の範囲です！ 省略する!!
> $\sqrt[2]{a} = \sqrt{a}$ ですョ！

> 平方根の場合を思い出せ！
> $\sqrt{3^2} = 3$

その2　$\sqrt[m]{a^m} = a$

その3　$\sqrt[m]{a} \times \sqrt[m]{b} = \sqrt[m]{ab}$

> 平方根の場合を思い出せ！
> $\sqrt{3} \times \sqrt{5} = \sqrt{3 \times 5} = \sqrt{15}$
> これと同様です!!

その4　$\dfrac{\sqrt[m]{a}}{\sqrt[m]{b}} = \sqrt[m]{\dfrac{a}{b}}$

> 平方根の場合を思い出せ！
> $\dfrac{\sqrt{5}}{\sqrt{3}} = \sqrt{\dfrac{5}{3}}$　これと同じこと!!

その5　$(\sqrt[m]{a})^n = \sqrt[m]{a^n}$

> 平方根の場合を思い出せ！
> $(\sqrt{3})^4 = \sqrt{3^4} (= \sqrt{81} = 9)$
> と同じことです!!

その6　$\sqrt[m]{\sqrt[n]{a}} = \sqrt[mn]{a}$

（このとき，m と n は正の整数）

> 現段階ではとりあえず暗記！
> Theme 2 が終わったあたりで納得できます!!

あと，公式としてメジャーじゃないけど…もう1つ…

その7　m が**正の奇数**のときに対して

$$\boxed{\sqrt[m]{-a} = -\sqrt[m]{a}}$$

> m が正の奇数のときに限りマイナスを出せる！

では，確認してみましょう…

$$\sqrt[3]{-125} = \sqrt[3]{(-5)^3} = -5 \quad \cdots ㋐$$

> その2 $\sqrt[m]{a^m} = a$ です！

となりますネ！

$$\sqrt[3]{-125} = -\sqrt[3]{125} = -\sqrt[3]{5^3} = -5 \quad \cdots ㋑$$

（正の奇数）

㋐と㋑より，結果は一致するネ！

注　その7 は，あくまでも m が**正の奇数**のときだけ！
　m が正の偶数のときはダメですョ！！

> 「数学II」でやります！ i は虚数ですョ！

たとえば…　　$\sqrt{-3} = \sqrt{-1} \times \sqrt{3} = i \times \sqrt{3} = \sqrt{3}\, i$
（2 が省略）

ホラ！　　$\sqrt{-3} = -\sqrt{3}$　なんてしたら　**爆死**　です！

では，試運転といきましょう！

問題 1-1 　　　　　　　　　　　　　　　　　　　　　　　基礎の基礎

次の式を簡単にせよ。

(1) $\sqrt[4]{125} \times \sqrt[4]{5}$

(2) $\sqrt[3]{24} \div \sqrt[3]{3}$

(3) $\sqrt[4]{162} \times \sqrt[4]{64} \div \sqrt[4]{8}$

(4) $\sqrt[5]{-192} \div \sqrt[5]{12} \times \sqrt[5]{486}$

ナイスな導入!!

(1) $\sqrt[4]{125} \times \sqrt[4]{5} = \sqrt[4]{125 \times 5} = \sqrt[4]{5^4} = 5$　できあがり！

　　　　　　　　　　　　　　　　　　　　　　　$125 = 5^3$　　$5^3 \times 5 = 5^4$

掟PartI その3：$\sqrt[m]{a} \times \sqrt[m]{b} = \sqrt[m]{ab}$
掟PartI その2：$\sqrt[m]{a^m} = a$

(2) $\sqrt[3]{24} \div \sqrt[3]{3} = \dfrac{\sqrt[3]{24}}{\sqrt[3]{3}} = \sqrt[3]{8} = \sqrt[3]{2^3} = 2$　できあがり！

イメージは $p \div q = \dfrac{p}{q}$

掟PartI その4：$\dfrac{\sqrt[m]{a}}{\sqrt[m]{b}} = \sqrt[m]{\dfrac{a}{b}}$

掟PartI その2：$\sqrt[m]{a^m} = a$

(3) $\sqrt[4]{162} \times \sqrt[4]{64} \div \sqrt[4]{8}$

イメージは $p \times q \div r = \dfrac{p \times q}{r}$

$= \dfrac{\sqrt[4]{162} \times \sqrt[4]{64}}{\sqrt[4]{8}}$

分子で　掟PartI その3：$\sqrt[m]{a} \times \sqrt[m]{b} = \sqrt[m]{ab}$

$= \dfrac{\sqrt[4]{162 \times 64}}{\sqrt[4]{8}}$

掟PartI その4：$\dfrac{\sqrt[m]{a}}{\sqrt[m]{b}} = \sqrt[m]{\dfrac{a}{b}}$

$= \sqrt[4]{\dfrac{162 \times \overset{8}{\cancel{64}}}{\cancel{8}}}$

$= \sqrt[4]{162 \times 8}$

$= \sqrt[4]{2 \times 3^4 \times 2^3}$

$= \sqrt[4]{2^4 \times 3^4}$

2) 162
3) 81
3) 27
3)   9
　　　3

$\Rightarrow 162 = 2 \times 3^4$　また $8 = 2^3$

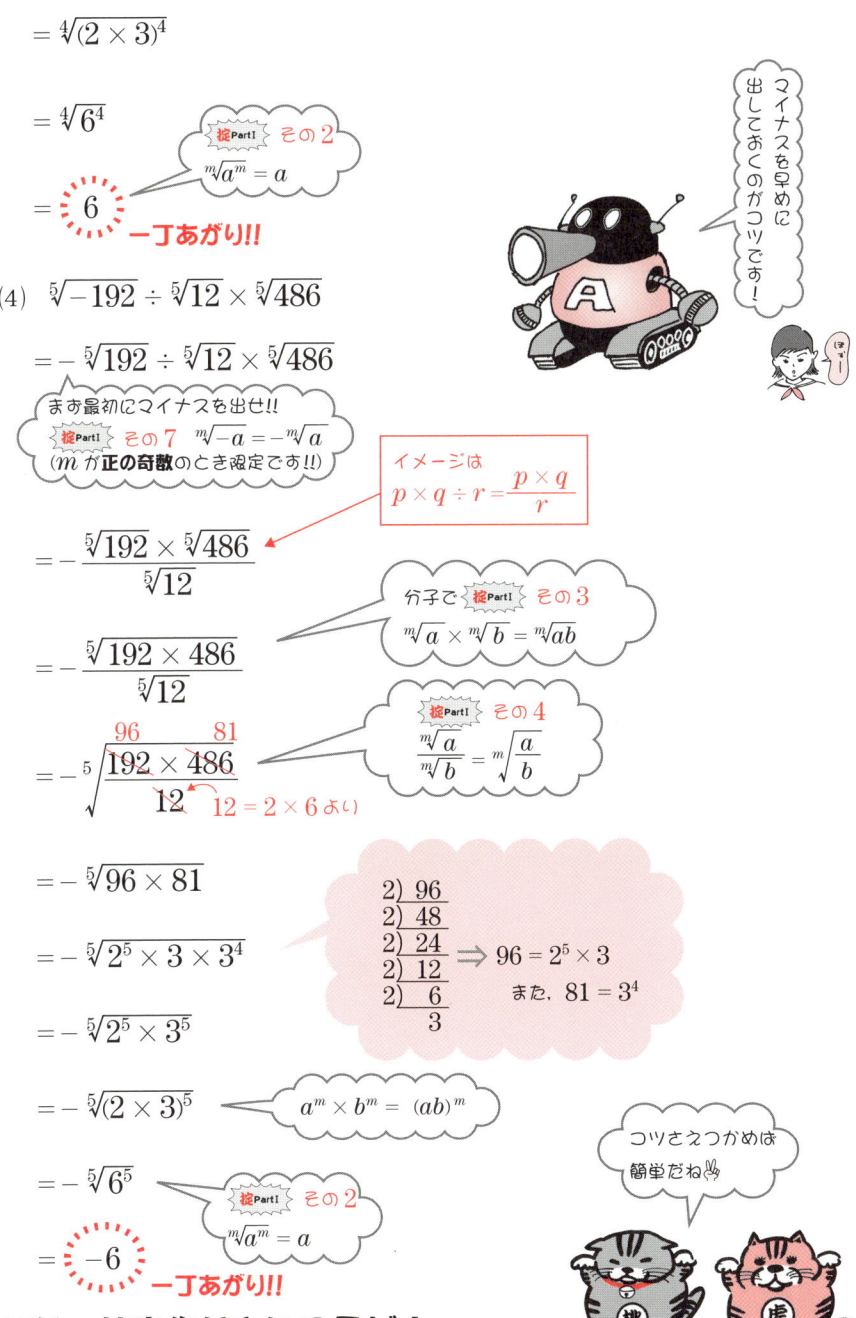

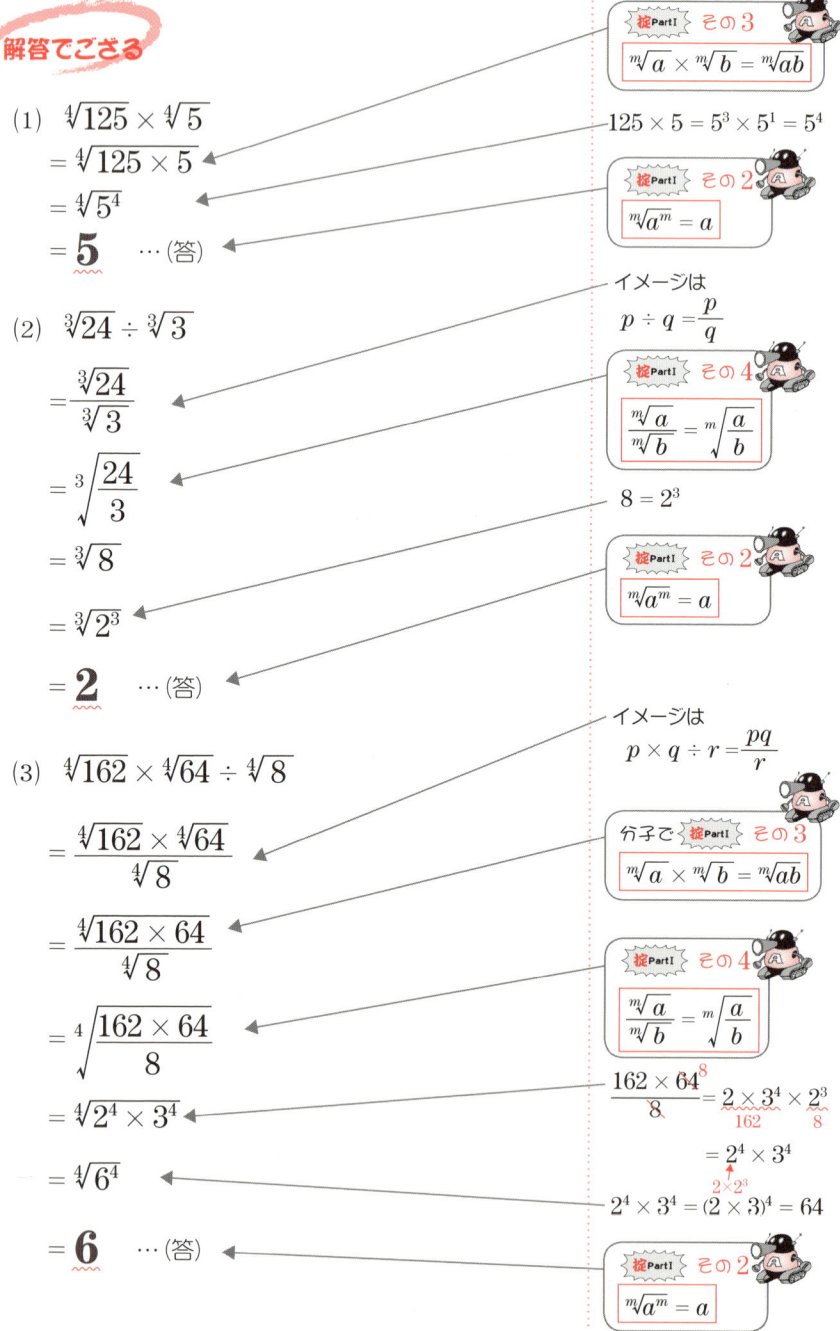

(4) $\sqrt[5]{-192} \div \sqrt[5]{12} \times \sqrt[5]{486}$

$= -\sqrt[5]{192} \div \sqrt[5]{12} \times \sqrt[5]{486}$

$= -\dfrac{\sqrt[5]{192} \times \sqrt[5]{486}}{\sqrt[5]{12}}$

$= -\dfrac{\sqrt[5]{192 \times 486}}{\sqrt[5]{12}}$

$= -\sqrt[5]{\dfrac{192 \times 486}{12}}$

$= -\sqrt[5]{2^5 \times 3^5}$

$= -\sqrt[5]{6^5}$

$= -6$ …(答)

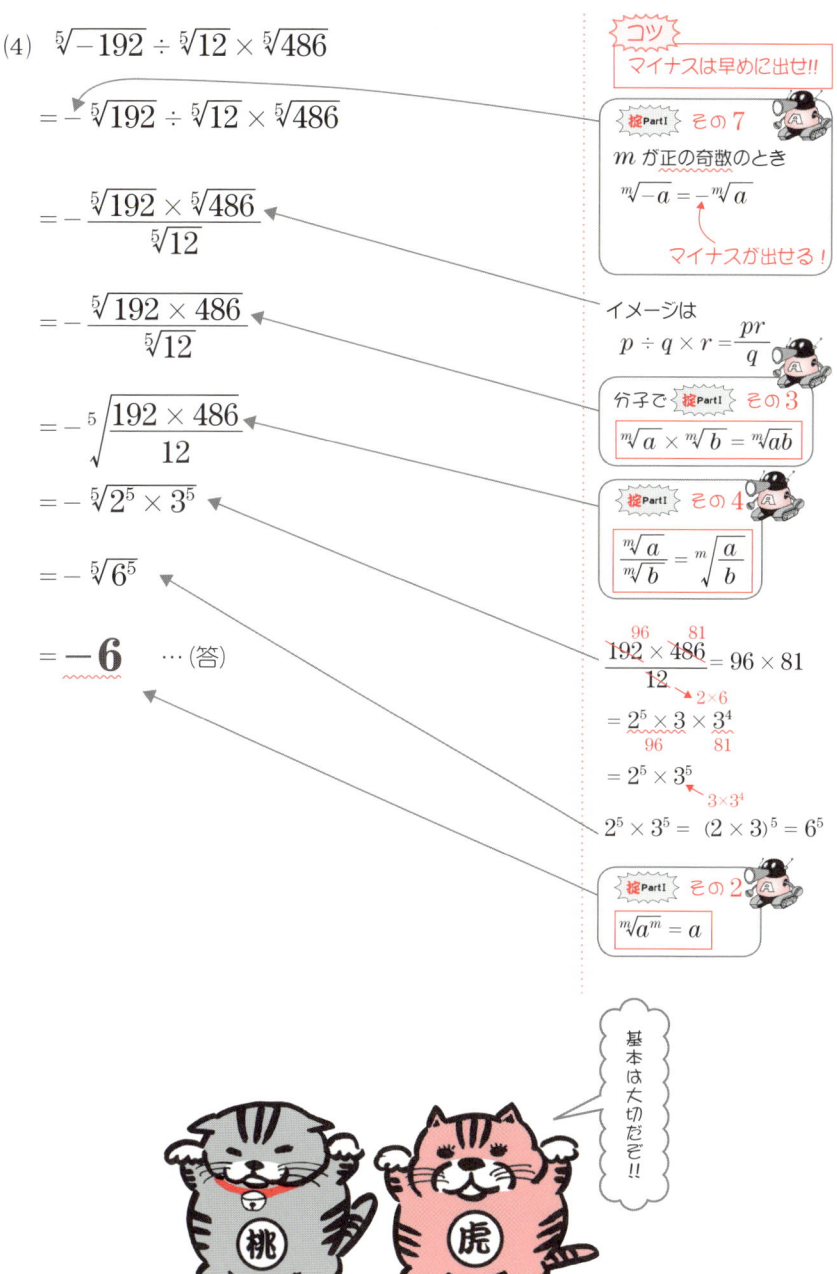

問題 1-2 [基礎]

次の式を簡単にせよ。

(1) $3\sqrt{8} + \sqrt{18} - 2\sqrt{2} - \sqrt{50}$

(2) $2\sqrt[3]{81} - \sqrt[3]{-3} + 4\sqrt[3]{-192} + 5\sqrt[3]{24}$

(3) $2\sqrt[4]{32} + 3\sqrt[4]{162} - 2\sqrt[4]{1250}$

ナイスな導入!!

(1)は中学の復習ですョ！

$\sqrt{8} = \sqrt{2 \times 2 \times 2} = 2\sqrt{2}$

$\sqrt{18} = \sqrt{2 \times 3 \times 3} = 3\sqrt{2}$

$\sqrt{50} = \sqrt{2 \times 5 \times 5} = 5\sqrt{2}$

> ルートの計算の基本！
> ルートの中の2乗根は外に出せる！

これらより！

$3\sqrt{8} + \sqrt{18} - 2\sqrt{2} - \sqrt{50}$
$= 3 \times 2\sqrt{2} + 3\sqrt{2} - 2\sqrt{2} - 5\sqrt{2}$
$= 6\sqrt{2} + 3\sqrt{2} - 2\sqrt{2} - 5\sqrt{2}$
$= 2\sqrt{2}$ できあがり！

> 性質は，文字の計算と同じ！
> $6a + 3a - 2a - 5a = 2a$
> $a = \sqrt{2}$ とすればOK！

(2) (1)を参考にして…

$\sqrt[3]{81} = \sqrt[3]{3 \times 3 \times 3 \times 3} = 3\sqrt[3]{3}$

> 今回は3乗根なので
> 3乗ごとに外に出せる！

$\sqrt[3]{3^3} \times \sqrt[3]{3} = 3 \times \sqrt[3]{3}$
と考えてもOK！

> 掟Part1 その3
> $\sqrt[m]{a} \times \sqrt[m]{b} = \sqrt[m]{ab}$

$\sqrt[3]{-3} = -\sqrt[3]{3}$

> マイナスは早めに出せ!!
> 掟Part1 その7
> m が正の奇数のとき
> $\sqrt[m]{-a} = -\sqrt[m]{a}$

イメージコーナー

2が省略されてます！

$\sqrt{p \times p \times q} = p\sqrt{q}$

$\sqrt[3]{p \times p \times p \times q} = p\sqrt[3]{q}$

$\sqrt[4]{p \times p \times p \times p \times q} = p\sqrt[4]{q}$

$\sqrt[3]{-192} = -\sqrt[3]{192} = -\sqrt[3]{4 \times 4 \times 4 \times 3} = -4\sqrt[3]{3}$

3乗で外に出せる！

マイナスは早めに出せ!!
【Part1】その7
m が正の奇数のとき
$\sqrt[m]{-a} = -\sqrt[m]{a}$

$-\sqrt[3]{4^3} \times \sqrt[3]{3} = -4 \times \sqrt[3]{3}$
と考えてもOK!

【Part1】その3
$\sqrt[m]{a} \times \sqrt[m]{b} = \sqrt[m]{ab}$

$\sqrt[3]{24} = \sqrt[3]{2 \times 2 \times 2 \times 3} = 2\sqrt[3]{3}$

$\sqrt[3]{2^3} \times \sqrt[3]{3} = 2 \times \sqrt[3]{3}$
と考えてもOK!

【Part1】その3
$\sqrt[m]{a} \times \sqrt[m]{b} = \sqrt[m]{ab}$

なるほど

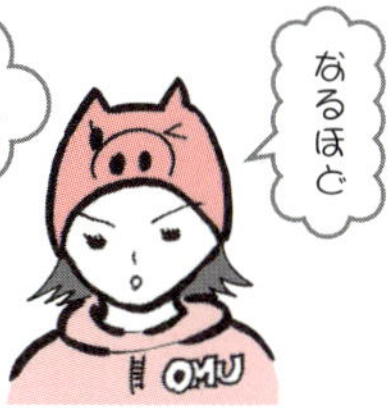

これらより！

$2\sqrt[3]{81} - \sqrt[3]{-3} + 4\sqrt[3]{-192} + 5\sqrt[3]{24}$
$= 2 \times 3\sqrt[3]{3} - (-\sqrt[3]{3}) + 4 \times (-4\sqrt[3]{3}) + 5 \times 2\sqrt[3]{3}$
$= 6\sqrt[3]{3} + \sqrt[3]{3} - 16\sqrt[3]{3} + 10\sqrt[3]{3}$
$= \sqrt[3]{3}$ 一丁あがり！

$6a + a - 16a + 10a = a$
この場合 $a = \sqrt[3]{3}$ です！

(3) (2)と同様でございます！ Let's try!!

解答でござる

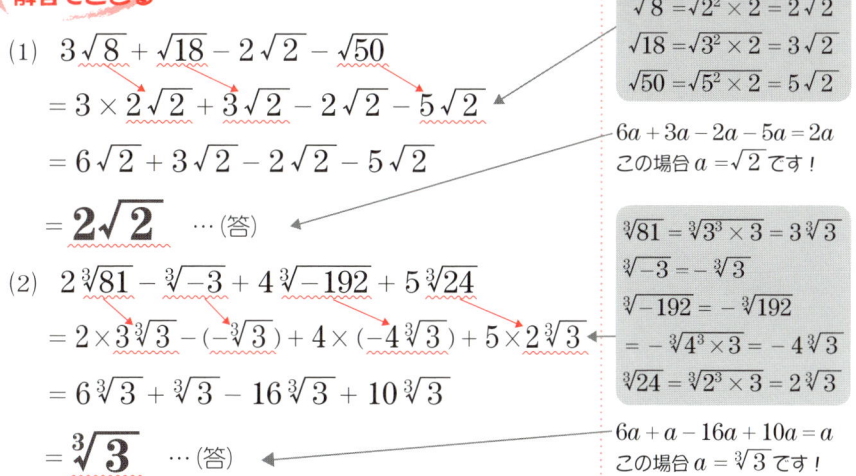

(1) $3\sqrt{8} + \sqrt{18} - 2\sqrt{2} - \sqrt{50}$
$= 3 \times 2\sqrt{2} + 3\sqrt{2} - 2\sqrt{2} - 5\sqrt{2}$
$= 6\sqrt{2} + 3\sqrt{2} - 2\sqrt{2} - 5\sqrt{2}$
$= 2\sqrt{2}$ …(答)

$\sqrt{8} = \sqrt{2^2 \times 2} = 2\sqrt{2}$
$\sqrt{18} = \sqrt{3^2 \times 2} = 3\sqrt{2}$
$\sqrt{50} = \sqrt{5^2 \times 2} = 5\sqrt{2}$

$6a + 3a - 2a - 5a = 2a$
この場合 $a = \sqrt{2}$ です！

(2) $2\sqrt[3]{81} - \sqrt[3]{-3} + 4\sqrt[3]{-192} + 5\sqrt[3]{24}$
$= 2 \times 3\sqrt[3]{3} - (-\sqrt[3]{3}) + 4 \times (-4\sqrt[3]{3}) + 5 \times 2\sqrt[3]{3}$
$= 6\sqrt[3]{3} + \sqrt[3]{3} - 16\sqrt[3]{3} + 10\sqrt[3]{3}$
$= \sqrt[3]{3}$ …(答)

$\sqrt[3]{81} = \sqrt[3]{3^3 \times 3} = 3\sqrt[3]{3}$
$\sqrt[3]{-3} = -\sqrt[3]{3}$
$\sqrt[3]{-192} = -\sqrt[3]{192}$
$= -\sqrt[3]{4^3 \times 3} = -4\sqrt[3]{3}$
$\sqrt[3]{24} = \sqrt[3]{2^3 \times 3} = 2\sqrt[3]{3}$

$6a + a - 16a + 10a = a$
この場合 $a = \sqrt[3]{3}$ です！

(3) $2\sqrt[4]{32} + 3\sqrt[4]{162} - 2\sqrt[4]{1250}$

$= 2 \times \sqrt[4]{2^4 \times 2} + 3 \times \sqrt[4]{3^4 \times 2} - 2 \times \sqrt[4]{5^4 \times 2}$

$= 2 \times 2\sqrt[4]{2} + 3 \times 3\sqrt[4]{2} - 2 \times 5\sqrt[4]{2}$

$= 4\sqrt[4]{2} + 9\sqrt[4]{2} - 10\sqrt[4]{2}$

$= \mathbf{3\sqrt[4]{2}}$ …(答)

```
2)162      2)1250
3) 81      5) 625
3) 27      5) 125
3)  9      5)  25
    3             5
```

イメージは
$\sqrt[4]{p^4 \times q} = p\sqrt[4]{q}$

4乗ごとに外に出せる！

$4a + 9a - 10a = 3a$
この場合 $a = \sqrt[4]{2}$ です！

プロフィール

金四郎

　桃太郎を兄貴と慕う大型猫。少し乱暴な性格なので虎次郎には嫌われてます。品種はノルウェージャンフォレットキャットで超剛毛!!　夏はかなり暑そうです
もちろんみっちゃんの飼い猫です。

プロフィール

玉三郎

　虎次郎と仲良しの小型猫。品種は美声で名高いソマリで毛はフサフサ。少し気まぐれな性格ですが気になることはとことん追求する性分です!!　玉三郎もみっちゃんの飼い猫です。

Theme 2 指数のいじくり講座

$a^p \times a^q = a^{p+q}$
$(a^p)^q = a^{pq}$
などなど

まずこれを覚えてくれ!!

$\sqrt[m]{a^n} = a^{\frac{n}{m}}$ （このとき，m & n は，正の整数です！）

とくに $\sqrt{a} = a^{\frac{1}{2}}$ でっせ!! $\sqrt{a} = \sqrt[2]{a^1} = a^{\frac{1}{2}}$ です！

たとえば，$\sqrt[5]{3^2} = 3^{\frac{2}{5}}$，$\sqrt[8]{2^5} = 2^{\frac{5}{8}}$ です!!

で，またまた公式をまとめておきます!!

掟 Part Ⅱ 指数法則

その1 $a^0 = 1$

たとえば… $3^0 = 1$，$100^0 = 1$，$50000^0 = 1$，$(\sqrt{3})^0 = 1$，$\left(\frac{1}{2}\right)^0 = 1$ で一す!!
ただし，0^0 は，定義されていません！

その2 $a^{-p} = \dfrac{1}{a^p}$

たとえば $3^{-2} = \dfrac{1}{3^2}$，$5^{-3} = \dfrac{1}{5^3}$

その3 $a^p \times a^q = a^{p+q}$

中学でもやりましたョ！
たとえば $3^4 \times 3^2 = 3^{4+2} = 3^6$

その4 $a^p \div a^q = a^{p-q}$

これも中学のお話！　たとえば $3^{10} \div 3^8 = 3^{10-8} = 3^2$

その5 $(a^p)^q = a^{pq}$

中学でもやりましたってば!!
たとえば $(3^2)^5 = 3^{2 \times 5} = 3^{10}$

$3^2 \times 3^2 \times 3^2 \times 3^2 \times 3^2$
$= 3^{2+2+2+2+2}$ でしょ!!

その6 $(ab)^p = a^p b^p$

（このとき，p & q は有理数。つまり，$\dfrac{2}{5}$ や $-\dfrac{1}{3}$ などもOK！）

え一！分数!!

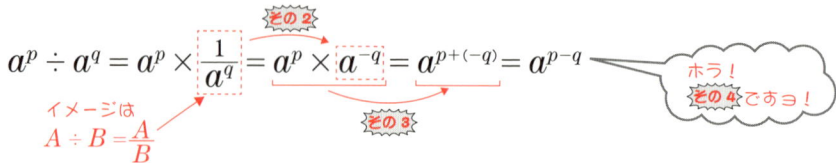

では，早速試運転です！

問題 2-1　　　　　　　　　　　　　　基礎の基礎

次の式を簡単にせよ。

(1) $7^0 \times 3^2 \times 2^3 \times 6^{-2}$

(2) $(2^3)^{-2}$

(3) $\sqrt[3]{2^2} \times \sqrt[6]{6^2} \times \sqrt[12]{3^8}$

(4) $\sqrt[5]{3^4} \times 9^{\frac{1}{10}} \times 3^{-1}$

(5) $\sqrt[3]{-2^4} \times \sqrt{10} \times 2^{\frac{1}{6}} \times 5^{-\frac{1}{2}}$

ナイスな導入!!

(1) $7^0 = 1$　　〔掟PartⅡ その1　$a^0 = 1$〕

$6^{-2} = (2 \times 3)^{-2} = 2^{-2} \times 3^{-2}$　〔掟PartⅡ その6　$(ab)^p = a^p b^p$〕

以上より，

$7^0 \times 3^2 \times 2^3 \times 6^{-2}$

$= 1 \times 3^2 \times 2^3 \times (2^{-2} \times 3^{-2})$　〔まわりの顔ぶれを見ると 2 & 3 が登場している！ だから，$6 = 2 \times 3$ と分解!!〕

$= 3^2 \times 3^{-2} \times 2^3 \times 2^{-2}$　〔並べかえました!!〕

$= 3^{2-2} \times 2^{3-2}$　〔掟PartⅡ その3　$a^p \times a^q = a^{p+q}$〕

$= 3^0 \times 2^1$

$= 1 \times 2$　〔掟PartⅡ その1　$a^0 = 1$〕

$= \boxed{2}$　**一丁あがり!!**

〔掟PartⅡ その2　$a^{-p} = \dfrac{1}{a^p}$〕

参考　まわりくといですが

$3^2 \times 3^{-2} = 3^2 \times \dfrac{1}{3^2} = \dfrac{3^2}{3^2} = 1$

$2^3 \times 2^{-2} = 2^3 \times \dfrac{1}{2^2} = \dfrac{2^3}{2^2} = 2^{3-2} = 2^1 = 2$

と考えてもOK!

(2) $(2^3)^{-2} = 2^{3 \times (-2)} = 2^{-6} = \dfrac{1}{2^6} = \dfrac{1}{64}$　一丁あがり!!

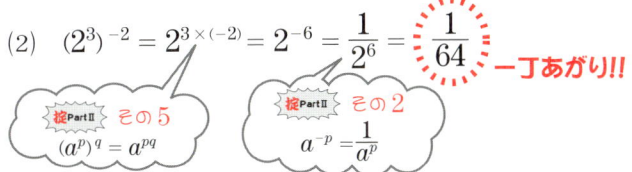

(3)〜(5)について…

この連中は，問題 1-1 & 問題 1-2 と一味違う!!
問題 1-1 & 問題 1-2 では，累乗根が統一されますが，
たとえば(3)で

$$\sqrt[3]{2^2} \times \sqrt[6]{6^2} \times \sqrt[12]{3^8}$$

ってな感じです!!　バラバラです!!

こんなときは…

すべて，指数で表現せよ!! ババーン!!

(3)では，$\sqrt[3]{2^2} = 2^{\frac{2}{3}}$　約分!!

$\sqrt[6]{6^2} = 6^{\frac{2}{6}} = 6^{\frac{1}{3}}$

$\sqrt[12]{3^8} = 3^{\frac{8}{12}} = 3^{\frac{2}{3}}$

すべてで $\sqrt[m]{a^n} = a^{\frac{n}{m}}$ を活用!!

以上より，

$\sqrt[3]{2^2} \times \sqrt[6]{6^2} \times \sqrt[12]{3^8}$

$= 2^{\frac{2}{3}} \times 6^{\frac{1}{3}} \times 3^{\frac{2}{3}}$

$= 2^{\frac{2}{3}} \times (2 \times 3)^{\frac{1}{3}} \times 3^{\frac{2}{3}}$

$= 2^{\frac{2}{3}} \times 2^{\frac{1}{3}} \times 3^{\frac{1}{3}} \times 3^{\frac{2}{3}}$

$= 2^{\frac{2}{3} + \frac{1}{3}} \times 3^{\frac{1}{3} + \frac{2}{3}}$

$= 2^1 \times 3^1$

$= 6$　できあがり！

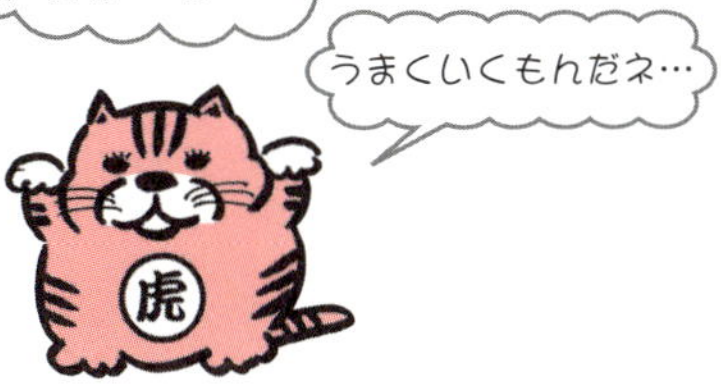

まわりの空気を見て $6 = 2 \times 3$ と分ければいい感じ！

掟PartⅡ その6　$(ab)^p = a^p b^p$

掟PartⅡ その3　$a^p \times a^q = a^{p+q}$

うまくいくもんだネ…

(4), (5)も同様です!!

解答でござる

(1) $7^0 \times 3^2 \times 2^3 \times 6^{-2}$

$= 1 \times 3^2 \times 2^3 \times (2 \times 3)^{-2}$

$= 3^2 \times 2^3 \times 2^{-2} \times 3^{-2}$

$= 2^3 \times 2^{-2} \times 3^2 \times 3^{-2}$

$= 2^{3-2} \times 3^{2-2}$

$= 2^1 \times 3^0$

$= 2 \times 1$

$= \underline{\mathbf{2}}$ …(答)

掟PartⅡ その1　$a^0 = 1$

掟PartⅡ その6　$(ab)^p = a^p b^p$

並べかえたよ！

掟PartⅡ その3　$a^p \times a^q = a^{p+q}$

掟PartⅡ その1　$a^0 = 1$

(2) $(2^3)^{-2}$

$= 2^{-6}$

$= \dfrac{1}{2^6}$

$= \underline{\dfrac{\mathbf{1}}{\mathbf{64}}}$ …(答)

掟PartⅡ その5　$(a^p)^q = a^{pq}$

掟PartⅡ その2　$a^{-p} = \dfrac{1}{a^p}$

(3) $\sqrt[3]{2^2} \times \sqrt[6]{6^2} \times \sqrt[12]{3^8}$

$= 2^{\frac{2}{3}} \times 6^{\frac{2}{6}} \times 3^{\frac{8}{12}}$

$= 2^{\frac{2}{3}} \times 6^{\frac{1}{3}} \times 3^{\frac{2}{3}}$

$= 2^{\frac{2}{3}} \times (2 \times 3)^{\frac{1}{3}} \times 3^{\frac{2}{3}}$

$= 2^{\frac{2}{3}} \times 2^{\frac{1}{3}} \times 3^{\frac{1}{3}} \times 3^{\frac{2}{3}}$

$= 2^{\frac{2}{3}+\frac{1}{3}} \times 3^{\frac{1}{3}+\frac{2}{3}}$

$= 2^1 \times 3^1$

$= \underline{\mathbf{6}}$ …(答)

$\sqrt[m]{a^n} = a^{\frac{n}{m}}$

指数をそれぞれ約分

$6 = 2 \times 3$ とする！

掟PartⅡ その6　$(ab)^p = a^p b^p$

掟PartⅡ その3　$a^p \times a^q = a^{p+q}$

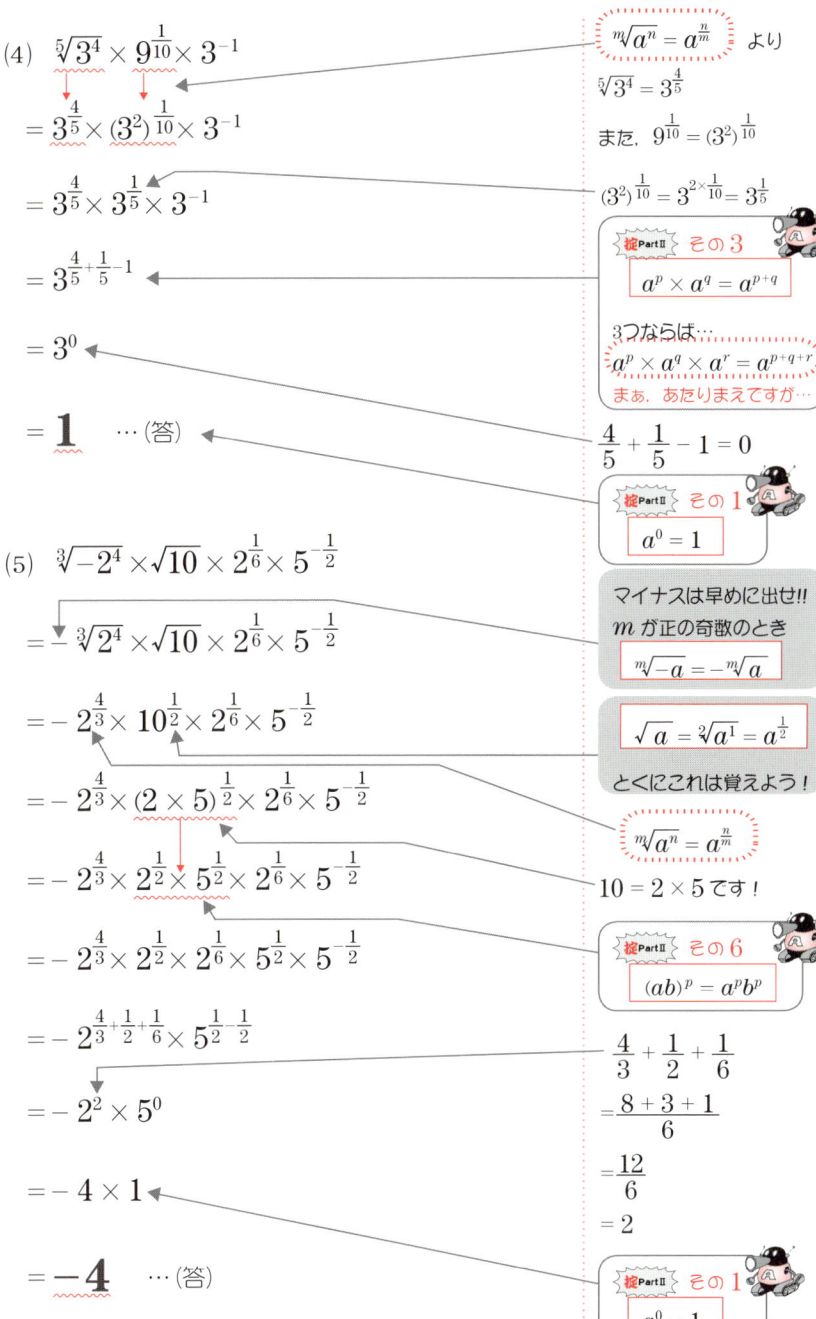

ちょっとばかりレベルを上げましょう！

問題 2-2　基礎

次の式を簡単にせよ。ただし，$a > 0$，$b > 0$ とする。

(1) $\sqrt{a} \times \sqrt[3]{a} \times \sqrt[6]{a}$

(2) $\sqrt[4]{a^2 \sqrt{a^3 \sqrt[3]{a^2}}}$

(3) $\sqrt[3]{a\sqrt{a}} \times \sqrt[4]{a} \div \sqrt{a\sqrt{a}}$

(4) $(a^{\frac{1}{4}} - b^{\frac{1}{4}})(a^{\frac{1}{4}} + b^{\frac{1}{4}})(a^{\frac{1}{2}} + b^{\frac{1}{2}})$

ナイスな導入!!

ポイントは1つ!!　**すべて指数で表せ！**　ですョ ♥

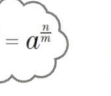

$\sqrt[m]{a^n} = a^{\frac{n}{m}}$

(2)のような，一見グロテスクなものもありますが，内側から順番に攻めていけば楽勝です！

解答でござる

(1) $\sqrt{a} \times \sqrt[3]{a} \times \sqrt[6]{a}$

$= a^{\frac{1}{2}} \times a^{\frac{1}{3}} \times a^{\frac{1}{6}}$

$= a^{\frac{1}{2} + \frac{1}{3} + \frac{1}{6}}$

$= a^1$

$= a$　…(答)

$\sqrt[m]{a^n} = a^{\frac{n}{m}}$ より

$\sqrt{a} = \sqrt[2]{a^1} = a^{\frac{1}{2}}$

$\sqrt[3]{a} = \sqrt[3]{a^1} = a^{\frac{1}{3}}$

$\sqrt[6]{a} = \sqrt[6]{a^1} = a^{\frac{1}{6}}$

PartⅡ その3

$a^p \times a^q = a^{p+q}$

$\dfrac{1}{2} + \dfrac{1}{3} + \dfrac{1}{6}$

$= \dfrac{3 + 2 + 1}{6} = \dfrac{6}{6} = 1$

(2) $\sqrt[4]{a^2 \sqrt{a^3 \sqrt[3]{a^2}}}$

$= \sqrt[4]{a^2 \sqrt{a^3 \times a^{\frac{2}{3}}}}$

内側から攻めろ!!

$\sqrt[m]{a^n} = a^{\frac{n}{m}}$ ですョ！

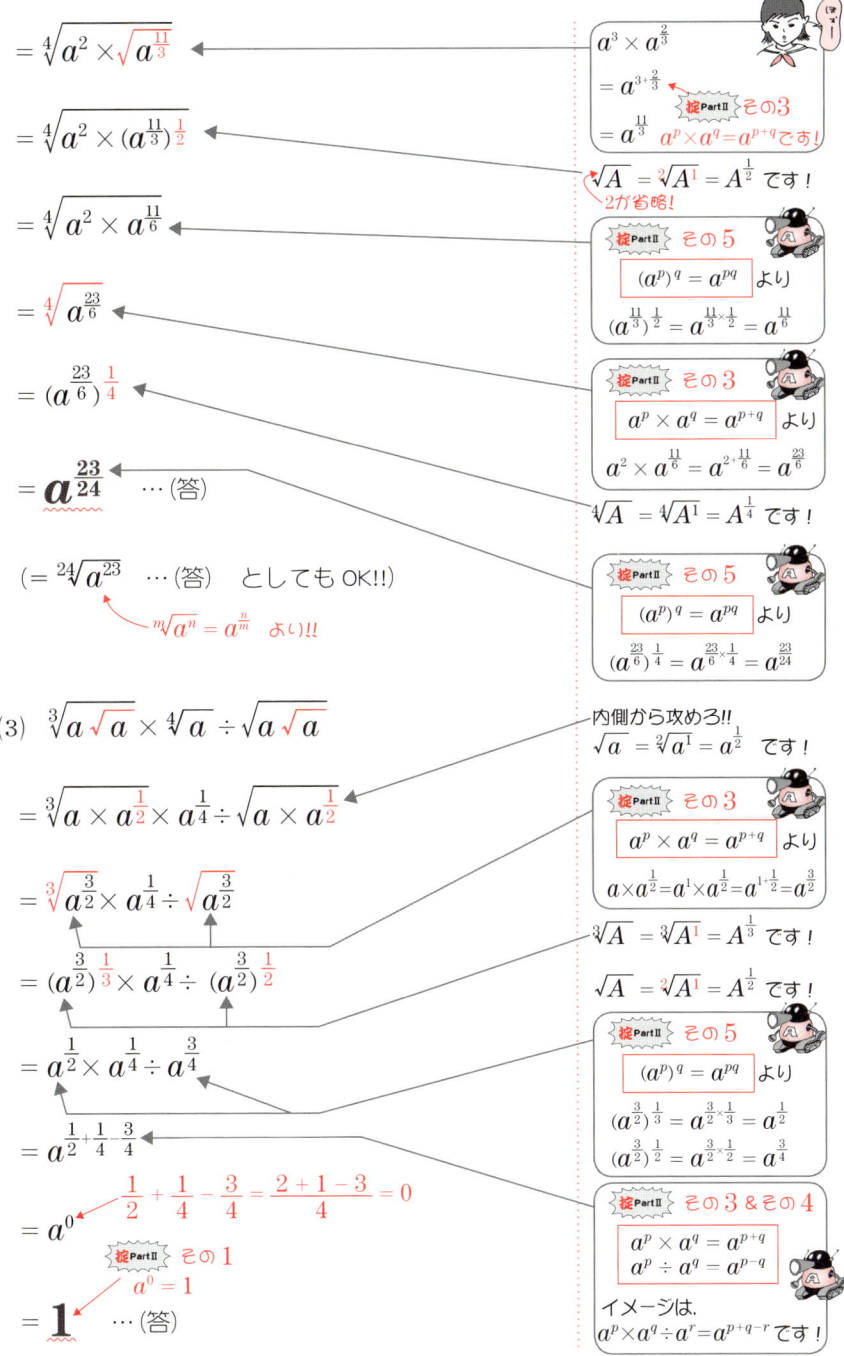

(4)　$(a^{\frac{1}{4}} - b^{\frac{1}{4}})(a^{\frac{1}{4}} + b^{\frac{1}{4}})(a^{\frac{1}{2}} + b^{\frac{1}{2}})$

$= \{(a^{\frac{1}{4}})^2 - (b^{\frac{1}{4}})^2\}(a^{\frac{1}{2}} + b^{\frac{1}{2}})$

$= (a^{\frac{1}{2}} - b^{\frac{1}{2}})(a^{\frac{1}{2}} + b^{\frac{1}{2}})$

$= (a^{\frac{1}{2}})^2 - (b^{\frac{1}{2}})^2$

$= \boldsymbol{a - b}$　…(答)

$(A-B)(A+B) = A^2 - B^2$ です！

$A = a^{\frac{1}{4}}$, $B = b^{\frac{1}{4}}$と考えて

$(a^{\frac{1}{4}} - b^{\frac{1}{4}})(a^{\frac{1}{4}} + b^{\frac{1}{4}})$

$= (a^{\frac{1}{4}})^2 - (b^{\frac{1}{4}})^2$　$\frac{1}{4} \times 2$

$= a^{\frac{1}{2}} - b^{\frac{1}{2}}$ ですヨ！

また同様です！

$A = a^{\frac{1}{2}}$, $B = b^{\frac{1}{2}}$と考えて

$(a^{\frac{1}{2}} - b^{\frac{1}{2}})(a^{\frac{1}{2}} + b^{\frac{1}{2}})$

$= (a^{\frac{1}{2}})^2 - (b^{\frac{1}{2}})^2$　$\frac{1}{2} \times 2$

$= a^1 - b^1$

$= a - b$

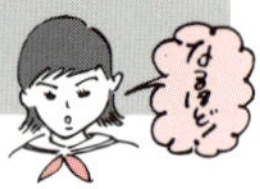

まだまだいくぜ！

問題 2-3　標準

次の式を簡単にせよ。

(1)　$4 \times 24^{\frac{1}{3}} - 3 \times 81^{\frac{1}{3}}$

(2)　$\sqrt[3]{-54} + 2\sqrt[6]{4} + \sqrt[3]{16}$

(3)　$\sqrt[4]{2^9} - \sqrt[4]{2} - \sqrt[4]{2^6} \div \sqrt[4]{2}$

ナイスな導入!!

ではでは早速…

(1)　$24^{\frac{1}{3}} = (2^3 \times 3)^{\frac{1}{3}} = (2^3)^{\frac{1}{3}} \times 3^{\frac{1}{3}} = 2^1 \times 3^{\frac{1}{3}} = 2 \cdot 3^{\frac{1}{3}}$

$(ab)^p = a^p b^p$

$3 \times \frac{1}{3} = 1$

$81^{\frac{1}{3}} = (3^3 \times 3)^{\frac{1}{3}} = (3^3)^{\frac{1}{3}} \times 3^{\frac{1}{3}} = 3^1 \times 3^{\frac{1}{3}}$

$81 = 3^4 = 3^3 \times 3^1$

$(ab)^p = a^p b^p$

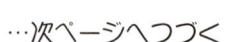

…次ページへつづく

以上より，

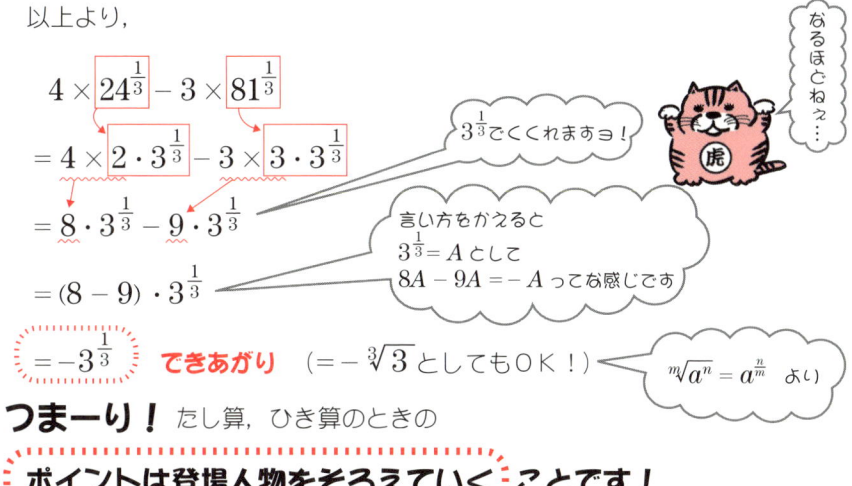

$$4 \times \boxed{24^{\frac{1}{3}}} - 3 \times \boxed{81^{\frac{1}{3}}}$$
$$= 4 \times \boxed{2 \cdot 3^{\frac{1}{3}}} - 3 \times \boxed{3 \cdot 3^{\frac{1}{3}}}$$
$$= 8 \cdot 3^{\frac{1}{3}} - 9 \cdot 3^{\frac{1}{3}}$$
$$= (8 - 9) \cdot 3^{\frac{1}{3}}$$
$$= -3^{\frac{1}{3}}$$ **できあがり** （$= -\sqrt[3]{3}$ としてもOK！）

$3^{\frac{1}{3}}$でくくれますョ！

言い方をかえると $3^{\frac{1}{3}} = A$ として $8A - 9A = -A$ ってな感じです

$\sqrt[m]{a^n} = a^{\frac{n}{m}}$ より

なるほどねぇ…

つまーり！ たし算，ひき算のときの

ポイントは登場人物をそろえていくことです！

本問では，$3^{\frac{1}{3}}$でそろえていきましたネ！
では，次は，何でそろえようかね〜？？
登場してる累乗根が $\sqrt[3]{△}$ や $\sqrt[6]{△}$ とバラバラなのでひとまず **指数** で表そう。

(2) $\sqrt[3]{-54} = -\sqrt[3]{54}$

マイナスは早めに出せ!! $\sqrt[m]{-a} = -\sqrt[m]{a}$ （m が正の奇数）

$$= -54^{\frac{1}{3}}$$
$$= -(3^3 \times 2)^{\frac{1}{3}}$$

$\sqrt[m]{a^n} = a^{\frac{n}{m}}$ です！

$$= -(3^3)^{\frac{1}{3}} \times 2^{\frac{1}{3}}$$

$(ab)^p = a^p b^p$

$$= -3^1 \times 2^{\frac{1}{3}}$$
$$= -3 \cdot 2^{\frac{1}{3}}$$

$3 \times \frac{1}{3} = 1$　$(a^p)^q = a^{pq}$ ですョ！

Ⓐにつづく

$$\sqrt[6]{4} = 4^{\frac{1}{6}}$$

$\sqrt[m]{a^n} = a^{\frac{n}{m}}$ です！

$$= 2^{\frac{2}{6}}$$

$\sqrt[6]{4} = 4^{\frac{1}{6}} = (2^2)^{\frac{1}{6}} = 2^{\frac{2}{6}}$としてもOK！

$$= 2^{\frac{1}{3}}$$

指数を約分しました!!

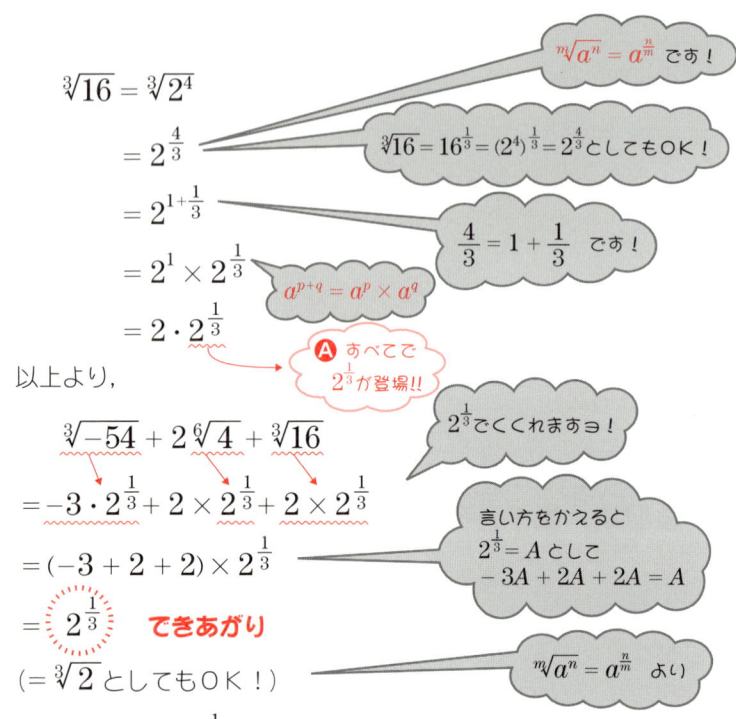

(3) (2)と同様！ $2^{\frac{1}{4}}$ が全体から登場しまーす！ Let's try!!

解答でござる

(1) $4 \times 24^{\frac{1}{3}} - 3 \times 81^{\frac{1}{3}}$

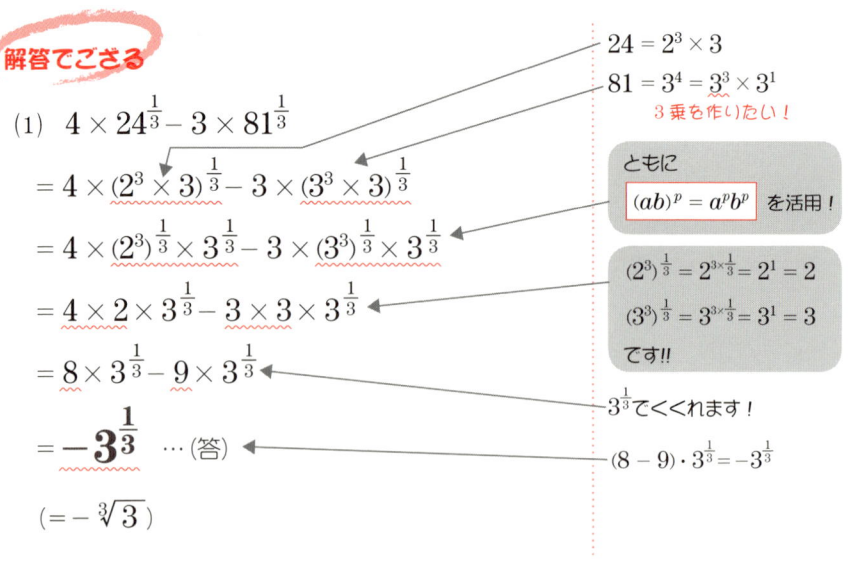

Theme 2 指数のいじくり講座   27

(2) $\sqrt[3]{-54} + 2\sqrt[6]{4} + \sqrt[3]{16}$

$= -\sqrt[3]{54} + 2\sqrt[6]{2^2} + \sqrt[3]{2^4}$

$= -(3^3 \times 2)^{\frac{1}{3}} + 2 \times 2^{\frac{2}{6}} + 2^{\frac{4}{3}}$

$= -3 \times 2^{\frac{1}{3}} + 2 \times 2^{\frac{1}{3}} + 2 \times 2^{\frac{1}{3}}$

$= \underline{\underline{2^{\frac{1}{3}}}}$ …(答)

$(= \sqrt[3]{2})$

> ナイスな導入!! 参照！
> マイナスは早めに出せ!!
> $\sqrt[m]{-a} = -\sqrt[m]{a}$ （m が正の奇数）

> $54 = 3^3 \times 2$ です！

> $(3^3 \times 2)^{\frac{1}{3}} = (3^3)^{\frac{1}{3}} \times 2^{\frac{1}{3}}$
> $= 3^{3 \times \frac{1}{3}} \times 2^{\frac{1}{3}} = 3^1 \times 2^{\frac{1}{3}}$

> $\frac{4}{3} = 1 + \frac{1}{3}$ より
> $2^{\frac{4}{3}} = 2^{1+\frac{1}{3}} = 2^1 \times 2^{\frac{1}{3}}$
> $2^{\frac{1}{3}}$ でくくれます！

> $(-3 + 2 + 2) \cdot 2^{\frac{1}{3}}$
> $= 2^{\frac{1}{3}}$

(3) $\sqrt[4]{2^9} = 2^{\frac{9}{4}}$

$\phantom{\sqrt[4]{2^9}} = 2^{2+\frac{1}{4}}$

$\phantom{\sqrt[4]{2^9}} = 2^2 \times 2^{\frac{1}{4}}$

$\phantom{\sqrt[4]{2^9}} = 4 \times 2^{\frac{1}{4}}$

$\sqrt[4]{2} = 2^{\frac{1}{4}}$

$\sqrt[4]{2^6} \div \sqrt[4]{2} = 2^{\frac{6}{4}} \div 2^{\frac{1}{4}}$

$\phantom{\sqrt[4]{2^6} \div \sqrt[4]{2}} = 2^{\frac{6}{4}-\frac{1}{4}}$

$\phantom{\sqrt[4]{2^6} \div \sqrt[4]{2}} = 2^{\frac{5}{4}}$

$\phantom{\sqrt[4]{2^6} \div \sqrt[4]{2}} = 2^{1+\frac{1}{4}}$

$\phantom{\sqrt[4]{2^6} \div \sqrt[4]{2}} = 2 \times 2^{\frac{1}{4}}$

> $\sqrt[m]{a^n} = a^{\frac{n}{m}}$ です！
> $\frac{9}{4} = 2 + \frac{1}{4}$
> $a^{p+q} = a^p \times a^q$

> $\sqrt[4]{2^1} = 2^{\frac{1}{4}}$ you know？
> ともに
> $\sqrt[m]{a^n} = a^{\frac{n}{m}}$ です！
> $a^p \div a^q = a^{p-q}$
> $\frac{5}{4} = 1 + \frac{1}{4}$ です！
> $a^{p+q} = a^p \times a^q$ です！
> この場合
> $2^{1+\frac{1}{4}} = 2^1 \times 2^{\frac{1}{4}}$

以上より，

$\sqrt[4]{2^9} - \sqrt[4]{2} - \sqrt[4]{2^6} \div \sqrt[4]{2}$

$= 4 \times 2^{\frac{1}{4}} - 2^{\frac{1}{4}} - 2 \times 2^{\frac{1}{4}}$

$= \underline{\underline{2^{\frac{1}{4}}}}$ …(答)

$(= \sqrt[4]{2})$

> $2^{\frac{1}{4}}$ でくくれます！
> $(4-1-2) \cdot 2^{\frac{1}{4}}$
> $= 2^{\frac{1}{4}}$

なるほどね

有名なタイプをおひとつ…

問題 2-4　　　　　　　　　　　　　　　　　標準

$2^x + 2^{-x} = 5$ のとき，次のそれぞれの値を求めよ．

(1) $4^x + 4^{-x}$

(2) $8^x + 8^{-x}$

ナイスな導入!!

たいした問題ではないのすが，見やすくする意味も込めて，
$t = 2^x$ とおきかえて解説しまーす！

まず，直感的に…

$$4^x = (2^2)^x = 2^{2x} = (\overset{t}{2^x})^2 = t^2 \quad \cdots Ⓐ$$

$$8^x = (2^3)^x = 2^{3x} = (\overset{t}{2^x})^3 = t^3 \quad \cdots Ⓑ \quad ですよネ！$$

そこで， おきかえ始動！

$$2^x + 2^{-x} = 5 \rightarrow \overset{t}{2^x} + \frac{1}{2^x} = 5 \rightarrow t + \frac{1}{t} = 5$$

(1)で，$4^x + 4^{-x} = \overset{t^2}{4^x} + \dfrac{1}{4^x} = t^2 + \dfrac{1}{t^2}$　（Ⓐより）

(2)で，$8^x + 8^{-x} = \overset{t^3}{8^x} + \dfrac{1}{8^x} = t^3 + \dfrac{1}{t^3}$　（Ⓑより）

つまーり！本問は…

$t + \dfrac{1}{t} = 5$ のとき，次のそれぞれの値を求めよ．

(1) $t^2 + \dfrac{1}{t^2}$　　(2) $t^3 + \dfrac{1}{t^3}$

と同一の問題であーる！

数学Ⅰの「数と式」の分野でおなじみでしょ？？

解答でござる

$2^x + 2^{-x} = 5$ ⋯① $\boxed{2^x = t}$ とおくと

①から, $t + \dfrac{1}{t} = 5$ ⋯②

(1) $\boxed{4^x + 4^{-x} = t^2 + \dfrac{1}{t^2}}$ ⋯③

②の両辺を2乗すると

$$\left(t + \dfrac{1}{t}\right)^2 = 5^2$$

$$t^2 + 2 \times t \times \dfrac{1}{t} + \left(\dfrac{1}{t}\right)^2 = 25$$

$$t^2 + 2 + \dfrac{1}{t^2} = 25$$

$$\therefore \quad t^2 + \dfrac{1}{t^2} = 23$$

このとき, ③から $\mathbf{4^x + 4^{-x} = 23}$ ⋯(答)

(2) $\boxed{8^x + 8^{-x} = t^3 + \dfrac{1}{t^3}}$ ⋯④

②の両辺を3乗すると

$$\left(t + \dfrac{1}{t}\right)^3 = 5^3$$

$$t^3 + 3 \times t^2 \times \dfrac{1}{t} + 3 \times t \times \left(\dfrac{1}{t}\right)^2 + \left(\dfrac{1}{t}\right)^3 = 125$$

$$t^3 + 3t + \dfrac{3}{t} + \dfrac{1}{t^3} = 125$$

$$t^3 + \dfrac{1}{t^3} + 3\left(t + \dfrac{1}{t}\right) = 125$$

②より, $t^3 + \dfrac{1}{t^3} + 3 \times 5 = 125$

$$\therefore \quad t^3 + \dfrac{1}{t^3} = 110$$

このとき, ④から $\mathbf{8^x + 8^{-x} = 110}$ ⋯(答)

見やすくするためにおきかえます!

$2^x + 2^{-x} = 5$
⇓
$\boxed{2^x} + \dfrac{1}{\boxed{2^x}} = 5$
⇓
$t + \dfrac{1}{t} = 5$

おきかえです!!
$4^x + 4^{-x} = 4^x + \dfrac{1}{4^x}$
$= (2^2)^x + \dfrac{1}{(2^2)^x} = 2^{2x} + \dfrac{1}{2^{2x}}$
$= (\boxed{2^x})^2 + \dfrac{1}{(\boxed{2^x})^2} = t^2 + \dfrac{1}{t^2}$

$(a+b)^2 = a^2 + 2ab + b^2$

③より, t の式からもとにもどす!

おきかえです!!
$8^x + 8^{-x} = 8^x + \dfrac{1}{8^x}$
$= (2^3)^x + \dfrac{1}{(2^3)^x} = 2^{3x} + \dfrac{1}{2^{3x}}$
$= (\boxed{2^x})^3 + \dfrac{1}{(\boxed{2^x})^3} = t^3 + \dfrac{1}{t^3}$

$(a+b)^3$
$= a^3 + 3a^2b + 3ab^2 + b^3$

$3t + \dfrac{3}{t} = 3\left(t + \dfrac{1}{t}\right)$

②より
$t + \dfrac{1}{t} = 5$

$125 - 3 \times 5$
$= 125 - 15 = 110$

④より, t の式からもとにもどす!

Theme 3 大小比較のカギとは？？

まずキソを固めておこうぜ!!

話題 その $y = 2^x$ のグラフを描いておくれ♥

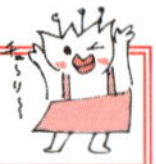

じゃあ，x にいろいろ数値をハメてみようかぁ！

$x = -3$ のとき　$y = 2^{-3} = \dfrac{1}{2^3} = \dfrac{1}{8}$

$x = -2$ のとき　$y = 2^{-2} = \dfrac{1}{2^2} = \dfrac{1}{4}$

$x = -1$ のとき　$y = 2^{-1} = \dfrac{1}{2^1} = \dfrac{1}{2}$

$x = 0$　のとき　$y = 2^0 = 1$

$x = 1$　のとき　$y = 2^1 = 2$

$x = 2$　のとき　$y = 2^2 = 4$

$x = 3$　のとき　$y = 2^3 = 8$

x の値が増えると $y = 2^x$ の値もどんどん増えます！

$a^0 = 1$ です！

てなわけでグラフは…

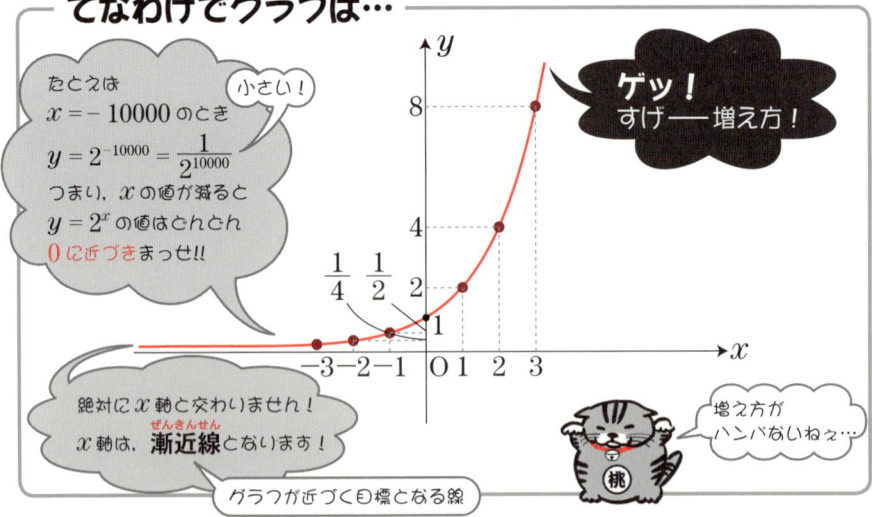

たとえば $x = -10000$ のとき
$y = 2^{-10000} = \dfrac{1}{2^{10000}}$
つまり，x の値が減ると $y = 2^x$ の値はどんどん **0 に近づきまっせ!!**

ゲッ！ すげ——増え方！

絶対に x 軸と交わりません！ x 軸は，**漸近線**となります！

グラフが近づく目標となる線

増え方がハンパないねぇ…

これに対して…

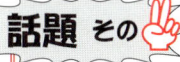

話題 その2

$y=\left(\frac{1}{2}\right)^x$ のグラフを描いておくれ♥

チョ〜リ〜

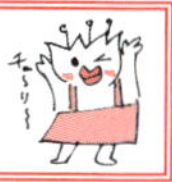

じゃあ，x にいろいろ数値をハメてみようかぁ！

私からの提案なんですが…
$\left(\frac{b}{a}\right)^{-n}=\left(\frac{a}{b}\right)^{n}$ と覚えてしまうと速いっすヨ！

$x=-3$ のとき　$y=\left(\frac{1}{2}\right)^{-3}=\left(\frac{2}{1}\right)^{3}=2^3=8$

$x=-2$ のとき　$y=\left(\frac{1}{2}\right)^{-2}=\left(\frac{2}{1}\right)^{2}=2^2=4$

$x=-1$ のとき　$y=\left(\frac{1}{2}\right)^{-1}=\left(\frac{2}{1}\right)^{1}=2^1=2$

$x=0$　のとき　$y=\left(\frac{1}{2}\right)^{0}=1$

$x=1$　のとき　$y=\left(\frac{1}{2}\right)^{1}=\frac{1}{2}$

$x=2$　のとき　$y=\left(\frac{1}{2}\right)^{2}=\frac{1}{4}$

$x=3$　のとき　$y=\left(\frac{1}{2}\right)^{3}=\frac{1}{8}$

x の値が増えると $y=\left(\frac{1}{2}\right)^x$ の値はどんどん減っちゃいます

てなわけでグラフは…

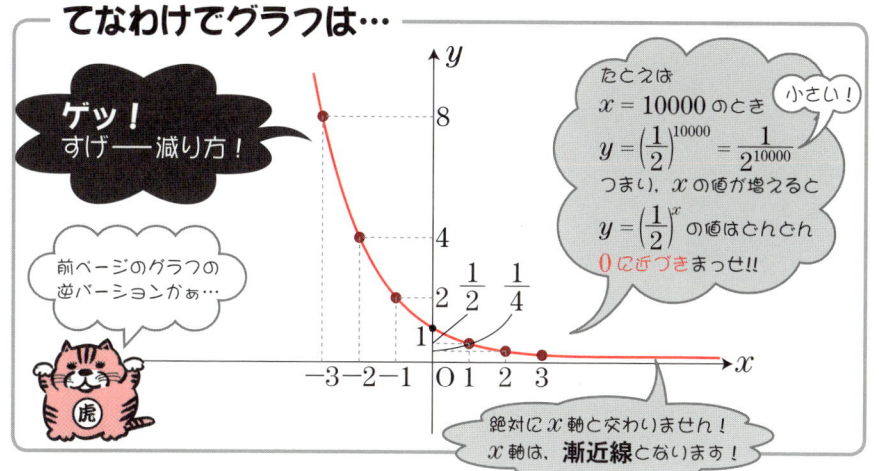

ゲッ！
すげ――減り方！
前ページのグラフの逆バージョンかぁ…
虎
y
8
4
2
1
1/2
1/4
−3 −2 −1 O 1 2 3
x
たとえば
x = 10000 のとき
小さい！
y = (1/2)^10000 = 1/2^10000
つまり，x の値が増えると
y = (1/2)^x の値はどんどん
0 に近づきまっせ!!
絶対に x 軸と交わりません！
x 軸は，漸近線となります！

ザ・まとめ $y = a^x$ のグラフ！

i) $a > 1$ のとき

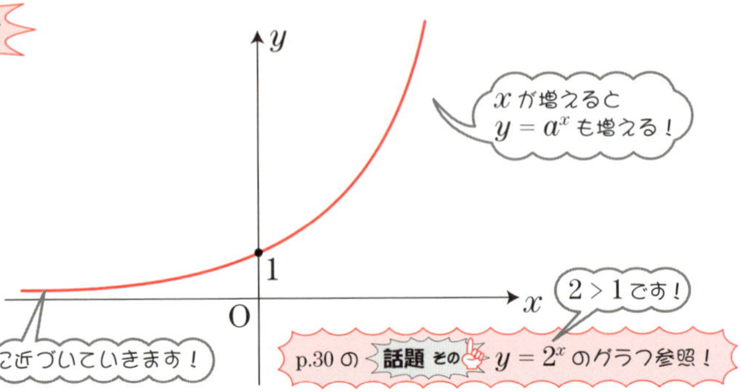

x が増えると $y = a^x$ も増える！

x 軸に近づいていきます！

p.30 の 話題その ✌ $y = 2^x$ のグラフ参照！

$2 > 1$ です！

ii) $0 < a < 1$ のとき

x が増えても $y = a^x$ は減っちゃうよ！

x 軸に近づいていきます！

p.31 の 話題その ✌ $y = \left(\dfrac{1}{2}\right)^x$ のグラフ参照！

$0 < \dfrac{1}{2} < 1$ です！

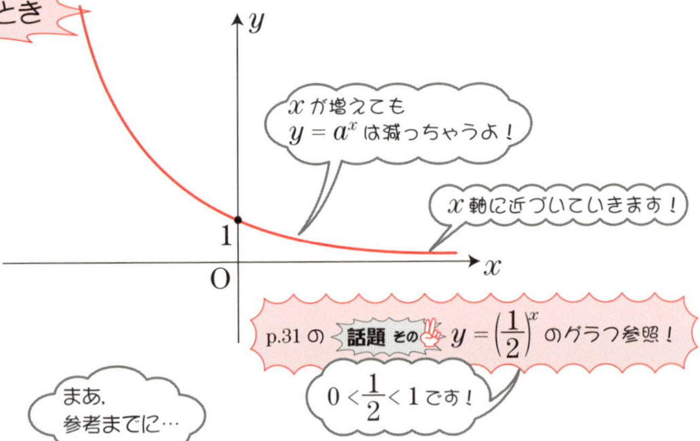

まあ、参考までに…

iii) $a = 1$ のとき

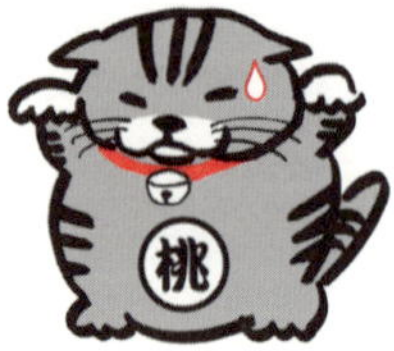

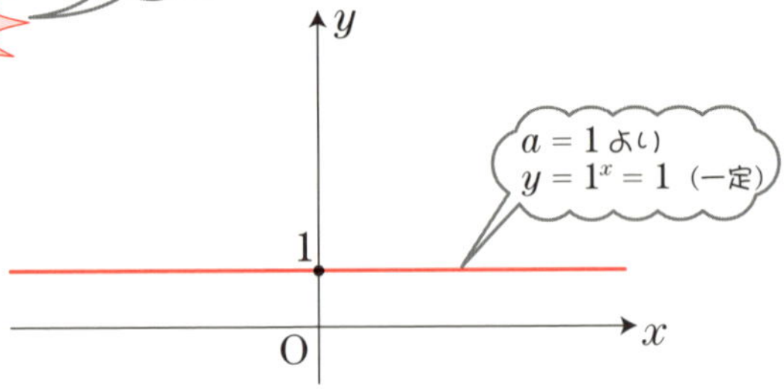

$a = 1$ より $y = 1^x = 1$ （一定）

注! $a \leqq 0$ のときは考えなくてよし!!

たとえば、$a = -3$ で $x = \dfrac{1}{2}$ のとき、$y = (-3)^{\frac{1}{2}} = \sqrt{-3}$ ←虚数!!

ダメでしょ？

Theme 3　大小比較のカギとは？？

今の話が頭に入っていれば，これがデキる!!

問題 3-1　　　　　　　　　　　　　　　　　　　基礎の基礎

次の各組の数で大きい方を答えよ。

(1)　$A = 3^{\frac{3}{2}}$,　$B = 3^{\frac{5}{4}}$

(2)　$A = \sqrt[5]{2^3}$,　$B = \sqrt[8]{2^5}$

(3)　$A = \left(\dfrac{1}{3}\right)^{\frac{5}{6}}$,　$B = \left(\dfrac{1}{3}\right)^{\frac{6}{7}}$

ナイスな導入!!

本問ではなく，別の数で説明しておこう!!

例1　　$5^{\frac{1}{3}}$　vs　$5^{\frac{2}{3}}$

$y = a^x$（$a > 1$ のとき）

x が増えると $y = a^x$ も増える!!
p.32 ⅰ) 参照

$y = 5^x$ のグラフを考えてみた！

$a > 1$
$5 > 1$ だから，x が大きい数だと $y = 5^x$ も大きくなります!!

よって…

$\dfrac{1}{3} < \dfrac{2}{3}$　より

$5^{\frac{1}{3}} < 5^{\frac{2}{3}}$　決着!!

例2　　$\left(\dfrac{1}{5}\right)^{\frac{1}{3}}$　vs　$\left(\dfrac{1}{5}\right)^{\frac{2}{3}}$

$y = a^x$（$0 < a < 1$ のとき）

x が増えると $y = a^x$ は減ってしまう!
p.32 ⅱ) 参照

$y = \left(\dfrac{1}{5}\right)^x$ のグラフを考えてみた！

$0 < a < 1$
$0 < \dfrac{1}{5} < 1$ だから，x が大きい数だと $y = \left(\dfrac{1}{5}\right)^x$ は，小さくなります!!

よって…

$\dfrac{1}{3} < \dfrac{2}{3}$　より

大きい方が小さくなる!!

$\left(\dfrac{1}{5}\right)^{\frac{1}{3}} > \left(\dfrac{1}{5}\right)^{\frac{2}{3}}$　決着!!

解答でござる

(1) $A = 3^{\frac{3}{2}} = 3^{\frac{6}{4}}$
$B = 3^{\frac{5}{4}}$

指数を比較しやすくしました！
$\frac{3}{2} = \frac{6}{4}$ です！

$3 > 1$ かつ $\frac{6}{4} > \frac{5}{4}$ より

$3^{\frac{6}{4}} > 3^{\frac{5}{4}}$ つまり $A > B$

$y = a^x$ で $a > 1$ に対応
$3 > 1$ より
$3^{大} > 3^{小}$ です！

よって，大きい方は，A …(答)

(2) $A = \sqrt[5]{2^3} = 2^{\frac{3}{5}} = 2^{\frac{24}{40}}$
$B = \sqrt[8]{2^5} = 2^{\frac{5}{8}} = 2^{\frac{25}{40}}$

指数を比較しやすくしました！
$\frac{3}{5} = \frac{24}{40}$
$\frac{5}{8} = \frac{25}{40}$ です！

$2 > 1$ かつ $\frac{24}{40} < \frac{25}{40}$ より

$2^{\frac{24}{40}} < 2^{\frac{25}{40}}$ つまり $A < B$

$y = a^x$ で $a > 1$ に対応
$2 > 1$ より
$2^{小} < 2^{大}$ です！

よって，大きい方は，B …(答)

(3) $A = \left(\frac{1}{3}\right)^{\frac{5}{6}} = \left(\frac{1}{3}\right)^{\frac{35}{42}}$
$B = \left(\frac{1}{3}\right)^{\frac{6}{7}} = \left(\frac{1}{3}\right)^{\frac{36}{42}}$

指数を比較しやすくしました！
$\frac{5}{6} = \frac{35}{42}$
$\frac{6}{7} = \frac{36}{42}$ です！

$0 < \frac{1}{3} < 1$ かつ $\frac{35}{42} < \frac{36}{42}$ より

$\left(\frac{1}{3}\right)^{\frac{35}{42}} > \left(\frac{1}{3}\right)^{\frac{36}{42}}$ つまり $A > B$

$y = a^x$ で $0 < a < 1$ に対応
$0 < \frac{1}{3} < 1$ より
$\left(\frac{1}{3}\right)^{小} > \left(\frac{1}{3}\right)^{大}$ です！

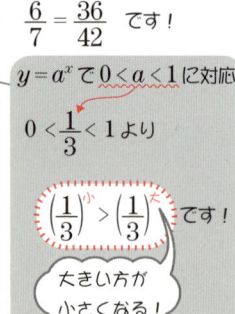

大きい方が小さくなる！

よって，大きい方は，A …(答)

Theme 3　大小比較のカギとは？？　35

ちょっと応用の意味も込めて簡単な不等式を…

問題 3-2　　　　　　　　　　　　　　　　　　　　　　　基礎

次の不等式を解け。

(1) $3^{2x} < 3^{x+5}$　　　　(2) $5^{3x+2} \geqq 25^{x+3}$

(3) $\left(\dfrac{1}{3}\right)^{2x+1} < \left(\dfrac{1}{3}\right)^{-x+3}$　　　(4) $(\sqrt{2})^{x+2} < 8^{x-1}$

(5) $\left(\dfrac{1}{2}\right)^{x^2+1} > \left(\dfrac{1}{2}\right)^{x+3}$

ナイスな導入!!　ポイントをまとめておきます！

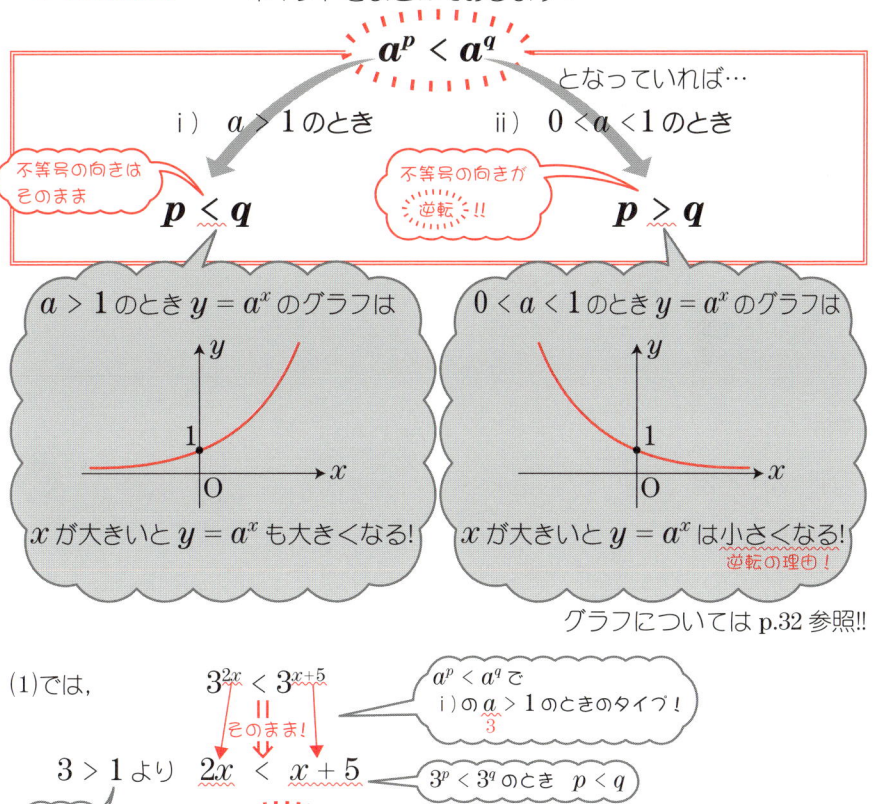

$a^p < a^q$　となっていれば…

ⅰ) $a > 1$ のとき　　　ⅱ) $0 < a < 1$ のとき

不等号の向きはそのまま　　　　不等号の向きが逆転!!

$p < q$　　　　　　　$p > q$

$a > 1$ のとき $y = a^x$ のグラフは　　$0 < a < 1$ のとき $y = a^x$ のグラフは

x が大きいと $y = a^x$ も大きくなる!　　x が大きいと $y = a^x$ は小さくなる!
　　　　　　　　　　　　　　　　　　　逆転の理由！

グラフについては p.32 参照!!

(1)では，　　$3^{2x} < 3^{x+5}$　　$a^p < a^q$ で
　　　　　　　　　　　　　　　　ⅰ)の $a > 1$ のときのタイプ!
　　　　　　　そのまま！　　　　　($a = 3$)

$3 > 1$ より　$2x < x + 5$　　$3^p < 3^q$ のとき $p < q$
($a > 1$)
∴ $x < 5$　　一丁あがり！

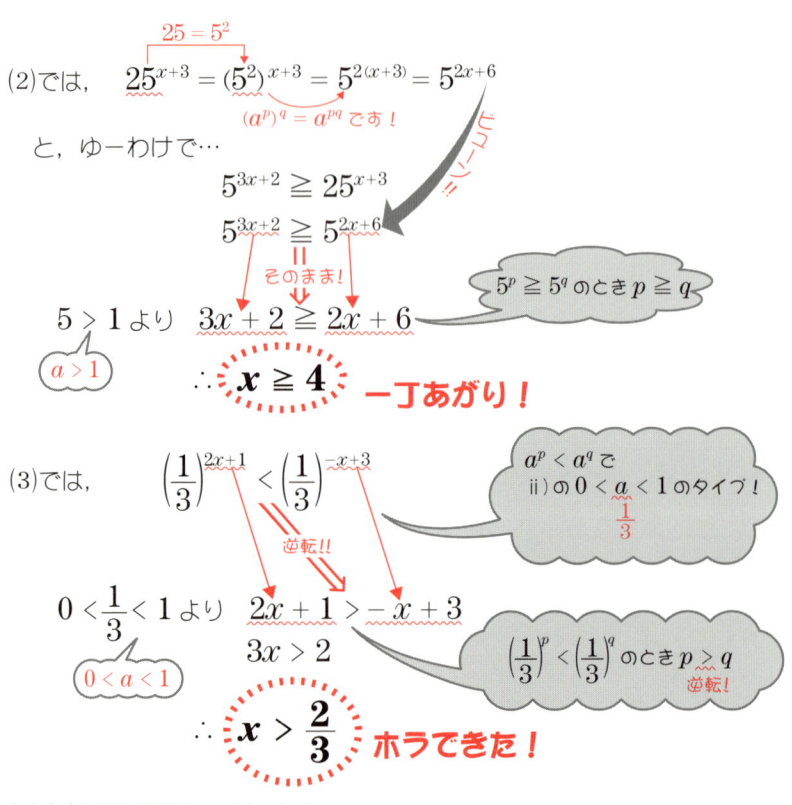

(2)では，　$25^{x+3} = (5^2)^{x+3} = 5^{2(x+3)} = 5^{2x+6}$

（$25 = 5^2$／$(a^p)^q = a^{pq}$ です！）

と，ゆーわけで…

$$5^{3x+2} \geqq 25^{x+3}$$
$$5^{3x+2} \geqq 5^{2x+6}$$

（そのまま！／$5^p \geqq 5^q$ のとき $p \geqq q$）

$5 > 1$ より　$3x + 2 \geqq 2x + 6$（$a > 1$）

$$\therefore\ x \geqq 4 \quad \text{一丁あがり！}$$

(3)では，　$\left(\dfrac{1}{3}\right)^{2x+1} < \left(\dfrac{1}{3}\right)^{-x+3}$

（$a^p < a^q$ で ii)の $0 < a < 1$ のタイプ！　$\dfrac{1}{3}$）

逆転!!

$0 < \dfrac{1}{3} < 1$ より　$2x + 1 > -x + 3$（$0 < a < 1$）

$$3x > 2$$

（$\left(\dfrac{1}{3}\right)^p < \left(\dfrac{1}{3}\right)^q$ のとき $p > q$　逆転!）

$$\therefore\ x > \dfrac{2}{3} \quad \text{ホラできた！}$$

(4) (5)も同じ調子でイケます！

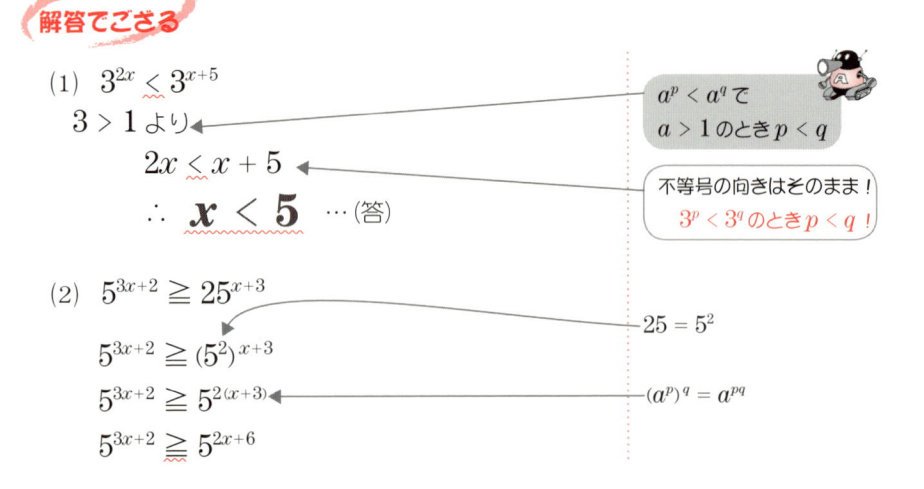

解答でござる

(1) $3^{2x} < 3^{x+5}$

　　$3 > 1$ より

　　　　$2x < x + 5$

　　　　$\therefore\ x < 5$　…(答)

（$a^p < a^q$ で $a > 1$ のとき $p < q$／不等号の向きはそのまま！　$3^p < 3^q$ のとき $p < q$！）

(2) $5^{3x+2} \geqq 25^{x+3}$

　　$5^{3x+2} \geqq (5^2)^{x+3}$

　　$5^{3x+2} \geqq 5^{2(x+3)}$

　　$5^{3x+2} \geqq 5^{2x+6}$

（$25 = 5^2$／$(a^p)^q = a^{pq}$）

Theme 3　大小比較のカギとは？？　37

$5 > 1$ より
$$3x + 2 \geqq 2x + 6$$
$$\therefore \ \boldsymbol{x \geqq 4} \quad \cdots \text{(答)}$$

$\dfrac{a}{5} > 1$ のときは…

不等号の向きはそのまま!!
$5^p \geqq 5^q$ のとき $p \geqq q$!

(3)　$\left(\dfrac{1}{3}\right)^{2x+1} < \left(\dfrac{1}{3}\right)^{-x+3}$

$0 < \dfrac{1}{3} < 1$ より
$$2x + 1 > -x + 3$$
$$3x > 2$$
$$\therefore \ \boldsymbol{x > \dfrac{2}{3}} \quad \cdots \text{(答)}$$

$0 < \overset{\frac{1}{3}}{a} < 1$ のときは…

不等号の向きは逆転!!
$\left(\dfrac{1}{3}\right)^p < \left(\dfrac{1}{3}\right)^q$
のとき $p > q$!

不等号の向きに注意!!

(4)　$(\sqrt{2})^{x+2} < 8^{x-1}$
$$(2^{\frac{1}{2}})^{x+2} < (2^3)^{x-1}$$
$$2^{\frac{x+2}{2}} < 2^{3(x-1)}$$

$\sqrt{2} = 2^{\frac{1}{2}}$ です！

$8 = 2^3$ です!!

両辺で
$(a^p)^q = a^{pq}$

$2 > 1$ より
$$\dfrac{x+2}{2} < 3(x-1)$$
$$x + 2 < 6x - 6$$
$$8 < 5x$$
$$\therefore \ \boldsymbol{\dfrac{8}{5} < x} \quad \cdots \text{(答)}$$

$\underset{2}{a} > 1$ のときは…

不等号の向きはそのまま!!
$2^p < 2^q$ のとき $p < q$!

大丈夫だと思いますが，
$x > \dfrac{8}{5}$ と同じ意味！

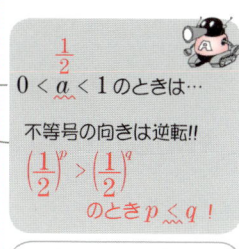

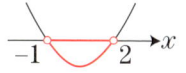

(5)　$\left(\dfrac{1}{2}\right)^{x^2+1} \geqq \left(\dfrac{1}{2}\right)^{x+3}$

$0 < \dfrac{1}{2} < 1$ より
$$x^2 + 1 \leqq x + 3$$
$$x^2 - x - 2 < 0$$
$$(x+1)(x-2) < 0$$
$$\therefore \ \boldsymbol{-1 < x < 2} \quad \cdots \text{(答)}$$

$0 < \overset{\frac{1}{2}}{a} < 1$ のときは…

不等号の向きは逆転!!
$\left(\dfrac{1}{2}\right)^p > \left(\dfrac{1}{2}\right)^q$
のとき $p < q$!

グラフでは判定できない大小比較問題なりぃ！

問題 3-3　　　　　　　　　　　　　　　　　　　　**標準**

次の各組の数を小さい順に並べよ。

(1) $A = 2^{\frac{1}{2}}$, $B = 3^{\frac{1}{3}}$, $C = 5^{\frac{1}{4}}$

(2) $A = \sqrt{2}$, $B = \sqrt[3]{3}$, $C = \sqrt[5]{5}$

(3) $A = \sqrt[3]{3}$, $B = \sqrt[4]{5}$, $C = \sqrt[5]{6}$

ナイスな導入!!　p.33

まず!! **問題 3-1** との大きな違いを理解せい!!

たとえば…

$A = 2^{\frac{2}{5}}$, $B = 2^{\frac{3}{5}}$, $C = 2^{\frac{4}{5}}$ であれば…

同じでーす!!

$\frac{2}{5} < \frac{3}{5} < \frac{4}{5}$ より

$A < B < C$ と一瞬で見破れます！

できあがり！

しかーし!! この連中は、一味違うぞぉーっ！

(1)を例にすればおわかりのとおり…

$A = 2^{\frac{1}{2}}$　$B = 3^{\frac{1}{3}}$　$C = 5^{\frac{1}{4}}$

うわぁーっ！　バラバラや!!

安心せい！　中学のときを思い出せ!!

もうダメだ…

たとえば…

$A = \sqrt{21}$, $B = 5$, $C = 3\sqrt{3}$ であれば…

昔, どのようにして大小を判断したっけ…？

Theme 3　大小比較のカギとは？？　39

そーです！　すべて **2乗** すりゃあよかったじゃん！

$A^2 = (\sqrt{21})^2 = 21$

$B^2 = 5^2 = 25$

$C^2 = (3\sqrt{3})^2 = 27$

$A^2 < B^2 < C^2$　より　　$A < B < C$　**できあがり!!**

注!　$A > 0,\ B > 0,\ C > 0$ でないとこの技は使えないぞ!!
たとえば，$D = -8$　← 新メンバー　のとき
$D^2 = (-8)^2 = 64$　←大逆転!!　となるでしょ!!

そこで！　(1)の場合

$A = 2^{\frac{1}{2}} \longrightarrow$ 2乗したい！　　$(2^{\frac{1}{2}})^2 = 2$

$B = 3^{\frac{1}{3}} \longrightarrow$ 3乗したい！　　$(3^{\frac{1}{3}})^3 = 3$

$C = 5^{\frac{1}{4}} \longrightarrow$ 4乗したい！　　$(5^{\frac{1}{4}})^4 = 5$

すべてをま～るくおさめるには…　**12乗** すればOK!!
　　　2と3と4の最小公倍数

と，ゆーわけで…

$\begin{cases} A^{12} = (2^{\frac{1}{2}})^{12} = 2^{\frac{1}{2} \times 12} = 2^6 = \mathbf{64}\ 小! \\ B^{12} = (3^{\frac{1}{3}})^{12} = 3^{\frac{1}{3} \times 12} = 3^4 = \mathbf{81}\ 中!! \\ C^{12} = (5^{\frac{1}{4}})^{12} = 5^{\frac{1}{4} \times 12} = 5^3 = \mathbf{125}\ 大!!! \end{cases}$

よって…

$A^{12} < B^{12} < C^{12}$　　∴　$A < B < C$　**一丁あがり!!**

(2)では　　$\sqrt{a} = a^{\frac{1}{2}}$!

$A = \sqrt{2} = 2^{\frac{1}{2}} \longrightarrow$ 2乗したい！

$B = \sqrt[3]{3} = 3^{\frac{1}{3}} \longrightarrow$ 3乗したい！

$C = \sqrt[5]{5} = 5^{\frac{1}{5}} \longrightarrow$ 5乗したい！

すべてをま～るくおさめるには…　**30乗** すればOK!!
　　　2と3と5の最小公倍数
　　　$2 \times 3 \times 5 = 30$

でも，ちょっと待って!!

30乗 ってツラくないかな…

そこで，ひと工夫しましょう♥ 何も，一気にケリをつける必要などないのです。2数ずつ対決させてみては…？

A vs B

$A = \sqrt{2} = 2^{\frac{1}{2}}$ ⟶ 2乗したい！
$B = \sqrt[3]{3} = 3^{\frac{1}{3}}$ ⟶ 3乗したい！

$2 \times 3 = 6$ より
6乗 すりゃあOK！

そこで…

$A^6 = (2^{\frac{1}{2}})^6 = 2^{\frac{1}{2} \times 6} = 2^3 = $ **8** 小!
$B^6 = (3^{\frac{1}{3}})^6 = 3^{\frac{1}{3} \times 6} = 3^2 = $ **9** 大!!

よって，
$A^6 < B^6$ つまり $A < B$ …㋐

（Bの勝利！）

B vs C

$B = \sqrt[3]{3} = 3^{\frac{1}{3}}$ ⟶ 3乗したい！
$C = \sqrt[5]{5} = 5^{\frac{1}{5}}$ ⟶ 5乗したい！

$3 \times 5 = 15$ より
15乗 すりゃあOK！

そこで…

$B^{15} = (3^{\frac{1}{3}})^{15} = 3^{\frac{1}{3} \times 15} = 3^5 = $ **243** 大!!
$C^{15} = (5^{\frac{1}{5}})^{15} = 5^{\frac{1}{5} \times 15} = 5^3 = $ **125** 小!

よって，
$B^{15} > C^{15}$ つまり $B > C$ …㋑

（Bの勝利！）

C vs A

$C = \sqrt[5]{5} = 5^{\frac{1}{5}}$ ⟶ 5乗したい！
$A = \sqrt{2} = 2^{\frac{1}{2}}$ ⟶ 2乗したい！

$5 \times 2 = 10$ より
10乗 すりゃあOK！

そこで…

$C^{10} = (5^{\frac{1}{5}})^{10} = 5^{\frac{1}{5} \times 10} = 5^2 = $ **25** 小!
$A^{10} = (2^{\frac{1}{2}})^{10} = 2^{\frac{1}{2} \times 10} = 2^5 = $ **32** 大!!

よって，
$C^{10} < A^{10}$ つまり $C < A$ …㋒

（Aの勝利！）

Theme 3 大小比較のカギとは?? 41

で!! ⓞが無駄なことにお気づきですか？

④より $A < B$ ── A がダブってるから… ─→ $C < A < B$
⑨より $C < A$ ─┘ 　　　　　　　　　　　　　できあがり!!

ここで，ⓞの $C < B$ は使用しません!!

ですから，答案を作成する前に計算用紙でこれらをやってみて，必要な式だけを取り出して解答にすればよし!!

(3)は，(2)と **まったく同じ** 方針！ Let's try !!

解答でござる

(1) $A^{12} = (2^{\frac{1}{2}})^{12} = 2^6 = 64$ ←──── 小!
　　$B^{12} = (3^{\frac{1}{3}})^{12} = 3^4 = 81$ ←──── 中!!
　　$C^{12} = (5^{\frac{1}{4}})^{12} = 5^3 = 125$ ←──── 大!!!

以上より
　　$A^{12} < B^{12} < C^{12}$ ←──── $64 < 81 < 125$ より
　　$A < B < C$

よって，小さい順に並べると **A, B, C** …(答)

(2) $A = \sqrt{2} = 2^{\frac{1}{2}}$
　　$B = \sqrt[3]{3} = 3^{\frac{1}{3}}$ ←──── $\sqrt[m]{a^n} = a^{\frac{n}{m}}$ より you know !
　　$C = \sqrt[5]{5} = 5^{\frac{1}{5}}$ である。

$\begin{cases} A^6 = (2^{\frac{1}{2}})^6 = 2^3 = 8 \\ B^6 = (3^{\frac{1}{3}})^6 = 3^2 = 9 \end{cases}$ ←──── 小! 大!!

以上より
　　$A^6 < B^6$　　∴　$A < B$ …①　←──── $8 < 9$ より

$\begin{cases} A^{10} = (2^{\frac{1}{2}})^{10} = 2^5 = 32 \\ C^{10} = (5^{\frac{1}{5}})^{10} = 5^2 = 25 \end{cases}$ ←──── 大!! 小!

以上より
　　$A^{10} > C^{10}$　　∴　$A > C$ …②　←──── $32 > 25$ より

①②より

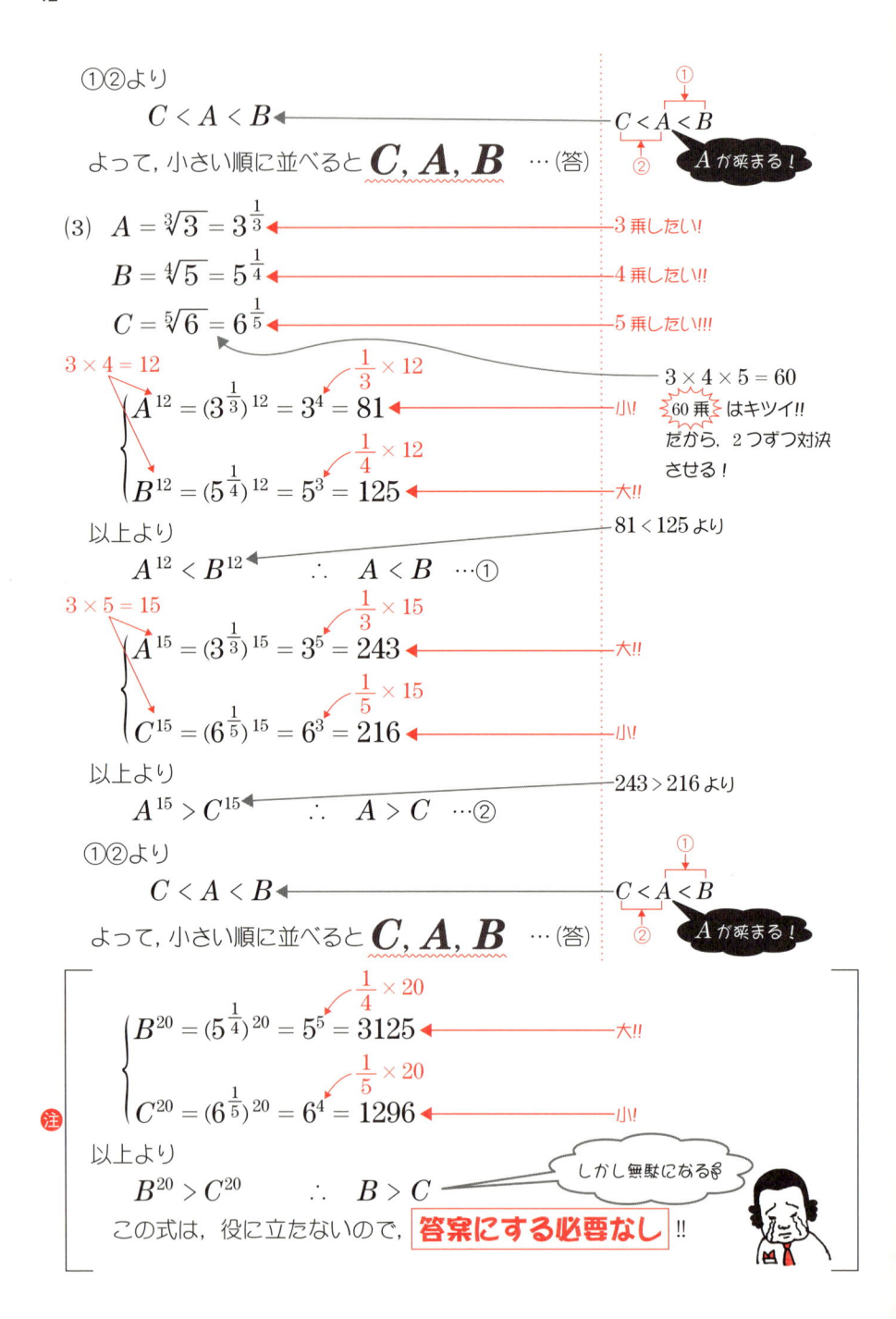

$$C < A < B$$

よって,小さい順に並べると **C, A, B** …(答)

$C < A < B$ ← ① ② （Aが来る！）

(3) $A = \sqrt[3]{3} = 3^{\frac{1}{3}}$ ← 3乗したい！

$B = \sqrt[4]{5} = 5^{\frac{1}{4}}$ ← 4乗したい!!

$C = \sqrt[5]{6} = 6^{\frac{1}{5}}$ ← 5乗したい!!!

$3 \times 4 = 12$

$3 \times 4 \times 5 = 60$ ／ 60乗はキツイ!! だから,2つずつ対決させる！

$$\begin{cases} A^{12} = (3^{\frac{1}{3}})^{12} = 3^4 = 81 & \text{←小!} \\ B^{12} = (5^{\frac{1}{4}})^{12} = 5^3 = 125 & \text{←大!!} \end{cases}$$

（$\frac{1}{3} \times 12$、$\frac{1}{4} \times 12$）

以上より

$$A^{12} < B^{12} \quad \therefore \quad A < B \quad \cdots ①$$

81 < 125 より

$3 \times 5 = 15$

$$\begin{cases} A^{15} = (3^{\frac{1}{3}})^{15} = 3^5 = 243 & \text{←大!!} \\ C^{15} = (6^{\frac{1}{5}})^{15} = 6^3 = 216 & \text{←小!} \end{cases}$$

（$\frac{1}{3} \times 15$、$\frac{1}{5} \times 15$）

以上より

$$A^{15} > C^{15} \quad \therefore \quad A > C \quad \cdots ②$$

243 > 216 より

①②より

$$C < A < B$$

よって,小さい順に並べると **C, A, B** …(答)

$C < A < B$ ← ① ② （Aが来る！）

注

$$\begin{cases} B^{20} = (5^{\frac{1}{4}})^{20} = 5^5 = 3125 & \text{←大!!} \\ C^{20} = (6^{\frac{1}{5}})^{20} = 6^4 = 1296 & \text{←小!} \end{cases}$$

（$\frac{1}{4} \times 20$、$\frac{1}{5} \times 20$）

以上より

$$B^{20} > C^{20} \quad \therefore \quad B > C$$

しかし無駄になる⁉

この式は,役に立たないので, **答案にする必要なし** !!

Theme 4 指数方程式 & 指数不等式いろいろ

いきなり問題に入ります!!

問題 4-1 　　　　　　　　　　　　　　　　　　　標準

次の方程式を解け。
(1) $4^x - 2^{x+1} - 8 = 0$
(2) $9^{x+1} + 8 \cdot 3^x - 1 = 0$
(3) $8^x + 2 \cdot 4^x - 2^x - 2 = 0$

ナイスな導入!!

(1) ザッと見て… $4^x - 2^{x+1} - 8 = 0$

$4 = 2^2$　　　そこにも 2 が…

（2 が共通して出現する！）

そこで、
$$4^x = (2^2)^x = 2^{2x} = (2^x)^2$$
$$2^{x+1} = 2^x \times 2^1 = 2 \cdot 2^x$$

これがポイント！

（$(a^p)^q = a^{pq}$ を活用！）

となるから…

（$a^{p+q} = a^p \times a^q$ です！）

$$4^x - 2^{x+1} - 8 = 0 \quad \cdots ①$$

①より
$$(2^x)^2 - 2 \cdot 2^x - 8 = 0 \quad \cdots ①'$$

（2^x が共通して登場する！）

①′で $2^x = t$ とおくと
$$t^2 - 2t - 8 = 0 \quad \cdots ②$$

（タスキがけです！）

②で $(t-4)(t+2) = 0$

∴ $t = 4, -2$

（はたして両方とも答なのかな…）

しか〜し!! ここで問題勃発!!

確か，$t = 2^x$ でしたよねぇ？ $t = -2$ ってありえますか？

p.30 の $y = 2^x$ のグラフを思い出してください！

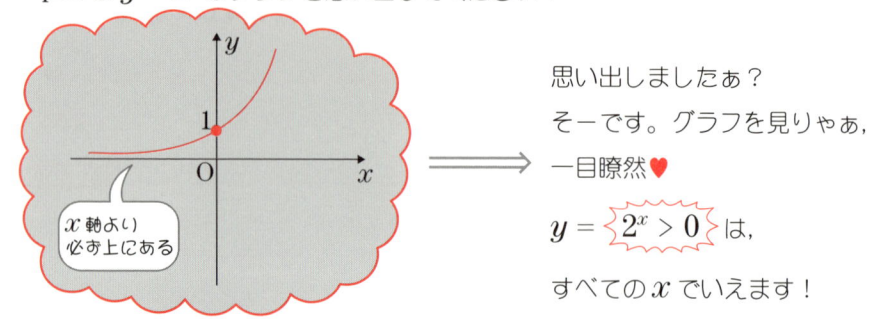

（x 軸より必ず上にある）

思い出しましたぁ？

そーです。グラフを見りゃあ，一目瞭然 ♥

$y = 2^x > 0$ は，すべての x でいえます！

と，ゆーわけで…

$t = 2^x > 0$ より $t = -2$ は 不適！

つまり，$t = 4$ が生き残る!!

よって!! $t = 2^x = 4$

$\therefore 2^x = 2^2$ つまり $x = 2$ 答でーす!!

同様に

(2)では，ザッと見て…

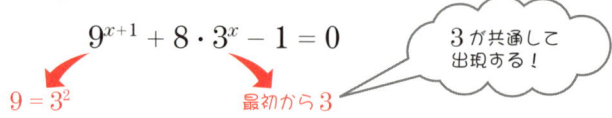

$$9^{x+1} + 8 \cdot 3^x - 1 = 0$$

$9 = 3^2$　　最初から 3

（3 が共通して出現する！）

つまり! 3^x が登場するように変形すればOK！

しかし!! $3^x > 0$ であることを忘れるな!!

(3)では，ザッと見て…

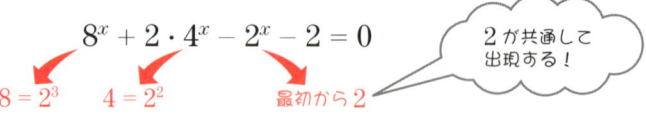

$$8^x + 2 \cdot 4^x - 2^x - 2 = 0$$

$8 = 2^3$　$4 = 2^2$　最初から 2

（2 が共通して出現する！）

つまり! 2^x が登場するように変形すりゃあ楽勝っす！

しかし!! $2^x > 0$ であることをお忘れなく!!

Theme 4 指数方程式&指数不等式いろいろ　45

解答でござる

(1) $4^x = (2^2)^x = 2^{2x} = (2^x)^2$ ← $(a^p)^q = a^{pq}$ です！

$2^{x+1} = 2^x \times 2^1 = 2 \cdot 2^x$　より ← $a^{p+q} = a^p \times a^q$ です！

$4^x - 2^{x+1} - 8 = 0$ …① は ← 2^x が共通して登場！

$(2^x)^2 - 2 \cdot 2^x - 8 = 0$ …①′

と変形できる。 ← 見やすくします！

①′ で $2^x = t$ とおくと

$t^2 - 2t - 8 = 0$ …② ← タスキがけ!!

②で $(t-4)(t+2) = 0$ ← はたして両方とも答かい？

$\therefore t = 4, -2$

$t > 0$ が ポイントかぁ…

← これはアタリマエ!!

このとき, $t = 2^x > 0$ より $t = 4$ ← **ナイスな導入!!** 参照！

よって, $2^x = 4$

$t = -2$ は不適！

$t = 4$ が生き残る！

$2^x = 2^2$

$t = 2^x$ です！

$\therefore \boldsymbol{x = 2}$ …(答)

$4 = 2^2$!

(2) $9^{x+1} = 9^x \times 9^1 = (3^2)^x \times 9$

一致！

$= 9 \cdot 3^{2x} = 9 \cdot (3^x)^2$　より

$2^x = 2^2$

$9^{x+1} + 8 \cdot 3^x - 1 = 0$ …① は ← $(a^p)^q = a^{pq}$ です！

$9 \cdot (3^x)^2 + 8 \cdot 3^x - 1 = 0$ …①′

と変形できる。 ← 9を前に出す！

①′ で $3^x = t$ とおくと ← 3^x が共通して登場！

$9t^2 + 8t - 1 = 0$ …② ← 見やすくします！

②で $(9t-1)(t+1) = 0$

$$\therefore t = \frac{1}{9}, \ -1$$

このとき, $t = 3^x > 0$ より $t = \frac{1}{9}$

よって, $3^x = \frac{1}{9}$

$3^x = 3^{-2}$

$$\therefore \boldsymbol{x = -2} \ \cdots (答)$$

(3) $8^x = (2^3)^x = 2^{3x} = (2^x)^3$

$2 \cdot 4^x = 2 \cdot (2^2)^x = 2 \cdot 2^{2x} = 2 \cdot (2^x)^2$

より

$8^x + 2 \cdot 4^x - 2^x - 2 = 0$ …① は

$(2^x)^3 + 2 \cdot (2^x)^2 - 2^x - 2 = 0$ …①'

と変形できる。

①' で $2^x = t$ とおくと

$t^3 + 2t^2 - t - 2 = 0$ …②

②で $t^2(t+2) - (t+2) = 0$

$(t+2)(t^2 - 1) = 0$

$(t+2)(t+1)(t-1) = 0$

$$\therefore t = -2, \ -1, \ 1$$

このとき, $t = 2^x > 0$ より $t = 1$

よって, $2^x = 1$

$$\therefore \boldsymbol{x = 0} \ \cdots (答)$$

> タスキがけ
> 9 ✕ −1 = −1
> 1   1 = 9/8 (+)

> はたして両方とも答か??
> $a^x > 0$ を覚えておこう!!
> (もちろん! $a > 0$ です!)

> $t = -1$ は不適!
> $t = \frac{1}{9}$ が生き残る!

> $\frac{1}{9} = \frac{1}{3^2} = 3^{-2}$
> $3^x = 3^{-2}$ 一致!

> $(a^p)^q = a^{pq}$ でっせ!

> 2^x が共通して登場!

> 見やすくします!

> 2項ずつくくりました!
> $t^2(t+2) - (t+2) = 0$
> $t + 2 = A$ とおくと
> $t^2 A - A = 0$
> $A(t^2 - 1) = 0$
> $\therefore (t+2)(t^2-1) = 0$

> はたしてすべて答なのか??
> $t = -2, \ -1$ は不適!
> $t = 1$ が生き残る!

> これは, もはやお約束!
> $2^0 = 1$ です!!
> 油断すんなヨ!!
> 一般に $a^0 = 1$

> $2^x = 2^0$ 一致!

Theme 4　指数方程式＆指数不等式いろいろ　47

こんなのもあるぜっ！

問題 4-2　ちょいムズ

次の連立方程式を解け。

(1) $\begin{cases} 2^x + 2^y = 40 & \cdots ① \\ 2^{x+y} = 256 & \cdots ② \end{cases}$

(2) $\begin{cases} 4^x = 8^{y-1} & \cdots ① \\ 27^x = 3^{y+1} & \cdots ② \end{cases}$

ナイスな導入!!

おきかえがポイントがぁ…

(1) これは，おきかえりゃあオシマイ!!

$2^x = A,\ 2^y = B$　とおいてごらん！

①で　$2^x + 2^y = 40$　→　おきかえ作戦！　$A + B = 40$　…③

②で　$2^{x+y} = 256$　より　$\underset{A}{2^x} \times \underset{B}{2^y} = 256$　→　おきかえ作戦！　$AB = 256$　…④

（$a^{p+q} = a^p \times a^q$）

と，ゆーわけで…

③④を解くのは，簡単そうでしょ！　仕上げは解答にて…

(2) これは，左辺と右辺のバランスに注目！

$4 = 2^2,\ 8 = 2^3,\ 27 = 3^3$　と考えられます！

てなワケで…

①で　$4^x = 8^{y-1}$　→　$(2^2)^x = (2^3)^{y-1}$　→　$2^{2x} = 2^{3(y-1)}$　一致する!!

（両辺とも2がらみの数）　よって　$2x = 3(y-1)$　…③

②で　$27^x = 3^{y+1}$　→　$(3^3)^x = 3^{y+1}$　→　$3^{3x} = 3^{y+1}$　一致する!!

（両辺とも3がらみの数）　よって　$3x = y + 1$　…④

③④を解くのは，中学レベル！　大丈夫なりか？

解答でござる

(1) $\begin{cases} 2^x + 2^y = 40 & \cdots ① \\ 2^{x+y} = 256 & \cdots ② \end{cases}$

> どうみても 2^x と 2^y が出てくることが予測されまくり！

$2^x = A$, $2^y = B$ とおくと

①より, $A + B = 40 \cdots ③$

> ①で $\underset{A}{2^x} + \underset{B}{2^y} = 40$

②で $2^x \times 2^y = 256$ より,

$AB = 256 \cdots ④$

> ②の左辺で $2^{x+y} = 2^x \times 2^y$ です
> $\underset{A}{2^x} \times \underset{B}{2^y} = 256$

③から, $B = 40 - A \cdots ③'$

③'を④に代入して

$A(40 - A) = 256$

$A^2 - 40A + 256 = 0$

$(A - 8)(A - 32) = 0$

$\therefore A = 8, 32$

> ④で $AB = 256$
> ③'で $B = 40 - A$
> タスキがけ！
> 意外に単純だなぁ…

③'より, $A = 8$ のとき $B = 32 \cdots ㋑$

$A = 32$ のとき $B = 8 \cdots ㋺$

> ③'より $B = 40 - A$
> この A に $A = 8$ or 32 を代入！

㋑ つまり, $(A, B) = (8, 32)$ のとき

$\begin{cases} A: 2^x = 8 = 2^3 \\ B: 2^y = 32 = 2^5 \end{cases}$ $\therefore \begin{cases} x = 3 \\ y = 5 \end{cases}$

> 一致！ $2^x = 2^3$
> 一致！ $2^y = 2^5$

㋺ つまり, $(A, B) = (32, 8)$ のとき

$\begin{cases} A: 2^x = 32 = 2^5 \\ B: 2^y = 8 = 2^3 \end{cases}$ $\therefore \begin{cases} x = 5 \\ y = 3 \end{cases}$

> 一致！ $2^x = 2^5$
> 一致！ $2^y = 2^3$

以上まとめて,

$(\boldsymbol{x}, \boldsymbol{y}) = \underline{(\boldsymbol{3}, \boldsymbol{5}), (\boldsymbol{5}, \boldsymbol{3})} \cdots$(答)

> 2組求まります！

Theme 4　指数方程式＆指数不等式いろいろ　49

ちょっと言わせて　参考までに…

$$\begin{cases} A+B=40 & \cdots ③ \\ AB=256 & \cdots ④ \end{cases}$$

より，A，B を2解にもつ2次方程式は

$$t^2-(A+B)t+AB=0$$

よって，$t^2-40t+256=0$

$$(t-8)(t-32)=0$$

$$\therefore\ t=8,\ 32$$

つまり，$(A,\ B)=(8,\ 32),\ (32,\ 8)$

ってな具合に解いてもよし！

(2) $\begin{cases} 4^x=8^{y-1} & \cdots ① \\ 27^x=3^{y+1} & \cdots ② \end{cases}$

①より，$(2^2)^x=(2^3)^{y-1}$

$$2^{2x}=2^{3(y-1)}$$

$$\therefore\ 2x=3(y-1)$$

つまり，$2x-3y=-3$　…③

②より，$(3^3)^x=3^{y+1}$

$$3^{3x}=3^{y+1}$$

$$\therefore\ 3x=y+1$$

つまり，$3x-y=1$　…④

③④を連立して

$$(\boldsymbol{x},\ \boldsymbol{y})=\left(\dfrac{\boldsymbol{6}}{\boldsymbol{7}},\ \dfrac{\boldsymbol{11}}{\boldsymbol{7}}\right)\ \cdots(答)$$

たとえば…
$t=2$，$t=3$ を
2解にもつ2次方程式は…
$(t-2)(t-3)=0$
　　　と表せるよネ！
と，ゆーわけで…
A，B を2解にもつ2次方程式は，
$(t-A)(t-B)=0$ より
展開して
$t^2-(A+B)t+AB=0$

どっちが A なのか？
どっちが B なのか？
　　　　決定できない！

よって，2組求まる！

どうみても②がらみ！
だって $4=2^2$，$8=2^3$

どうみても③がらみ！
だって $27=3^3$

①で　$4^x=8^{y-1}$
　　　$4=2^2$　　$8=2^3$

$2^{2x}=2^{3(y-1)}$ 一致！

②で　$27^x=3^{y+1}$
　　　3^3

$3^{3x}=3^{y+1}$ 一致！

④×3 －③より

$\begin{array}{r} 9x-3y=3\ ←④×3 \\ 2x-3y=-3 \\ \hline 7x=6 \end{array}$

$\therefore\ x=\dfrac{6}{7}$

これを④に代入して

$3\times\dfrac{6}{7}-y=1$

$\therefore\ y=\dfrac{11}{7}$

ついでに不等式もいかがっすかぁ!?

問題 4-3 〈ちょいムズ〉

次の不等式を解け。

(1) $4^x - 17 \cdot 2^{x-1} + 4 < 0$

(2) $5^{2x+1} + 59 \cdot 5^x - 12 > 0$

(3) $27^x - 4 \cdot 3^{2x-1} + 3^{x-1} \leqq 0$

ナイスな導入!!

(1) $4^x = (2^2)^x = 2^{2x} = (2^x)^2$ 〔共通して 2^x が出現!!〕

$2^{x-1} = 2^x \times 2^{-1} = \dfrac{1}{2} \cdot 2^x$ 〔$\dfrac{1}{2}$ を前に出しました!〕

てなワケで…

$4^x - 17 \cdot 2^{x-1} + 4 < 0$ …①

①より, $(2^x)^2 - 17 \times \dfrac{1}{2} \cdot 2^x + 4 < 0$

$(2^x)^2 - \dfrac{17}{2} \cdot 2^x + 4 < 0$

$2 \cdot (2^x)^2 - 17 \cdot 2^x + 8 < 0$ …①′

〔分母の2がウザイから両辺×2〕

①′ で $2^x = t$ とおくと

$2t^2 - 17t + 8 < 0$ …②

〔タスキがけ!
2 ╳ -1 = -1
1   -8 = -16 (+
              ─────
              -17〕

②から, $(2t - 1)(t - 8) < 0$

∴ $\dfrac{1}{2} < t < 8$

つまーり!!

〔$\dfrac{1}{2} = 2^{-1}$, $8 = 2^3$〕

$\dfrac{1}{2} < 2^x < 8$

$2^{-1} < 2^x < 2^3$

〔$2^{-1} < 2^x < 2^3$
 $-1 < x < 3$〕

∴ $-1 < x < 3$ **できあがり!**

Theme 4 指数方程式&指数不等式いろいろ

このとき!! p.35 の **問題 3-2** を思い出してくだされ!!

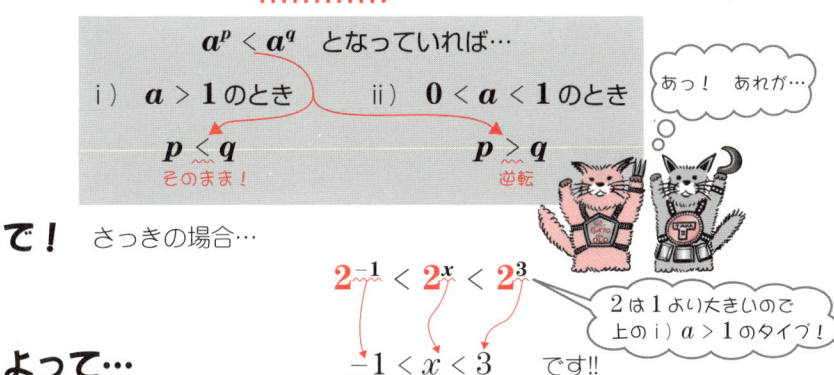

$a^p < a^q$ となっていれば…

i) $a > 1$ のとき → $p < q$ (そのまま!)

ii) $0 < a < 1$ のとき → $p > q$ (逆転)

あっ！ あれが…

で！ さっきの場合…

$2^{-1} < 2^x < 2^3$

2は1より大きいので上の i) $a > 1$ のタイプ！

よって…

$-1 < x < 3$ です!!

不等号の向きはそのまんま!!

これをちゃんと考えたかい？ 偶然正解したヤツに **喝！**

(2)は，(1)と同様に解けます！ Let's try !!

(3)は，$27^x = (3^3)^x = 3^{3x} = (3^x)^3$

$3^{2x-1} = 3^{2x} \times 3^{-1} = (3^x)^2 \times \dfrac{1}{3} = \dfrac{1}{3} \cdot (3^x)^2$

$3^{x-1} = 3^x \times 3^{-1} = 3^x \times \dfrac{1}{3} = \dfrac{1}{3} \cdot 3^x$

共通して 3^x が出現!!

てなワケで…

$27^x - 4 \cdot 3^{2x-1} + 3^{x-1} \leqq 0 \quad \cdots ①$

①より $(3^x)^3 - 4 \cdot \dfrac{1}{3} \cdot (3^x)^2 + \dfrac{1}{3} \cdot 3^x \leqq 0$

分母の3がウザイから両辺×3

$3 \cdot (3^x)^3 - 4 \cdot (3^x)^2 + 3^x \leqq 0 \quad \cdots ①'$

①' で $3^x = t$ とおくと

3乗…!?

$3t^3 - 4t^2 + t \leqq 0 \quad \cdots ②$

うわぁぁぁ…3乗だぁぁぁ…

しかし！ ビッグチャンスが!!

<small>えーっ!!</small>

このとき，$t = 3^x > 0$ がすべての x でいえます!!

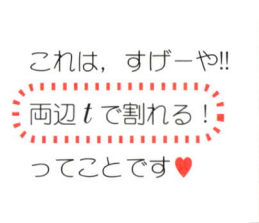

<small>これは，すげーや!!</small>
<small>両辺 t で割れる！</small>
<small>ってことです♥</small>

p.43 の 問題 4-1 でもやりました!!

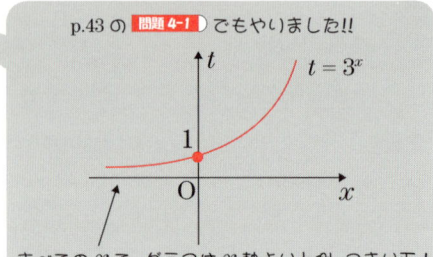

$t = 3^x$

すべての x で，グラフは x 軸より上側，つまり正！

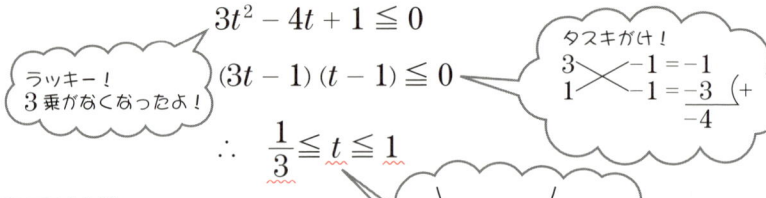

②の両辺を t で割って

$$3t^2 - 4t + 1 \leqq 0$$

<small>ラッキー！ 3乗がなくなったよ！</small>

$$(3t - 1)(t - 1) \leqq 0$$

<small>タスキがけ！</small>
$$\begin{matrix} 3 & & -1 = -1 \\ 1 & \times & -1 = \dfrac{-3}{-4}(+) \end{matrix}$$

$$\therefore \quad \frac{1}{3} \leqq t \leqq 1$$

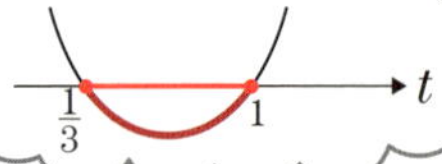

つまり!!

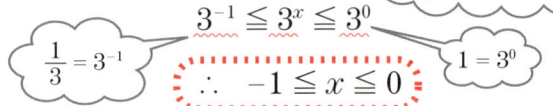

$$3^{-1} \leqq 3^x \leqq 3^0$$

<small>$\dfrac{1}{3} = 3^{-1}$</small> <small>$1 = 3^0$</small>

$$\therefore \quad -1 \leqq x \leqq 0$$

できあがり！

<small>3 が 1 より大きいので不等号の向きはそのまま！</small>

$$3^{-1} \leqq 3^x \leqq 3^0$$
$$-1 \leqq x \leqq 0$$

🖍 解答でござる

(1) $4^x = (2^2)^x = 2^{2x} = (2^x)^2$ ← 2^x が共通して登場！

$2^{x-1} = 2^x \times 2^{-1} = \dfrac{1}{2} \cdot 2^x$ より

$2^{-1} = \dfrac{1}{2^1} = \dfrac{1}{2}$

$4^x - 17 \cdot 2^{x-1} + 4 < 0$ …① は

$\begin{cases} 4^x = (2^x)^2 \\ 2^{x-1} = \dfrac{1}{2} \cdot 2^x \end{cases}$ より！

$(2^x)^2 - 17 \times \dfrac{1}{2} \cdot 2^x + 4 < 0$

と変形できる。

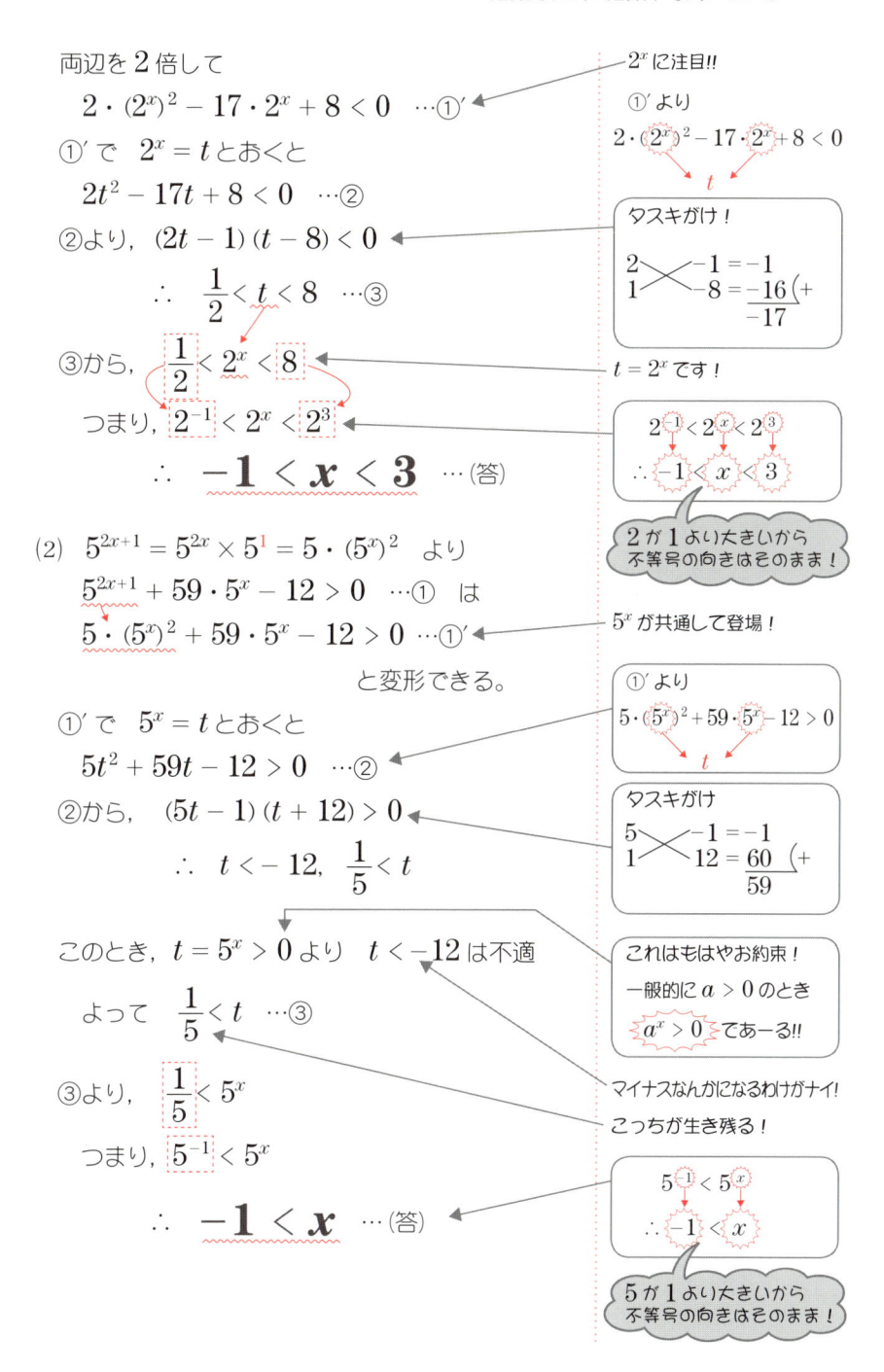

両辺を2倍して
$$2\cdot(2^x)^2 - 17\cdot 2^x + 8 < 0 \quad \cdots ①'$$
①'で $2^x = t$ とおくと
$$2t^2 - 17t + 8 < 0 \quad \cdots ②$$
②より, $(2t-1)(t-8) < 0$
$$\therefore \quad \frac{1}{2} < t < 8 \quad \cdots ③$$
③から, $\boxed{\dfrac{1}{2}} < 2^x < \boxed{8}$

つまり, $\boxed{2^{-1}} < 2^x < \boxed{2^3}$
$$\therefore \quad \underline{\underline{-1 < x < 3}} \quad \cdots \text{(答)}$$

2^x に注目!!

①'より
$2\cdot\underbrace{(2^x)}_{t}^2 - 17\cdot\underbrace{2^x}_{t} + 8 < 0$

タスキがけ！
$$\begin{array}{cc} 2 & -1 = -1 \\ 1 & -8 = -16 \\ \hline & -17 \end{array} (+$$

$t = 2^x$ です！

$2^{-1} < 2^x < 2^3$
$\therefore -1 < x < 3$

2が1より大きいから
不等号の向きはそのまま！

(2) $5^{2x+1} = 5^{2x} \times 5^1 = 5\cdot(5^x)^2$ より
$$5^{2x+1} + 59\cdot 5^x - 12 > 0 \quad \cdots ① \quad \text{は}$$
$$5\cdot(5^x)^2 + 59\cdot 5^x - 12 > 0 \quad \cdots ①'$$
と変形できる。

①'で $5^x = t$ とおくと
$$5t^2 + 59t - 12 > 0 \quad \cdots ②$$
②から, $(5t-1)(t+12) > 0$
$$\therefore \quad t < -12, \ \frac{1}{5} < t$$

このとき, $t = 5^x > 0$ より $t < -12$ は不適

よって $\dfrac{1}{5} < t \quad \cdots ③$

③より, $\boxed{\dfrac{1}{5}} < 5^x$

つまり, $\boxed{5^{-1}} < 5^x$
$$\therefore \quad \underline{\underline{-1 < x}} \quad \cdots \text{(答)}$$

5^x が共通して登場！

①'より
$5\cdot\underbrace{(5^x)}_{t}^2 + 59\cdot\underbrace{5^x}_{t} - 12 > 0$

タスキがけ
$$\begin{array}{cc} 5 & -1 = -1 \\ 1 & 12 = 60 \\ \hline & 59 \end{array} (+$$

これはもはやお約束！
一般的に $a > 0$ のとき
$\boxed{a^x > 0}$ であーる!!

マイナスなんかになるわけがナイ！
こっちが生き残る！

$5^{-1} < 5^x$
$\therefore -1 < x$

5が1より大きいから
不等号の向きはそのまま！

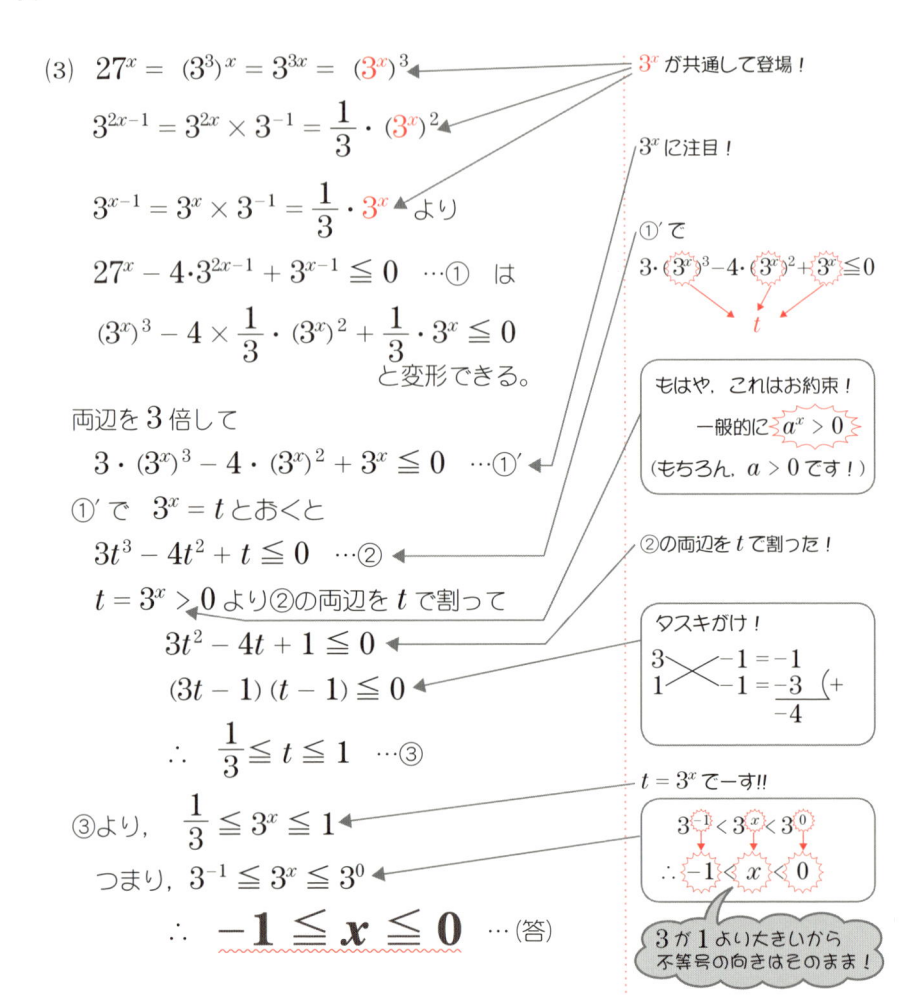

(3) $27^x = (3^3)^x = 3^{3x} = (3^x)^3$ ← 3^x が共通して登場！

$3^{2x-1} = 3^{2x} \times 3^{-1} = \dfrac{1}{3} \cdot (3^x)^2$ ← 3^x に注目！

$3^{x-1} = 3^x \times 3^{-1} = \dfrac{1}{3} \cdot 3^x$ より

$27^x - 4 \cdot 3^{2x-1} + 3^{x-1} \leqq 0 \quad \cdots ①$ は

$(3^x)^3 - 4 \times \dfrac{1}{3} \cdot (3^x)^2 + \dfrac{1}{3} \cdot 3^x \leqq 0$

と変形できる。

①' で
$3 \cdot (3^x)^3 - 4 \cdot (3^x)^2 + 3^x \leqq 0$
　　　　　↓
　　　　　t

両辺を3倍して

$3 \cdot (3^x)^3 - 4 \cdot (3^x)^2 + 3^x \leqq 0 \quad \cdots ①'$

もはや、これはお約束！
一般的に $a^x > 0$
（もちろん、$a > 0$ です！）

①' で $3^x = t$ とおくと

$3t^3 - 4t^2 + t \leqq 0 \quad \cdots ②$

②の両辺を t で割った！

$t = 3^x > 0$ より②の両辺を t で割って

$3t^2 - 4t + 1 \leqq 0$

$(3t - 1)(t - 1) \leqq 0$

タスキがけ！
$3 \diagdown -1 = -1$
$1 \diagup -1 = -3 \ (+$
　　　　　　　-4

$\therefore \ \dfrac{1}{3} \leqq t \leqq 1 \quad \cdots ③$

$t = 3^x でーす!!$

③より、$\dfrac{1}{3} \leqq 3^x \leqq 1$

$3^{-1} < 3^x < 3^0$
$\therefore -1 < x < 0$

つまり、$3^{-1} \leqq 3^x \leqq 3^0$

$\therefore \ \underline{-1 \leqq x \leqq 0} \quad \cdots$ (答)

3が1より大きいから不等号の向きはそのまま！

このような計算問題は慣れることが大切です!!
くり返し演習しておくれ!!

Theme 5 結局,2次関数になるやつ!

いきなりいくぜ!

問題 5-1 【標準】

関数 $y = 4^{x+1} + 2^{x+2} + 3$ のとり得る値の範囲を求めよ。

ナイスな導入!!

ザッと見て…

$$y = 4^{x+1} + 2^{x+2} + 3$$

$4 = 2^2$　最初から2

（2のニオイがプンプンしますネ!）

てなワケで…

$$4^{x+1} = 4^x \times 4^1 = 4 \cdot (2^2)^x = 4 \cdot 2^{2x} = 4 \cdot (2^x)^2$$

$$2^{x+2} = 2^x \times 2^2 = 2^x \times 4 = 4 \cdot 2^x$$

（おーっと!! 2^x がぁ!!）

よって…

（4を前に出しました!）

$$y = 4^{x+1} + 2^{x+2} + 3$$

$$y = 4 \cdot (2^x)^2 + 4 \cdot 2^x + 3$$

このとき!! $2^x = t$ とおくと…

見やすくしようせい!!

$$y = 4t^2 + 4t + 3$$

（なーんだ…。 t の2次関数か…）

（結局… 2次関数かぁ…）

で!! グラフを考えればいいんですが…

その前にちょっとばかり重要なことが……

そーです！ *t の範囲* ですよっ!!

また例のお話です!!
$$t = 2^x > 0$$
つまり，$t > 0$ です！

<u>これがポイント!!</u>

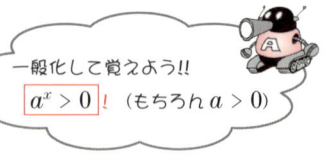

> 一般化して覚えよう!!
> $\boxed{a^x > 0}$ ！ （もちろん $a > 0$）

つまーり!!

『$t > 0$ の範囲で，$y = 4t^2 + 4t + 3$ のグラフを考える！』

とゆーことです!!

解答でござる

$$4^{x+1} = 4^x \times 4^1 = 4 \cdot (2^x)^2$$
$$2^{x+2} = 2^x \times 2^2 = 4 \cdot 2^x$$
より

$$y = 4^{x+1} + 2^{x+2} + 3 \quad \cdots ①$$ は

$$y = 4 \cdot (2^x)^2 + 4 \cdot 2^x + 3 \quad \cdots ①'$$ と変形できる。

①' で $2^x = t$ とおくと

$$y = 4t^2 + 4t + 3 \quad \cdots ②$$

②を平方完成して

$$y = 4\left(t + \frac{1}{2}\right)^2 + 2$$

よって，②の頂点は $\left(-\dfrac{1}{2},\ 2\right)$

一方，

$2^x > 0$ より $t > 0$ $\cdots ③$

③の範囲で，②のグラフを描くと

おーっと!!
共通して 2^x が登場！

$\begin{cases} 4^{x+1} = 4 \cdot (2^x)^2 \\ 2^{x+2} = 4 \cdot 2^x \end{cases}$ でしょ！

いつものおきかえです！

t の 2 次関数です！

$$y = 4t^2 + 4t + 3$$
$$= 4\left(t^2 + 1t + \frac{1}{4} - \frac{1}{4}\right) + 3$$

1 の半分の 2 乗 $= \left(\dfrac{1}{2}\right)^2$

$$= 4\left(t + \frac{1}{2}\right)^2 + 2$$

$y = a(x - p)^2 + q$
の頂点の座標は $(p,\ q)$

$t = 2^x > 0$
これは，もはやお約束！

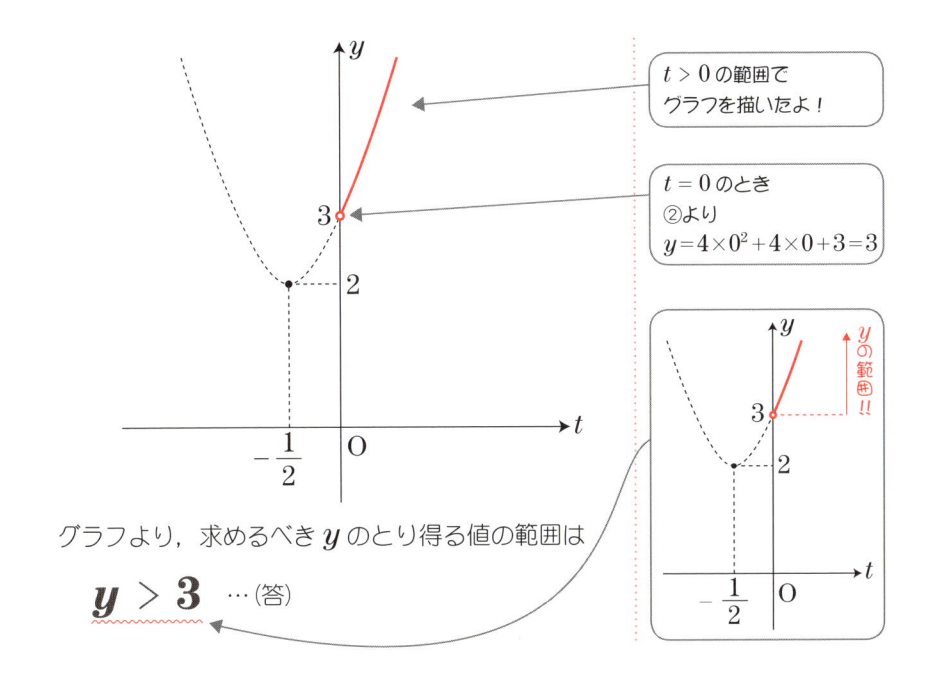

Theme 5 結局，2次関数になるやつ！

$t > 0$ の範囲で
グラフを描いたよ！

$t = 0$ のとき
②より
$y = 4 \times 0^2 + 4 \times 0 + 3 = 3$

yの範囲!!

グラフより，求めるべき y のとり得る値の範囲は

$y > 3$ …(答)

次の問題にいく前に，ちょっとばかり**準備運動**をしましょう!!

キュートな補足

$x > 0$ のとき

$$y = x + \frac{16}{x}$$

の最小値とそのときの x の値を求めよ。

これは，「数学Ⅰ」でよく見られる光景です!!
そこで，思い出してほしいモノが…

相加平均と相乗平均の関係式

$A > 0$ かつ $B > 0$ のとき

$$A + B \geq 2\sqrt{AB}$$

(等号成立は $A = B$ のとき)

覚えなさい!!

です!!

これは，もともと

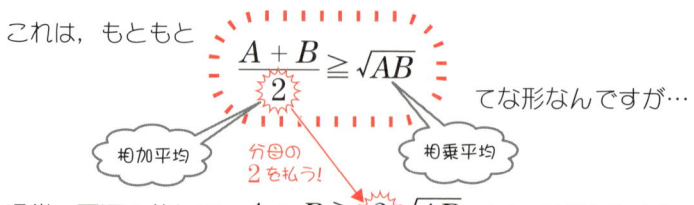

$$\frac{A+B}{2} \geqq \sqrt{AB}$$

てな形なんですが…

（相加平均）　（分母の2を払う！）　（相乗平均）

通常，両辺2倍して　$A+B \geqq 2\sqrt{AB}$　として用います!!

で，どのように活用するか？　ですが…

$$y = \boxed{x}^{A} + \boxed{\frac{16}{x}}^{B}$$

$A = x,\ B = \dfrac{16}{x}$ と考えよう！

ポイント　　$A \times B = $ **一定の値**となるときは，　ババーン!!

前ページの相加平均と相乗平均の関係

$A > 0$ かつ $B > 0$ のとき

$$A + B \geqq 2\sqrt{AB}$$

（等号成立は $A = B$）

を活用する可能性が高い!!

（これがいえないとこの公式は使えないぞ!!）

この場合　$A \times B \longrightarrow x \times \dfrac{16}{x} = 16$　（一定です!!）　ビューン！

しかも，$A \longrightarrow x > 0$ かつ $B \longrightarrow \dfrac{16}{x} > 0$　（$A > 0$ かつ $B > 0$ をみたす!!）

よって…

$\sqrt{16} = 4$

$$y = \boxed{x} + \boxed{\dfrac{16}{x}} \geqq 2\sqrt{\boxed{x} \times \boxed{\dfrac{16}{x}}} = 2 \times 4 = 8$$

　　　　$A\ +\ B\ \geqq\ 2\sqrt{AB}$　（相加平均と相乗平均の関係）

とゆーことは…

$$y \geqq 8$$

つまり，最小値は 8

$y \geqq 8$ ということは，yの一番小さいときつまり最小値が 8！

また，このとき，$\boxed{x}^{A} = \boxed{\dfrac{16}{x}}^{B}$　（右辺の分母のxを払う）　より　$x^2 = 16$

（等号成立は $A = B$！）　　$x > 0$　より　$x = 4$

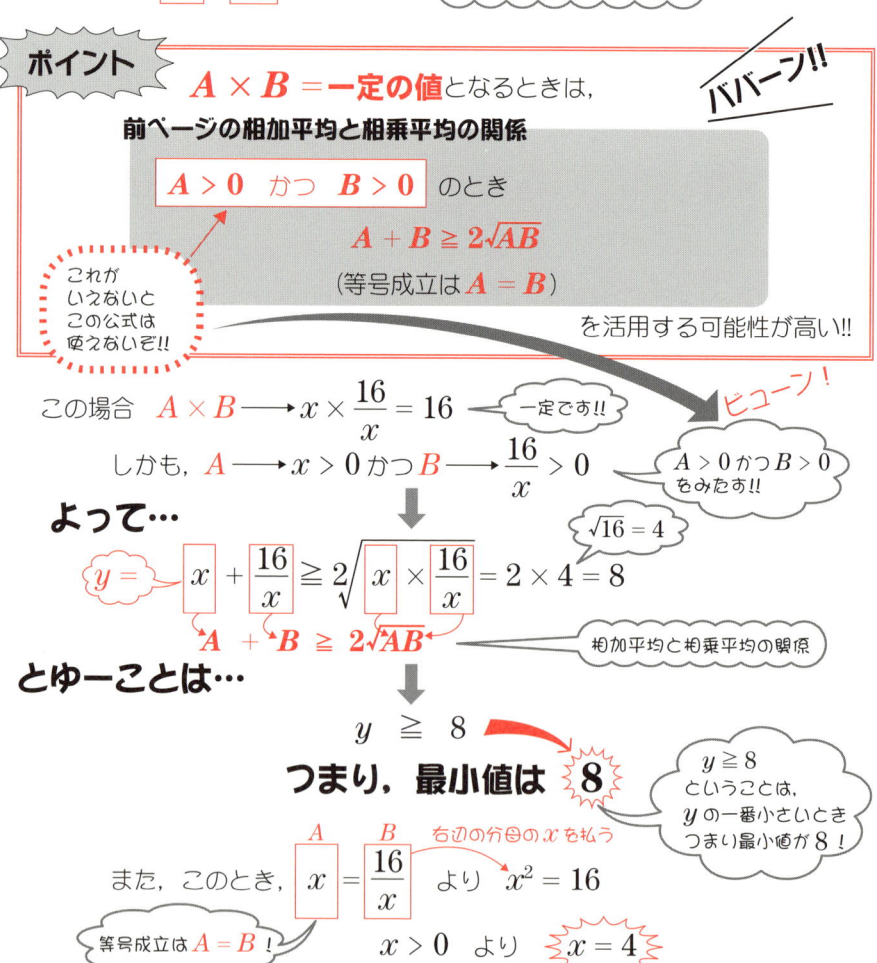

以上まとめて…

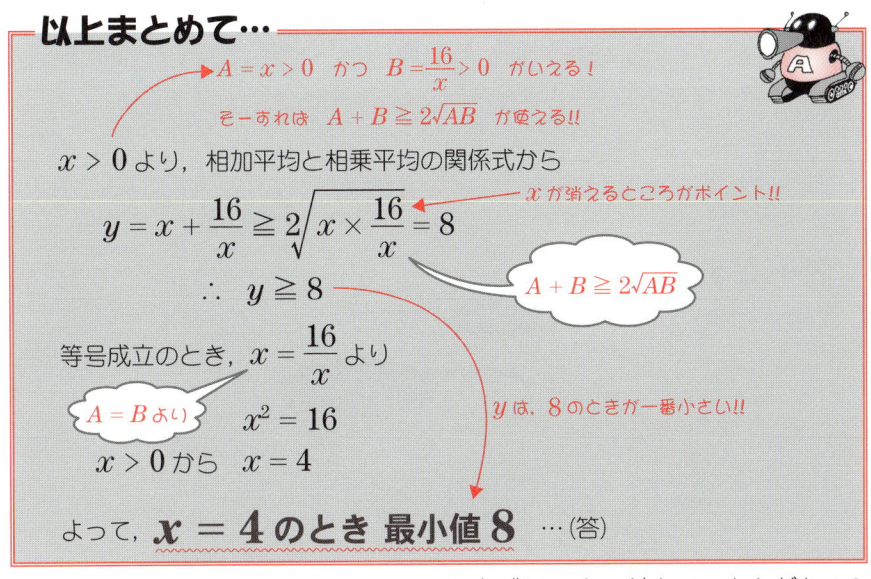

$A = x > 0$ かつ $B = \dfrac{16}{x} > 0$ がいえる！

そーすれば $A + B \geqq 2\sqrt{AB}$ が使える!!

$x > 0$ より，相加平均と相乗平均の関係式から

$$y = x + \dfrac{16}{x} \geqq 2\sqrt{x \times \dfrac{16}{x}} = 8$$

x が消えるところがポイント!!

$\therefore\ y \geqq 8$

$A + B \geqq 2\sqrt{AB}$

等号成立のとき，$x = \dfrac{16}{x}$ より

（$A = B$ より）

$x^2 = 16$

y は，8のときが一番小さい!!

$x > 0$ から $x = 4$

よって，$x = 4$ のとき 最小値 8 …(答)

こんな感じっす!! 流れはつかんだかい？

いよいよ，真打ちの登場や!!

問題 5-2 ちょいムズ

$y = 4^x + 4^{-x} - 5(2^x + 2^{-x}) + 3$ がある。このとき，

(1) $t = 2^x + 2^{-x}$ とするとき，y を t の式で表せ。

(2) t の最小値とそのときの x の値を求めよ。

(3) y の最小値とそのときの x の値を求めよ。

ナイスな導入!!

こっ，これは，超 いや 激 有名人!!

今まで学習した，さまざまな話題が濃縮されております♥

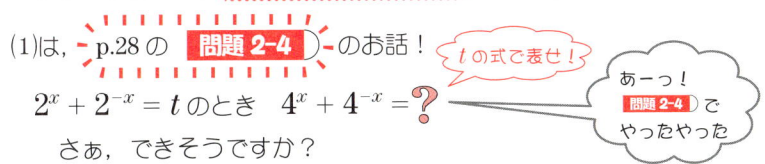

有名人!?

(1)は，p.28の 問題2-4 のお話！

t の式で表せ！

$2^x + 2^{-x} = t$ のとき $4^x + 4^{-x} = $ ？

さぁ，できそうですか？

あーっ！ 問題2-4 でやったやった

(2)は，$t = 2^x + 2^{-x} = 2^x + \dfrac{1}{2^x}$ ←積が一定!!

あれ…この形は…
$A = 2^x$，$B = \dfrac{1}{2^x}$ とすると
$A \times B = 2^x \times \dfrac{1}{2^x} = 1$ 一定

そーです！

さっきやった，p.57の キュートな補足 です！

もう，おなじみ… $2^x > 0$ より ← これはお約束！

$t = \boxed{2^x} + \boxed{\dfrac{1}{2^x}} \geq 2\sqrt{\boxed{2^x} \times \boxed{\dfrac{1}{2^x}}} = 2$

正　正　　　　　　　　　　　2^xが消える！

$A + B \geq 2\sqrt{AB}$ ← 相加平均と相乗平均の関係

∴ $t \geq 2$

つまーり!! t の最小値は **2** 一丁あがり！

このとき，$\boxed{2^x}^A = \boxed{\dfrac{1}{2^x}}^B　　$よって，$(2^x)^2 = 1$

等号成立は，$A = B$ のとき

$2^x > 0$ より $2^x = 1$ ← 2^0

∴ $x = 0$　　もう一丁！

まとめて…

$x = 0$ のとき t は最小値 2 をとる

答でーす！

(3)は，(2)で $t \geq 2$ より
この範囲で，(1)の t の関数のグラフを考えれば OK！

Theme 5　結局，2次関数になるやつ！　61

解答でござる

$$y = 4^x + 4^{-x} - 5(2^x + 2^{-x}) + 3 \quad \cdots ①$$

(1)　$t = 2^x + 2^{-x} \quad \cdots ②$

②の両辺を 2 乗して

$$t^2 = (2^x + 2^{-x})^2$$
$$t^2 = (2^x)^2 + 2 \times 2^x \times 2^{-x} + (2^{-x})^2$$
$$t^2 = 2^{2x} + 2 \times 2^{x-x} + 2^{-2x}$$
$$t^2 = 4^x + 2 + 4^{-x}$$
$$\therefore \ 4^x + 4^{-x} = t^2 - 2 \quad \cdots ③$$

②③を①に代入して

$$y = t^2 - 2 - 5t + 3$$
$$\therefore \ \boldsymbol{y = t^2 - 5t + 1} \quad \cdots \text{(答)}$$

(2)　$2^x > 0$ より

相加平均と相乗平均の関係から

$$t = 2^x + 2^{-x} \geq 2\sqrt{2^x \times 2^{-x}} = 2\sqrt{2^0} = 2$$

$$\therefore \ t \geq 2$$

このとき，等号成立は，

$$2^x = 2^{-x}$$
$$(2^x)^2 = 1$$
$2^x > 0$　より　$2^x = 1$
$$\therefore \ x = 0$$

以上より，t は，

$\boldsymbol{x = 0}$ **のとき，最小値** $\boldsymbol{2}$ **をとる**　…(答)

---

p.28 の 問題 2-4 では
$2^x = t$ などと
おきかえました　が，
今回は，そのまま Go!Go!!

ぶっちゃけ！
直感的に $2^2 = 4$ でしょ！
2 乗すりゃあ 4 がらみの
モノが出るさ！

$\begin{cases} 2^{2x} = (2^2)^x = 4^x \\ 2 \times 2^{x-x} = 2 \times 2^0 \\ \qquad\qquad = 2 \times 1 = 2 \\ 2^{-2x} = (2^2)^{-x} = 4^{-x} \end{cases}$

①で
$y = \boxed{4^x + 4^{-x}} - 5(\boxed{2^x + 2^{-x}}) + 3$
　　$t^2 - 2$　　　　t

ホラ．2次関数だ!!

この部分です！
$A > 0$ かつ $B > 0$ のとき
$A + B \geq 2\sqrt{AB}$ がいえる！
$2^x > 0$ さえいれれば…
$A = 2^x > 0$
$B = 2^{-x} = \dfrac{1}{2^x} > 0$ です！

$A + B \geq 2\sqrt{AB}$
お好みによりますが…
$t = 2^x + \dfrac{1}{2^x} \geq 2\sqrt{2^x \times \dfrac{1}{2^x}}$
　　　　　　　　　　$= 2$
の方がいいっすか？

$A \times B$
$2^x \times 2^{-x}$
$= 2^{x-x}$
$= 2^0$
$= 1$ 一定
となるから
$A + B \geq 2\sqrt{AB}$
がとうもウサイ！

$2^{x-x} = 2^0 = 1$

t が一番小さい
ときが 2！

$2^x = \boxed{2^{-x}}$
$2^x = \boxed{\dfrac{1}{2^x}}$
$(2^x)^2 = 1$　イメージは
　　　　　　$A = \dfrac{1}{A}$ のとき
　　　　　　$A^2 = 1$

$2^0 = 1$ ですョ！

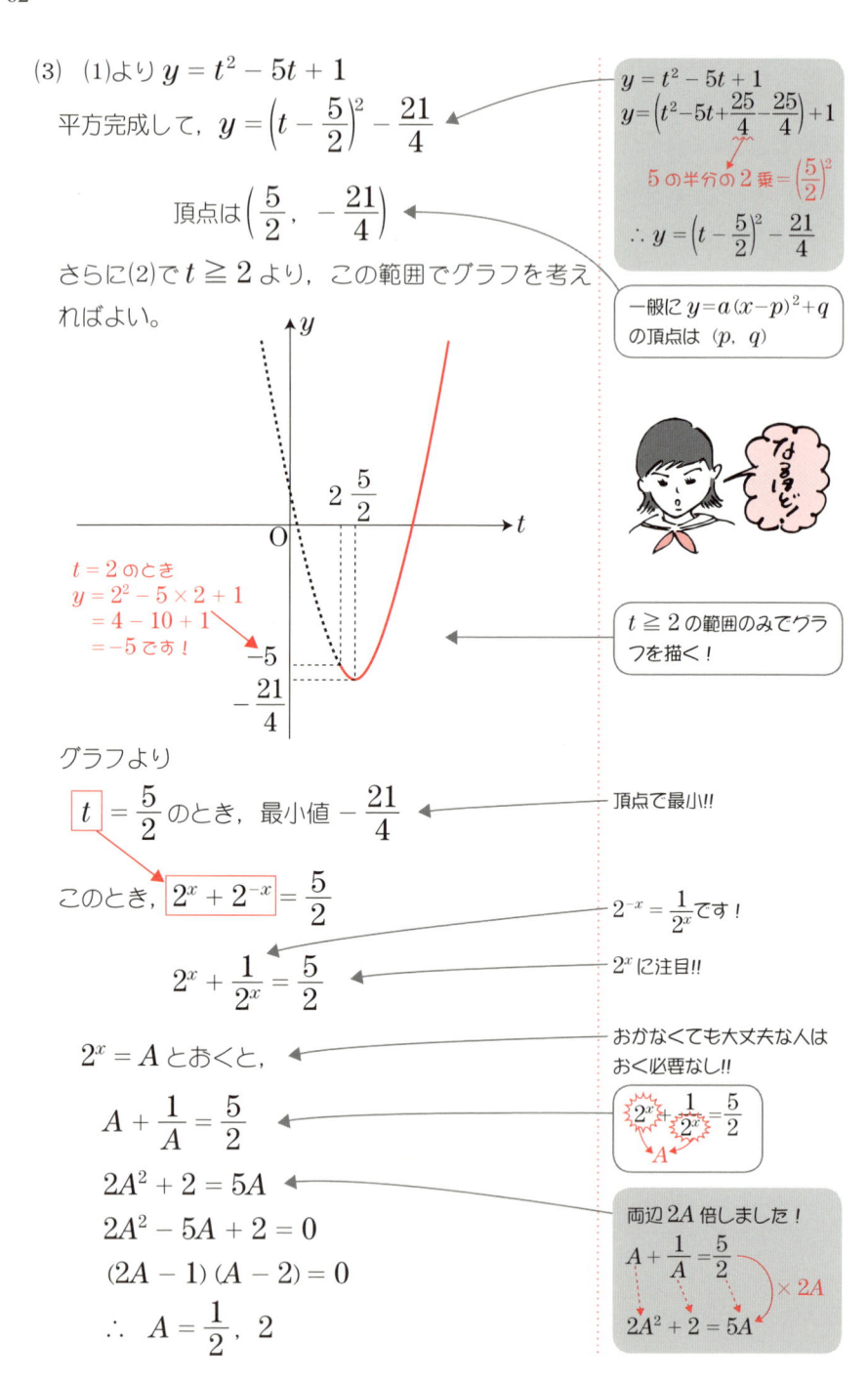

(3) (1)より $y = t^2 - 5t + 1$

平方完成して, $y = \left(t - \dfrac{5}{2}\right)^2 - \dfrac{21}{4}$

頂点は $\left(\dfrac{5}{2}, -\dfrac{21}{4}\right)$

さらに(2)で $t \geqq 2$ より, この範囲でグラフを考えればよい。

$t = 2$ のとき
$y = 2^2 - 5 \times 2 + 1$
$= 4 - 10 + 1$
$= -5$ です！

> $y = t^2 - 5t + 1$
> $y = \left(t^2 - 5t + \dfrac{25}{4} - \dfrac{25}{4}\right) + 1$
> 5の半分の2乗 $= \left(\dfrac{5}{2}\right)^2$
> ∴ $y = \left(t - \dfrac{5}{2}\right)^2 - \dfrac{21}{4}$

> 一般に $y = a(x-p)^2 + q$ の頂点は (p, q)

> $t \geqq 2$ の範囲のみでグラフを描く！

グラフより

$\boxed{t} = \dfrac{5}{2}$ のとき, 最小値 $-\dfrac{21}{4}$ ← 頂点で最小!!

このとき, $\boxed{2^x + 2^{-x}} = \dfrac{5}{2}$ ← $2^{-x} = \dfrac{1}{2^x}$ です！

$2^x + \dfrac{1}{2^x} = \dfrac{5}{2}$ ← 2^x に注目!!

$2^x = A$ とおくと, ← おかなくても大丈夫な人はおく必要なし!!

$A + \dfrac{1}{A} = \dfrac{5}{2}$

$2A^2 + 2 = 5A$ ← 両辺 $2A$ 倍しました！
$A + \dfrac{1}{A} = \dfrac{5}{2}$ $\times 2A$
$2A^2 + 2 = 5A$

$2A^2 - 5A + 2 = 0$

$(2A - 1)(A - 2) = 0$

∴ $A = \dfrac{1}{2}, 2$

$A = \dfrac{1}{2}$ のとき $2^x = \dfrac{1}{2} = 2^{-1}$ ∴ $\boxed{x = -1}$

$A = 2$ のとき $2^x = 2^1$ ∴ $\boxed{x = 1}$

以上，まとめて

$x = \boxed{\pm 1}$ のとき，最小値 $-\dfrac{21}{4}$ …(答)

ちょっと言わせて 本問は… $2^x = A$ とおくと…

$y = A^2 + \dfrac{1}{A^2} - 5\left(A + \dfrac{1}{A}\right) + 3$ がある。このとき，

(1) $t = A + \dfrac{1}{A}$ とするとき，y を t の式で表せ。
(2) t の最小値とそのときの x の値を求めよ。
(3) y の最小値とそのときの x の値を求めよ。

$2^x = A$ $2^{-x} = \dfrac{1}{2^x} = \dfrac{1}{A}$
$4^x = (2^2)^x = 2^{2x} = (2^x)^2 = A^2$
$4^{-x} = \dfrac{1}{4^x} = \dfrac{1}{A^2}$

ですから…

という問題にすりかわる！

p.28 問題 2-4 参照！

しかし，このレベルになると，いちいち最初からおきかえるのは，まわりくどいです！ まぁ，好みですがね…

油断は禁物

Theme 6 対数関数 log とは…？

(ログと読む)

これを覚えろ!!

$$a^x = b \iff x = \log_a b$$

イメージは…

$a^x = b$ のとき $x = ?$

このとき…

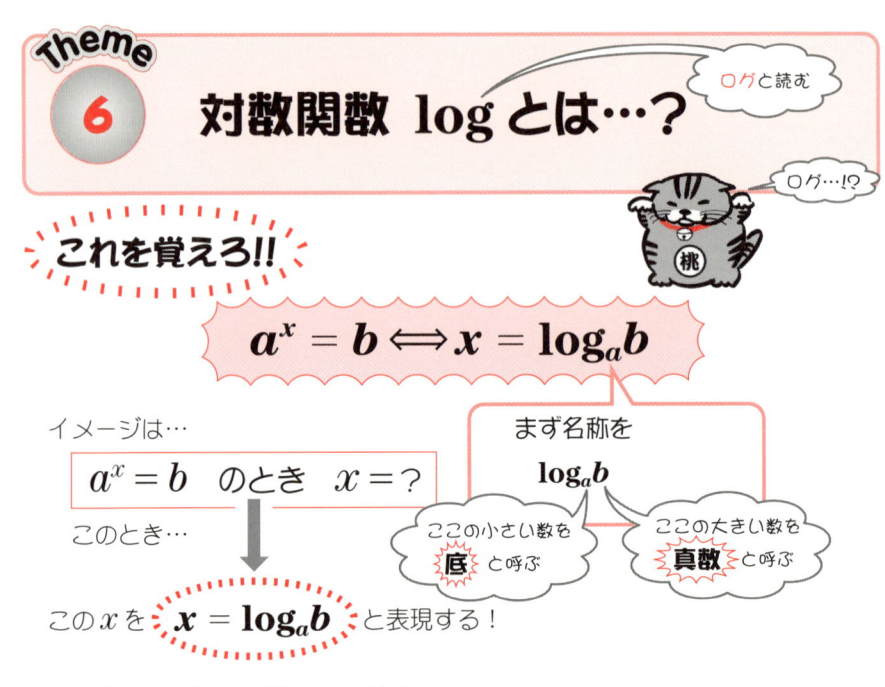

この x を $x = \log_a b$ と表現する！

まず名称を $\log_a b$

ここの小さい数を **底** と呼ぶ
ここの大きい数を **真数** と呼ぶ

で，ウォーミングアップを…

問題 6-1 　　　　　　　　　　　　　　基礎の基礎

次の方程式を解け。
(1) $3^x = 5$
(2) $7^x = 13$
(3) $4^x - 2^{x+1} - 3 = 0$

おまけ 懐かしのタイプ…
(4) $2^x = 8$ 　Theme ④ のタイプ！

ナイスな導入!!

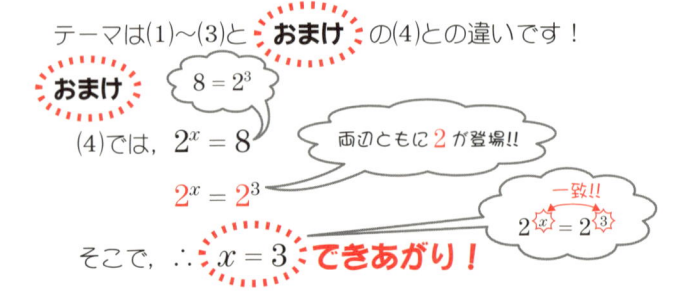

テーマは(1)～(3)と **おまけ** の(4)との違いです！

おまけ　　$8 = 2^3$

(4)では，$2^x = 8$　　両辺ともに 2 が登場!!

$2^x = 2^3$　　一致!! $2^{\boxed{x}} = 2^{\boxed{3}}$

そこで，∴ $x = 3$ **できあがり！**

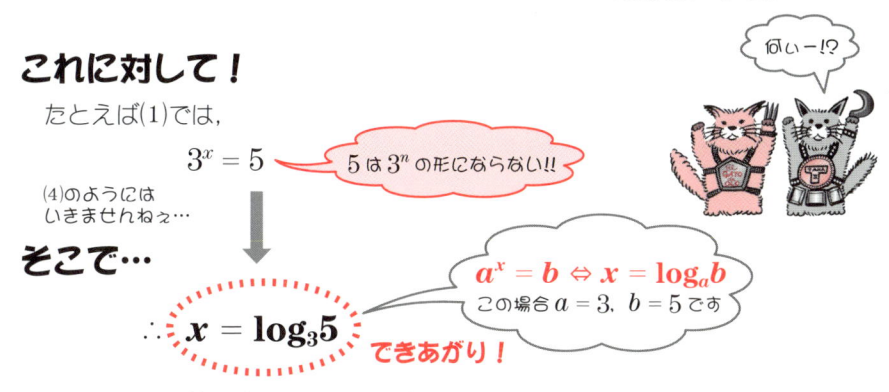

Theme 6 対数関数 log とは…? 65

これに対して！

たとえば(1)では,

$$3^x = 5$$

（5は3^nの形にならない!!）

(4)のようにはいきませんねぇ…

そこで…

$$\therefore x = \log_3 5$$

できあがり！

$a^x = b \Leftrightarrow x = \log_a b$
この場合 $a = 3$, $b = 5$ です

どうです？　使い方はわかりましたか？
では，(2), (3)も同様なタイプなんで，やってみん！

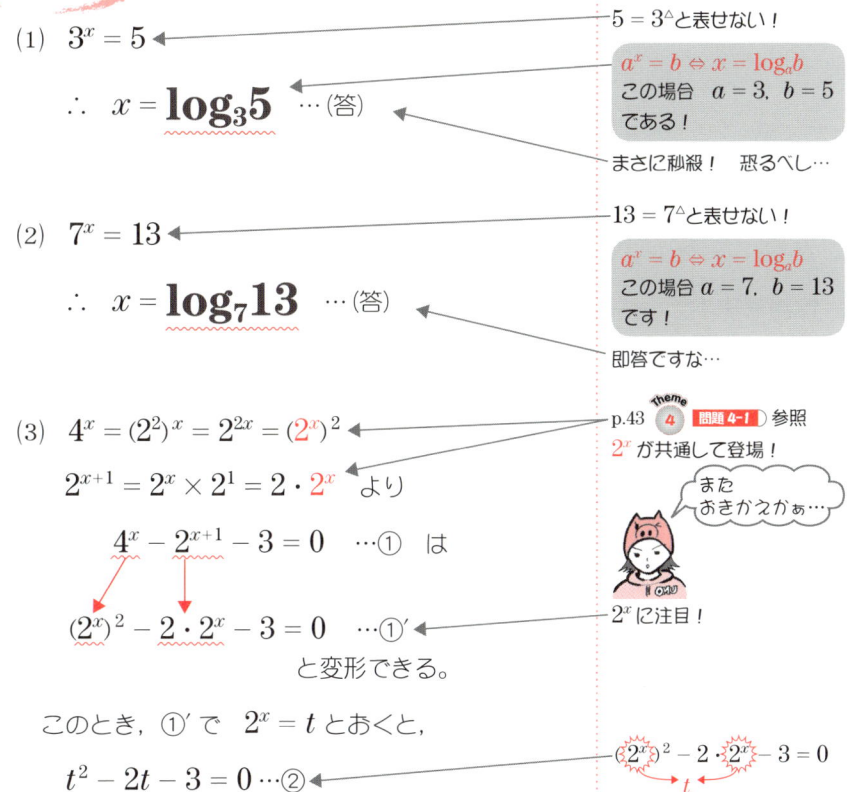

解答でござる

(1) $3^x = 5$

$\therefore x = \log_3 5$ …(答)

$5 = 3^\triangle$ と表せない！

$a^x = b \Leftrightarrow x = \log_a b$
この場合 $a = 3$, $b = 5$
である！

まさに秒殺！　恐るべし…

(2) $7^x = 13$

$\therefore x = \log_7 13$ …(答)

$13 = 7^\triangle$ と表せない！

$a^x = b \Leftrightarrow x = \log_a b$
この場合 $a = 7$, $b = 13$
です！

即答ですな…

(3) $4^x = (2^2)^x = 2^{2x} = (2^x)^2$

$2^{x+1} = 2^x \times 2^1 = 2 \cdot 2^x$ より

$4^x - 2^{x+1} - 3 = 0$ …①　は

$(2^x)^2 - 2 \cdot 2^x - 3 = 0$ …①′

と変形できる。

p.43 Theme 4　問題 4-1　参照
2^x が共通して登場！

また おきかえかぁ…

2^x に注目！

このとき，①′ で $2^x = t$ とおくと，

$t^2 - 2t - 3 = 0$ …②

$(2^x)^2 - 2 \cdot 2^x - 3 = 0$
　　　　　　t

②より，$(t+1)(t-3) = 0$

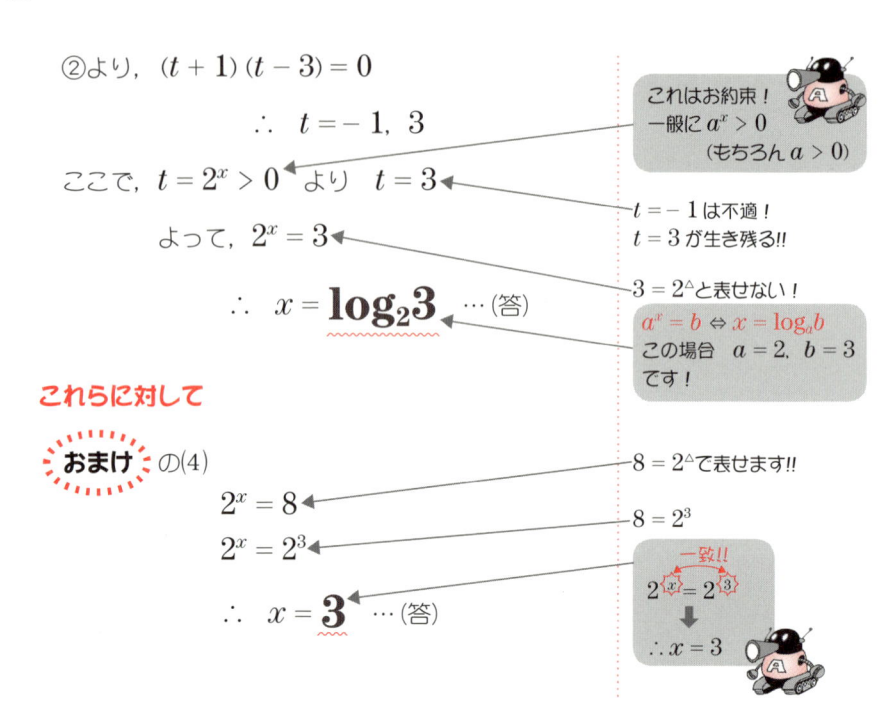

$\therefore\ t = -1,\ 3$

ここで，$t = 2^x > 0$ より $t = 3$

よって，$2^x = 3$

$\therefore\ x = \log_2 3$ …(答)

> これはお約束！
> 一般に $a^x > 0$
> （もちろん $a > 0$）

$t = -1$ は不適！
$t = 3$ が生き残る!!

$3 = 2^{△}$ と表せない！
$a^x = b \Leftrightarrow x = \log_a b$
この場合 $a = 2,\ b = 3$ です！

これらに対して

おまけ の(4)

$2^x = 8$

$2^x = 2^3$

$\therefore\ x = 3$ …(答)

$8 = 2^{△}$ で表せます!!

$8 = 2^3$

一致!!
$2^{\boxed{x}} = 2^{\boxed{3}}$
↓
$\therefore x = 3$

対数，つまり log についてザッとまとめときます！

定義です！

$$a^x = b \Leftrightarrow x = \log_a b$$

a は**底**と呼ばれ，
$\boxed{0 < a < 1\ \text{or}\ 1 < a}$ 底の条件！
の範囲です！

$a \neq 1$ がポイント！

b は**真数**と呼ばれ，
$\boxed{b > 0}$ 真数条件！
の範囲です！

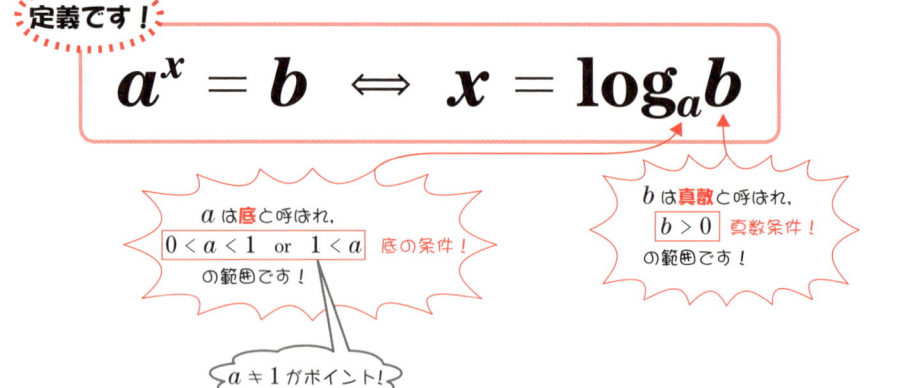

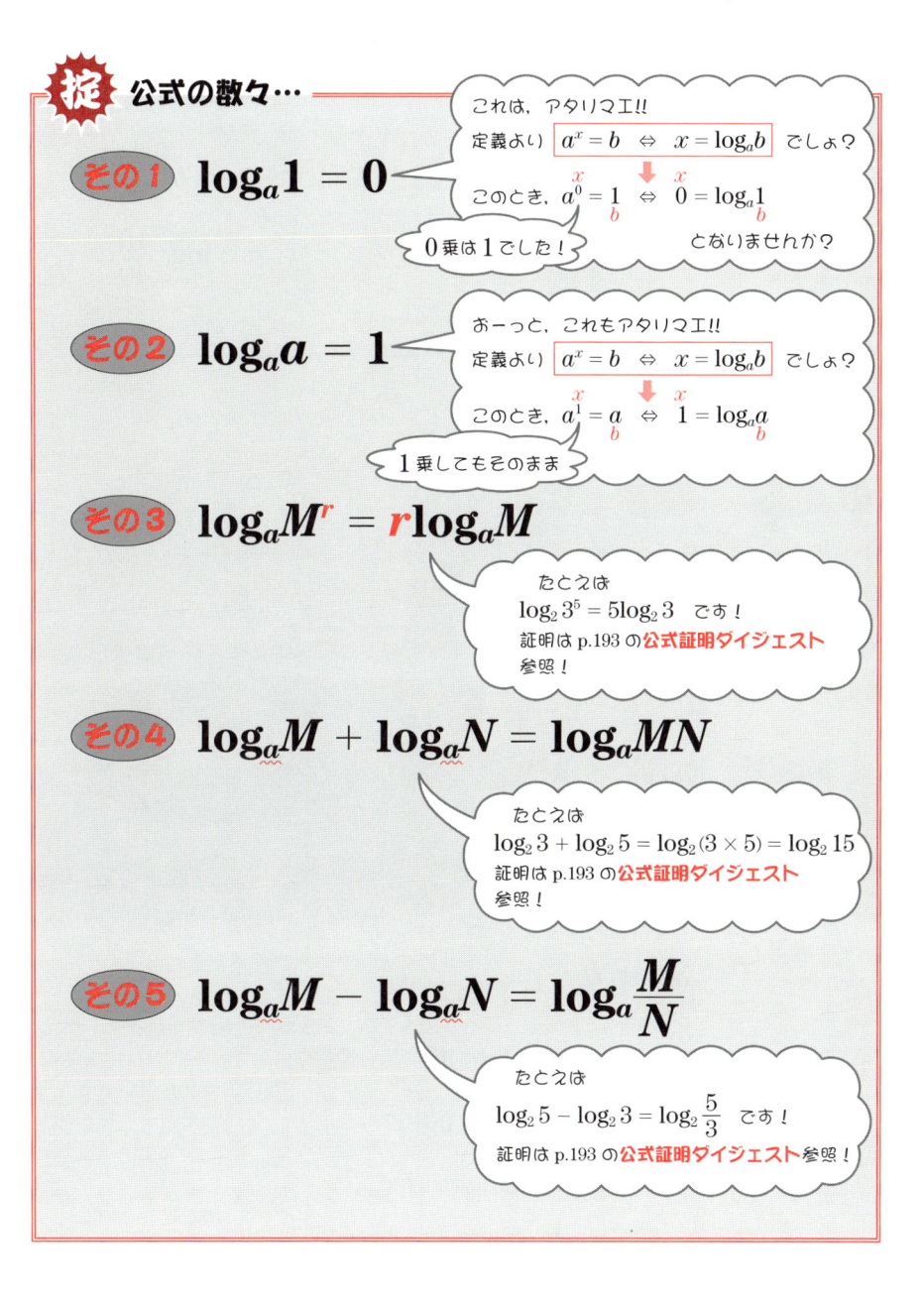

Theme 6　対数関数 log とは…?

掟　公式の数々…

その1　$\log_a 1 = 0$

これは、アタリマエ!!
定義より　$a^x = b \Leftrightarrow x = \log_a b$　でしょ?
このとき、$a^0 = 1 \Leftrightarrow 0 = \log_a 1$
0乗は1でした!
となりませんか?

その2　$\log_a a = 1$

おーっと、これもアタリマエ!!
定義より　$a^x = b \Leftrightarrow x = \log_a b$　でしょ?
このとき、$a^1 = a \Leftrightarrow 1 = \log_a a$
1乗してもそのまま

その3　$\log_a M^r = r \log_a M$

たとえば
$\log_2 3^5 = 5\log_2 3$　です!
証明は p.193 の**公式証明ダイジェスト**参照!

その4　$\log_a M + \log_a N = \log_a MN$

たとえば
$\log_2 3 + \log_2 5 = \log_2 (3 \times 5) = \log_2 15$
証明は p.193 の**公式証明ダイジェスト**参照!

その5　$\log_a M - \log_a N = \log_a \dfrac{M}{N}$

たとえば
$\log_2 5 - \log_2 3 = \log_2 \dfrac{5}{3}$　です!
証明は p.193 の**公式証明ダイジェスト**参照!

とりあえず，公式に慣れようよ！

問題 6-2 　　　　　　　　　　　　　　　　　　　　　　　**基礎**

$\log_{10}2 = a$, $\log_{10}3 = b$, $\log_{10}7 = c$ として，次の値を a, b, c で表せ。

(1) $\log_{10}6$ 　　(2) $\log_{10}24$ 　　(3) $\log_{10}\dfrac{12}{49}$

(4) $\log_{10}5$ 　　(5) $\log_{10}\sqrt{21}$

ナイスな導入!!

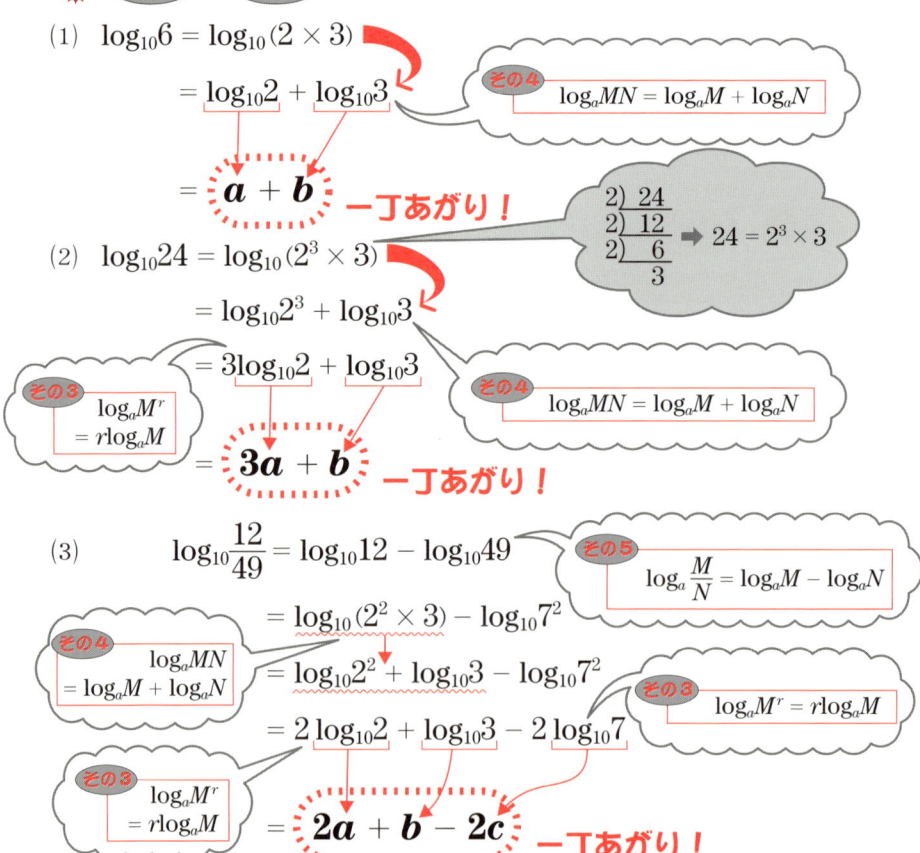

掟 その1 ～ その5 を正しく活用せよ!!

(1) $\log_{10}6 = \log_{10}(2 \times 3)$
$= \log_{10}2 + \log_{10}3$ 　　〔その4: $\log_a MN = \log_a M + \log_a N$〕
$= \boldsymbol{a + b}$ 　一丁あがり！

(2) $\log_{10}24 = \log_{10}(2^3 \times 3)$ 　　〔$24 = 2^3 \times 3$〕
$= \log_{10}2^3 + \log_{10}3$
$= 3\log_{10}2 + \log_{10}3$ 　〔その3: $\log_a M^r = r\log_a M$〕　〔その4: $\log_a MN = \log_a M + \log_a N$〕
$= \boldsymbol{3a + b}$ 　一丁あがり！

(3) $\log_{10}\dfrac{12}{49} = \log_{10}12 - \log_{10}49$ 　〔その5: $\log_a \dfrac{M}{N} = \log_a M - \log_a N$〕
$= \log_{10}(2^2 \times 3) - \log_{10}7^2$
$= \log_{10}2^2 + \log_{10}3 - \log_{10}7^2$ 　〔その4: $\log_a MN = \log_a M + \log_a N$〕
$= 2\log_{10}2 + \log_{10}3 - 2\log_{10}7$ 　〔その3: $\log_a M^r = r\log_a M$〕
$= \boldsymbol{2a + b - 2c}$ 　一丁あがり！

Theme 6　対数関数 log とは…?

(4)　$\boxed{\log_{10} 5}$ こいつの生き様は有名だ!!

一見，何もできなさそうですが…

$$\log_{10} 5 = \log_{10} \frac{10}{2}$$

$5 = \frac{10}{2}$ です!!
このテクニックは，覚えておこう！

$$= \log_{10} 10 - \log_{10} 2$$

その5　$\log_a \frac{M}{N} = \log_a M - \log_a N$

その2　$\log_a a = 1$

$$= \mathbf{1 - a}$$

ホラ！　できた!!

(5)　$\log_{10} \sqrt{21} = \log_{10} 21^{\frac{1}{2}}$

$\sqrt{21} = 21^{\frac{1}{2}}$ です！
You Know!!

$$= \frac{1}{2} \log_{10} 21$$

その3　$\log_a M^r = r \log_a M$

$$= \frac{1}{2} \log_{10}(3 \times 7)$$

$$= \frac{1}{2}(\log_{10} 3 + \log_{10} 7)$$

その4　$\log_a MN = \log_a M + \log_a N$

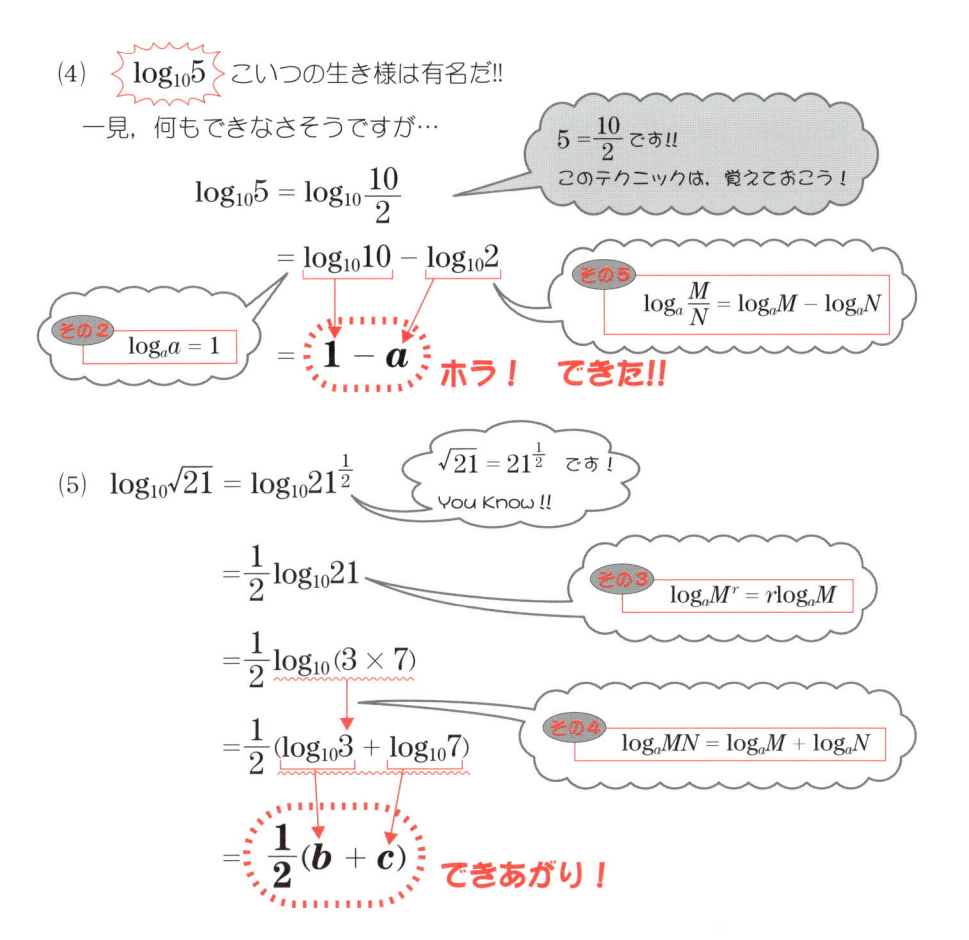

$$= \frac{1}{2}(\boldsymbol{b} + \boldsymbol{c})$$

できあがり！

では，答案作りで仕上げです♥

解答でござる

(1) $\log_{10} 6 = \log_{10}(2 \times 3)$
$\phantom{\log_{10} 6} = \log_{10} 2 + \log_{10} 3$
$\phantom{\log_{10} 6} = \boldsymbol{a + b}$ …(答)

> その4
> $\log_a MN = \log_a M + \log_a N$

(2) $\log_{10} 24 = \log_{10}(2^3 \times 3)$
$\phantom{\log_{10} 24} = \log_{10} 2^3 + \log_{10} 3$
$\phantom{\log_{10} 24} = 3\log_{10} 2 + \log_{10} 3$
$\phantom{\log_{10} 24} = \boldsymbol{3a + b}$ …(答)

> その4
> $\log_a MN = \log_a M + \log_a N$

> その3
> $\log_a M^r = r\log_a M$

(3) $\log_{10} \dfrac{12}{49} = \log_{10} 12 - \log_{10} 49$
$\phantom{\log_{10} \dfrac{12}{49}} = \log_{10}(2^2 \times 3) - \log_{10} 7^2$
$\phantom{\log_{10} \dfrac{12}{49}} = \log_{10} 2^2 + \log_{10} 3 - \log_{10} 7^2$
$\phantom{\log_{10} \dfrac{12}{49}} = 2\log_{10} 2 + \log_{10} 3 - 2\log_{10} 7$
$\phantom{\log_{10} \dfrac{12}{49}} = \boldsymbol{2a + b - 2c}$ …(答)

> その5
> $\log_a \dfrac{M}{N} = \log_a M - \log_a N$

> その4
> $\log_a MN = \log_a M + \log_a N$

> その3
> $\log_a M^r = r\log_a M$

これぞ！ スーパーテク!!
$5 = \dfrac{10}{2}$ と変形！

(4) $\log_{10} 5 = \log_{10} \dfrac{10}{2}$
$\phantom{\log_{10} 5} = \log_{10} 10 - \log_{10} 2$
$\phantom{\log_{10} 5} = \boldsymbol{1 - a}$ …(答)

> その5
> $\log_a \dfrac{M}{N} = \log_a M - \log_a N$

> その2
> $\log_a a = 1$

(5) $\log_{10} \sqrt{21} = \log_{10} 21^{\frac{1}{2}}$
$\phantom{\log_{10} \sqrt{21}} = \dfrac{1}{2}\log_{10} 21$
$\phantom{\log_{10} \sqrt{21}} = \dfrac{1}{2}\log_{10}(3 \times 7)$
$\phantom{\log_{10} \sqrt{21}} = \dfrac{1}{2}(\log_{10} 3 + \log_{10} 7)$
$\phantom{\log_{10} \sqrt{21}} = \boldsymbol{\dfrac{b + c}{2}}$ …(答)

$\sqrt{21} = 21^{\frac{1}{2}}$

> その3
> $\log_a M^r = r\log_a M$

> その4
> $\log_a MN = \log_a M + \log_a N$

$\dfrac{1}{2}(b+c) = \dfrac{b+c}{2}$ です！

問題 6-3 標準

次の式の値を求めよ。

(1) $\log_{10}\dfrac{4}{5} + 2\log_{10}5\sqrt{5}$

(2) $\log_2 30 + 2\log_2 3 - \log_2 135$

(3) $\log_5 75 + \log_5 15 - \dfrac{1}{2}\log_5 81$

(4) $2\log_3\dfrac{\sqrt{5}}{4} - \dfrac{1}{2}\log_3 5 + 4\log_3 2 - \dfrac{1}{2}\log_3 \dfrac{5}{9}$

ナイスな導入!! P.67

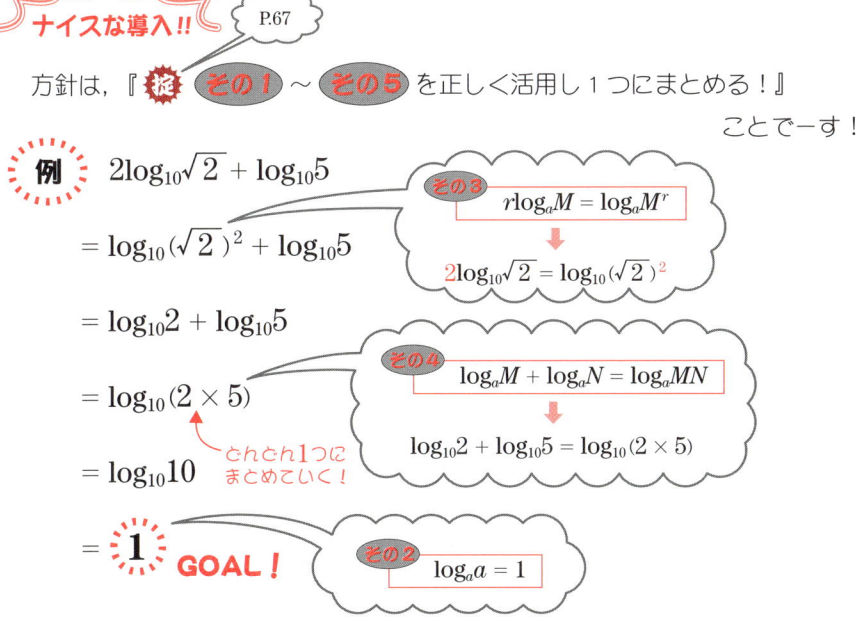

方針は,『 🐯 その1 ～ その5 を正しく活用し1つにまとめる！』ことでーす！

例

$2\log_{10}\sqrt{2} + \log_{10}5$

$= \log_{10}(\sqrt{2})^2 + \log_{10}5$

その3
$r\log_a M = \log_a M^r$
↓
$2\log_{10}\sqrt{2} = \log_{10}(\sqrt{2})^2$

$= \log_{10}2 + \log_{10}5$

$= \log_{10}(2 \times 5)$

その4
$\log_a M + \log_a N = \log_a MN$
↓
$\log_{10}2 + \log_{10}5 = \log_{10}(2 \times 5)$

どんどん1つに
まとめていく！

$= \log_{10}10$

$= 1$ GOAL！

その2
$\log_a a = 1$

こんな感じで TRY してくださいまし！

公式が
ポイントだな…

解答でござる

(1) $\log_{10}\dfrac{4}{5} + 2\log_{10}5\sqrt{5}$

$= \log_{10}\dfrac{4}{5} + \log_{10}(5\sqrt{5})^2$

$= \log_{10}\dfrac{4}{5} + \log_{10}125$

$= \log_{10}\left(\dfrac{4}{5} \times 125\right)$

$= \log_{10}100$

$= \log_{10}10^2$

$= 2\log_{10}10$

$= \underline{\underline{2}}$ …(答)

> $r\log_a M = \log_a M^r$ より
> $2\log_{10}5\sqrt{5} = \log_{10}(5\sqrt{5})^2$

> $(5\sqrt{5})^2$
> $= 5^2 \times (\sqrt{5})^2$
> $= 25 \times 5$
> $= 125$

> $\log_a M + \log_a N = \log_a MN$

> $\dfrac{4}{5} \times 125 = 100$

> $\log_a M^r = r\log_a M$

> $2\log_{10}\underset{1}{10}$
> $= 2 \times 1$
> $= 2$
>
> （$\log_a a = 1$）

ちょっと言わせて

デキるヤツは…

$\log_{10}100 = \underline{\underline{2}}$ …(答)

といきなり求める！

だって，$10^2 = 100$ でしょ？

> 定義です！
> $a^x = b \Leftrightarrow x = \log_a b$
>
> これより…
> $10^2 = 100 \Leftrightarrow 2 = \log_{10}100$

(2) $\log_2 30 + 2\log_2 3 - \log_2 135$

$= \log_2 30 + \log_2 9 - \log_2 135$

$= \log_2 \dfrac{30 \times 9}{135}$

$= \log_2 2$

$= \underline{\underline{1}}$ …(答)

— $\log_a a = 1$ です！

> $r\log_a M = \log_a M^r$ より
> $2\log_2 3 = \log_2 3^2 = \log_2 9$

> $\log_a M + \log_a N = \log_a MN$
> $\log_a M - \log_a N = \log_a \dfrac{M}{N}$

> $\log_a P + \log_a Q - \log_a R$
> $= \log_a \dfrac{P \times Q}{R}$

(3) $\log_5 75 + \log_5 15 - \dfrac{1}{2}\log_5 81$

$= \log_5 75 + \log_5 15 - \log_5 9$

$= \log_5 \dfrac{75 \times 15}{9}$

$= \log_5 125$

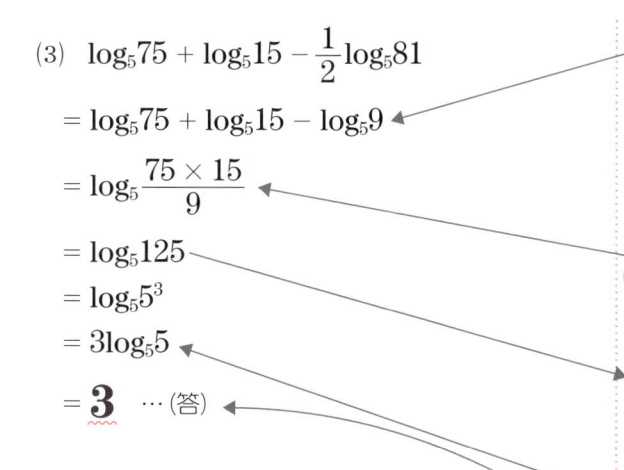

$= \log_5 5^3$

$= 3\log_5 5$

$= \underline{3}$ …(答)

$\dfrac{1}{2}\log_5 81$
$= \log_5 81^{\frac{1}{2}}$ $\quad A^{\frac{1}{2}} = \sqrt{A}\,!$
$= \log_5 \sqrt{81}$
$= \log_5 9$

(2)同様! イメージは
$\log_a P + \log_a Q - \log_a R$
$= \log_a \dfrac{P \times Q}{R}$

$125 = 5^{\circled{3}}$ より
デキるヤツは, 即答で 3
と答える!

$\log_a M^r = r\log_a M$

$3\log_5 5$
　1　　$\log_a a = 1$
$= 3 \times 1$
$= 3$

(4) $2\log_3 \dfrac{\sqrt{5}}{4} - \dfrac{1}{2}\log_3 5 + 4\log_3 2 - \dfrac{1}{2}\log_3 \dfrac{5}{9}$

$= \log_3 \left(\dfrac{\sqrt{5}}{4}\right)^2 - \log_3 5^{\frac{1}{2}} + \log_3 2^4 - \log_3 \left(\dfrac{5}{9}\right)^{\frac{1}{2}}$

$= \log_3 \dfrac{5}{16} - \log_3 \sqrt{5} + \log_3 16 - \log_3 \dfrac{\sqrt{5}}{3}$

$= \log_3 \dfrac{\dfrac{5}{16} \times 16}{\sqrt{5} \times \dfrac{\sqrt{5}}{3}}$

$= \log_3 \dfrac{5}{\dfrac{5}{3}}$

$= \log_3 3$

$= \underline{1}$ …(答)

4項すべてにおいて
$r\log_a M = \log_a M^r$
の活用!!

$\left\{\begin{array}{l}\left(\dfrac{\sqrt{5}}{4}\right)^2 = \dfrac{5}{16}\\ 5^{\frac{1}{2}} = \sqrt{5}\\ 2^4 = 16\\ \left(\dfrac{5}{9}\right)^{\frac{1}{2}} = \sqrt{\dfrac{5}{9}} = \dfrac{\sqrt{5}}{3}\end{array}\right.$ $A^{\frac{1}{2}} = \sqrt{A}\,!$

イメージは…
$\log_a P - \log_a Q + \log_a R - \log_a S$
$= \log_a P + \log_a R - \log_a Q - \log_a S$
$= \log_a \dfrac{P \times R}{Q \times S}$

$\dfrac{5}{\dfrac{5}{3}} = \dfrac{15}{5} = 3$　分母&分子×3

$\log_a a = 1$ です!!

Theme 7 まだまだ重要な掟があります！

その掟とは…

p.67 の **その5** からのつづきです！

掟その6 人呼んで底の変換公式！

真数は分子の真数に…

$$\log_a b = \frac{\log_c b}{\log_c a}$$

底は分母の真数に…

例えば… $\log_3 5 = \frac{\log_{10} 5}{\log_{10} 3}$ など…

このとき，c は好きにして OK です!!

しかし，c は底なんで，底としての節度を守ってもらいます！

つまーり $0 < c < 1 \text{ or } 1 < c$ です！

c は 1 以外の正の数なら何でも OK！

この公式を，どのような場面で活用するか？？ 問題を通して解説します！

問題 7-1 【標準】

x, y, z が 1 と異なる正の実数であるとき，

$(\log_x y) \cdot (\log_y z) \cdot (\log_z x)$ の値を求めよ。

ナイスな導入!!

本問は，超有名なタイプ。x, y, z がすべて 底 になったり，真数 になったりしてます！ しかも，積です!!

こんなときは…

掟その6 の登場です!!

$$\log_x y = \frac{\log_{10} y}{\log_{10} x}$$

掟その6 の c のところは 1 以外の正の数なら何でも OK。何でもいいといわれても困る!! そんなときは 10 にしとけ！

Theme 7　まだまだ重要な掟があります！

同様に
$$\log_y z = \frac{\log_{10} z}{\log_{10} y}$$
$$\log_z x = \frac{\log_{10} x}{\log_{10} z}$$

掟その6 が炸裂！
$$\log_a b = \frac{\log_{10} b}{\log_{10} a}$$ でーす！

とゆーわけで…

こっ，こんなにウマくいくとは…

$$(\log_x y) \cdot (\log_y z) \cdot (\log_z x)$$

$$= \frac{\log_{10} y}{\log_{10} x} \times \frac{\log_{10} z}{\log_{10} y} \times \frac{\log_{10} x}{\log_{10} z}$$

おーっ！約分できるぞ！

$$= 1$$　一丁あがり！

約分しまくりできまくり♥

解答でござる

$$(\log_x y) \cdot (\log_y z) \cdot (\log_z x)$$
$$= \frac{\log_{10} y}{\log_{10} x} \times \frac{\log_{10} z}{\log_{10} y} \times \frac{\log_{10} x}{\log_{10} z}$$
$$= 1 \quad \cdots \text{(答)}$$

約分しまくっって，こうなる！

掟その6 です！
$$\log_a b = \frac{\log_{10} b}{\log_{10} a}$$

(c は，1以外の正の数なら何でもOK！)
この場合 10 にしました！
10以外でもOKですョ！

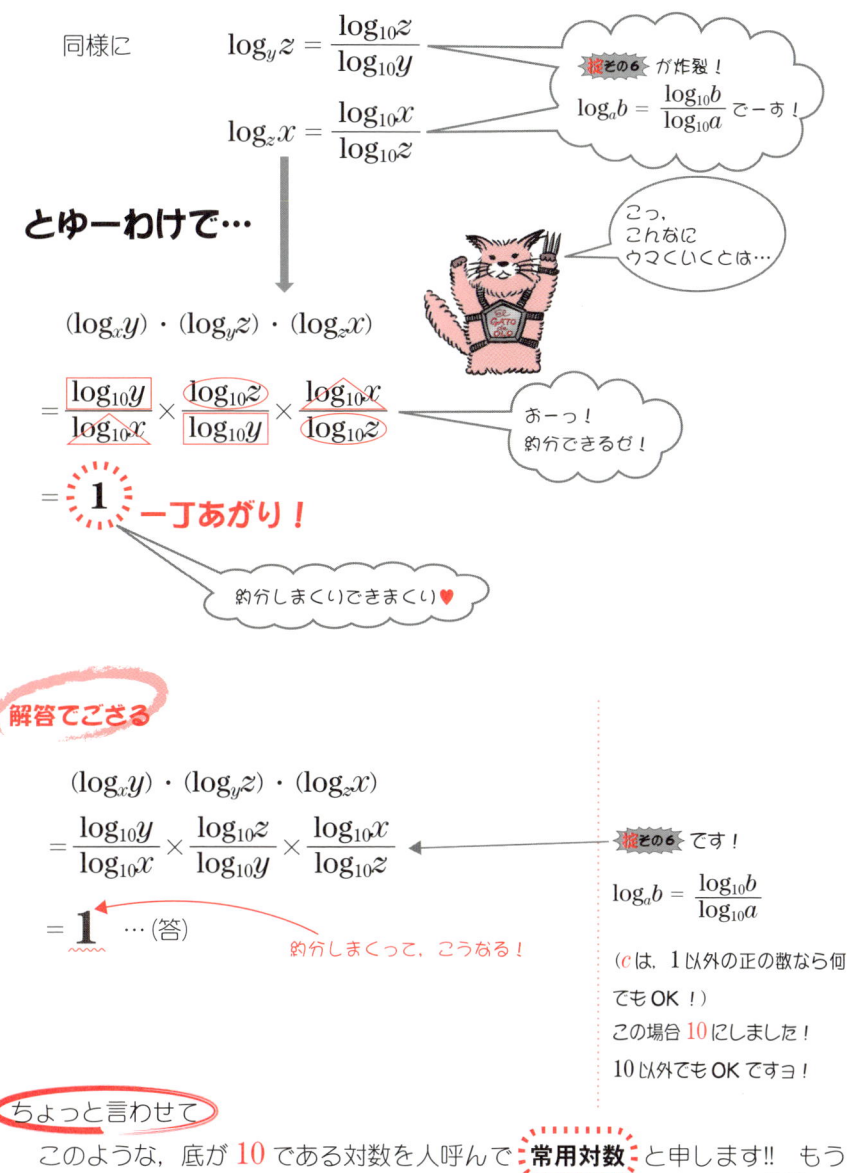

ちょっと言わせて

　このような，底が 10 である対数を人呼んで **常用対数** と申します!!　もうちょっと先にいくとチョクチョク登場するよ～ん！

ずうずうしいヤツめ…

では，このタイプをもう少しばかり…

問題 7-2 　標準

次の式の値を求めよ．
(1) $\log_3 25 \cdot \log_5 81$
(2) $\log_4 9 \cdot \log_3 125 \cdot \log_5 8$

ナイスな導入!!

(1) **ザツ**と見てみよう…

$25 = 5^2$ より，いずれも 5 がらみ！

$$\log_3 25 \cdot \log_5 81$$

$81 = 3^4$ より，いずれも 3 がらみ！

とゆーわけで…

3 がらみの数と 5 がらみの数が前問（ 問題 7-1 ）と同じように，底になったり，真数になったりしています！

よって!!

このような場面では，**掟その6** が活躍します！

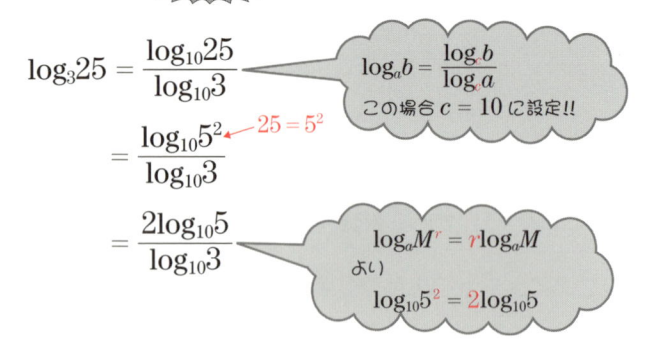

$$\log_3 25 = \frac{\log_{10} 25}{\log_{10} 3}$$

$\log_a b = \dfrac{\log_c b}{\log_c a}$
この場合 $c = 10$ に設定!!

$$= \frac{\log_{10} 5^2}{\log_{10} 3} \quad \leftarrow 25 = 5^2$$

$$= \frac{2\log_{10} 5}{\log_{10} 3}$$

$\log_a M^r = r\log_a M$
より
$\log_{10} 5^2 = 2\log_{10} 5$

Theme 7 まだまだ重要な掟があります！

同様に…

$$\log_5 81 = \frac{\log_{10}81}{\log_{10}5}$$

$\log_a b = \dfrac{\log_c b}{\log_c a}$
この場合 $c=10$ に設定!!

$$= \frac{\log_{10}3^4}{\log_{10}5}$$

$$= \frac{4\log_{10}3}{\log_{10}5}$$

$\log_a M^r = r\log_a M$
より
$\log_{10}3^4 = 4\log_{10}3$

(2) **ザツ**と見て…

$\log_{\triangle} 9 \cdot \log_3 \boxed{125} \cdot \log_5 8_{\triangle}$

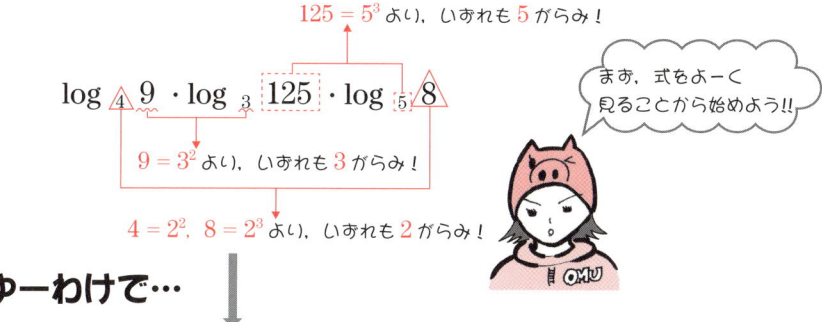

$125 = 5^3$ より，いずれも **5** がらみ！

$9 = 3^2$ より，いずれも **3** がらみ！

$4 = 2^2,\ 8 = 2^3$ より，いずれも **2** がらみ！

まず，式をよーく見ることから始めよう!!

とゆーわけで…

2 がらみの数，3 がらみの数，5 がらみの数が，底になったり，真数になったりしています！

よって!!

このような場面では， 掟その6 が活躍します！

まあ，Try あそばせ!!

解答でござる

(1) $\log_3 25 = \dfrac{\log_{10}25}{\log_{10}3}$

$\log_a b = \dfrac{\log_c b}{\log_c a}$

$= \dfrac{2\log_{10}5}{\log_{10}3}$ …①

$\log_{10}25 = \log_{10}5^2$
$\qquad\quad = 2\log_{10}5$

$$\log_5 81 = \frac{\log_{10} 81}{\log_{10} 5} \quad \longleftarrow \quad \log_a b = \frac{\log_c b}{\log_c a}$$

$$= \frac{4\log_{10} 3}{\log_{10} 5} \quad \cdots ② \quad \longleftarrow \quad \begin{aligned} \log_{10} 81 &= \log_{10} 3^4 \\ &= 4\log_{10} 3 \end{aligned}$$

①②より

$$\log_3 25 \cdot \log_5 81$$

$$= \frac{2\log_{10} 5}{\log_{10} 3} \times \frac{4\log_{10} 3}{\log_{10} 5} \quad \longleftarrow \quad \text{約分の嵐!}$$

$$= \mathbf{8} \quad \cdots \text{(答)}$$

(2) $\log_4 9 = \dfrac{\log_{10} 9}{\log_{10} 4}$ ← 10以外でもいいよ!! $\quad \longleftarrow \quad \log_a b = \dfrac{\log_c b}{\log_c a}$

$$= \frac{2\log_{10} 3}{2\log_{10} 2} \quad \longleftarrow \quad \begin{aligned} \log_{10} 9 &= \log_{10} 3^2 \\ &= 2\log_{10} 3 \end{aligned}$$

$$\phantom{= \frac{2\log_{10} 3}{2\log_{10} 2}} \quad \longleftarrow \quad \begin{aligned} \log_{10} 4 &= \log_{10} 2^2 \\ &= 2\log_{10} 2 \end{aligned}$$

$$= \frac{\log_{10} 3}{\log_{10} 2} \quad \cdots ① \quad \longleftarrow \quad \text{2で約分!!}$$

$$\log_3 125 = \frac{\log_{10} 125}{\log_{10} 3} \quad \longleftarrow \quad \log_a b = \frac{\log_c b}{\log_c a}$$

$$= \frac{3\log_{10} 5}{\log_{10} 3} \quad \cdots ② \quad \longleftarrow \quad \begin{aligned} \log_{10} 125 &= \log_{10} 5^3 \\ &= 3\log_{10} 5 \end{aligned}$$

$$\log_5 8 = \frac{\log_{10} 8}{\log_{10} 5} \quad \longleftarrow \quad \log_a b = \frac{\log_c b}{\log_c a}$$

$$= \frac{3\log_{10} 2}{\log_{10} 5} \quad \cdots ③ \quad \longleftarrow \quad \begin{aligned} \log_{10} 8 &= \log_{10} 2^3 \\ &= 3\log_{10} 2 \end{aligned}$$

①②③より

$$\log_4 9 \cdot \log_3 125 \cdot \log_5 8$$

$$= \frac{\log_{10} 3}{\log_{10} 2} \times \frac{3\log_{10} 5}{\log_{10} 3} \times \frac{3\log_{10} 2}{\log_{10} 5} \quad \longleftarrow \quad \text{約分の嵐!!}$$

$$= \mathbf{9} \quad \cdots \text{(答)}$$

Theme 7　まだまだ重要な掟があります！　79

これも，やっておかねば…。

問題 7-3　　　　　　　　　　　　　　　　　　　ちょいムズ

次の値を求めよ。
(1) $25^{\log_5 3}$
(2) $81^{\log_3 7}$
(3) $\sqrt{6}^{\frac{1}{2}\log_6 4}$

ナイスな導入!!

本来なら，このタイプの問題は，そこそこ時間がかかります！
しかし，キミたちのために *裏技* をお教えしましょう♥

これは使えるよ!!

必殺の裏技
$$A^{\log_b C} = C^{\log_b A}$$

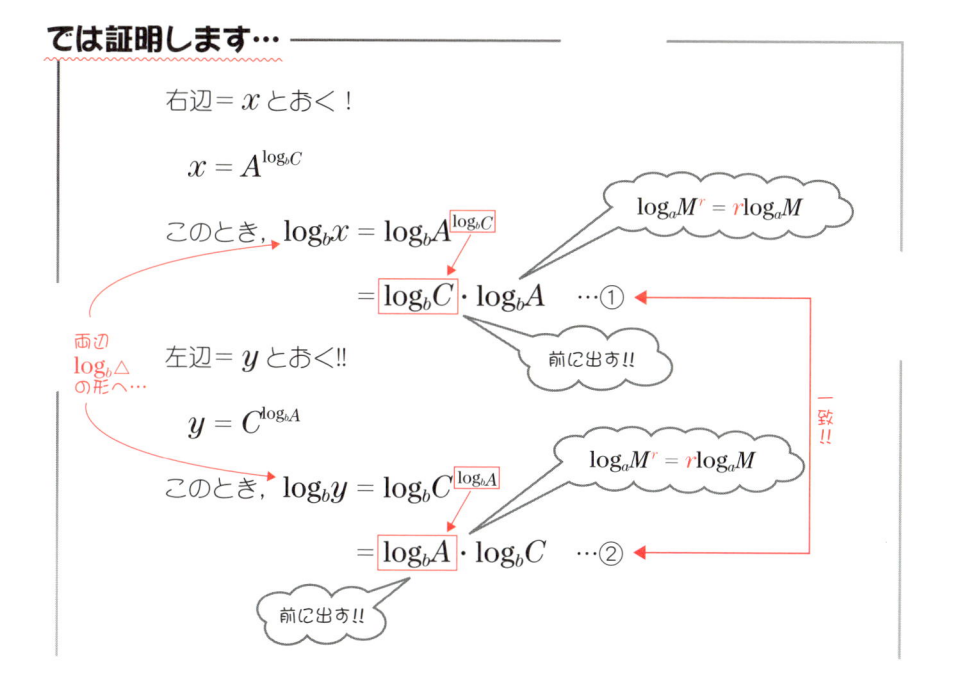

AとCをとりかえてよし!!

では証明します…

右辺 $= x$ とおく！

$x = A^{\log_b C}$

このとき，$\log_b x = \log_b A^{\log_b C}$

$= \log_b C \cdot \log_b A$ …①

両辺 $\log_b \triangle$ の形へ…

前に出す!!

$\log_a M^r = r \log_a M$

左辺 $= y$ とおく!!

$y = C^{\log_b A}$

このとき，$\log_b y = \log_b C^{\log_b A}$

$= \log_b A \cdot \log_b C$ …②

$\log_a M^r = r \log_a M$

一致!!

前に出す!!

①②より $\log_b x = \log_b y$

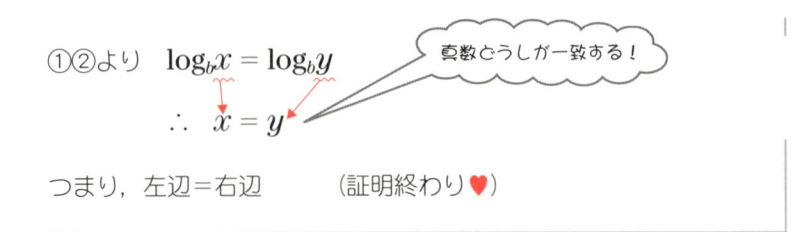

> 真数どうしが一致する！

∴ $x = y$

つまり，左辺＝右辺　　（証明終わり♥）

で，この **必殺の裏技** を使えばこのタイプの問題は楽勝です!!

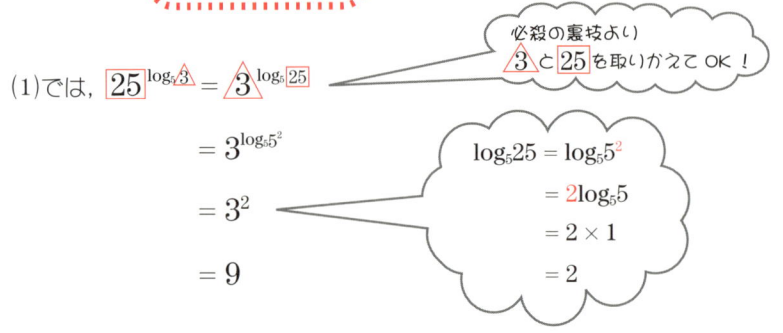

(1)では，$\boxed{25}^{\log_5 \triangle{3}} = \triangle{3}^{\log_5 \boxed{25}}$

> 必殺の裏技より
> △3 と □25 を取りかえて OK！

$= 3^{\log_5 5^2}$

$= 3^2$

$= 9$

> $\log_5 25 = \log_5 5^2$
> $ = 2\log_5 5$
> $ = 2 \times 1$
> $ = 2$

(2), (3)も同様！　やってみぃ！

忠告 くれぐれも，この **必殺の裏技** はこっそり使ってくださいネ♥

解答用紙に堂々と『必殺の裏技より明らか』とか書かないように！　このことを明記せずに，ポイントとなる式だけ書いておけば採点者は『な〜んだ，暗算したのか…』と思うだけです。

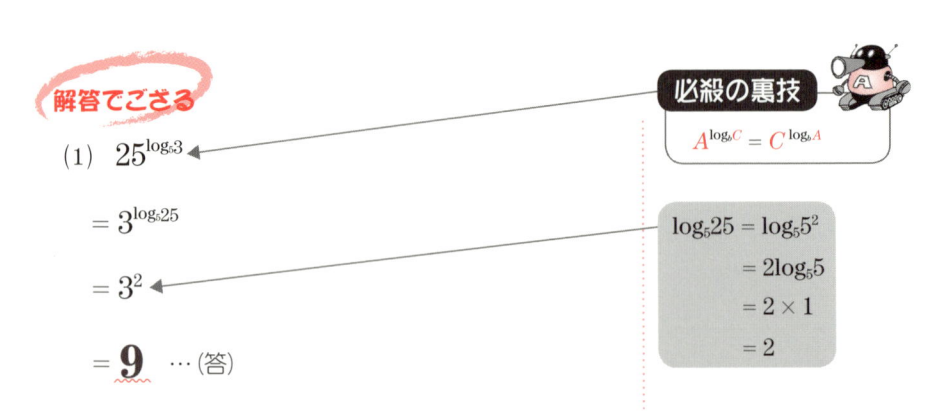

解答でござる

(1) $25^{\log_5 3}$

$= 3^{\log_5 25}$

$= 3^2$

$= \underline{\underline{9}}$　…(答)

> **必殺の裏技**
> $A^{\log_b C} = C^{\log_b A}$

> $\log_5 25 = \log_5 5^2$
> $ = 2\log_5 5$
> $ = 2 \times 1$
> $ = 2$

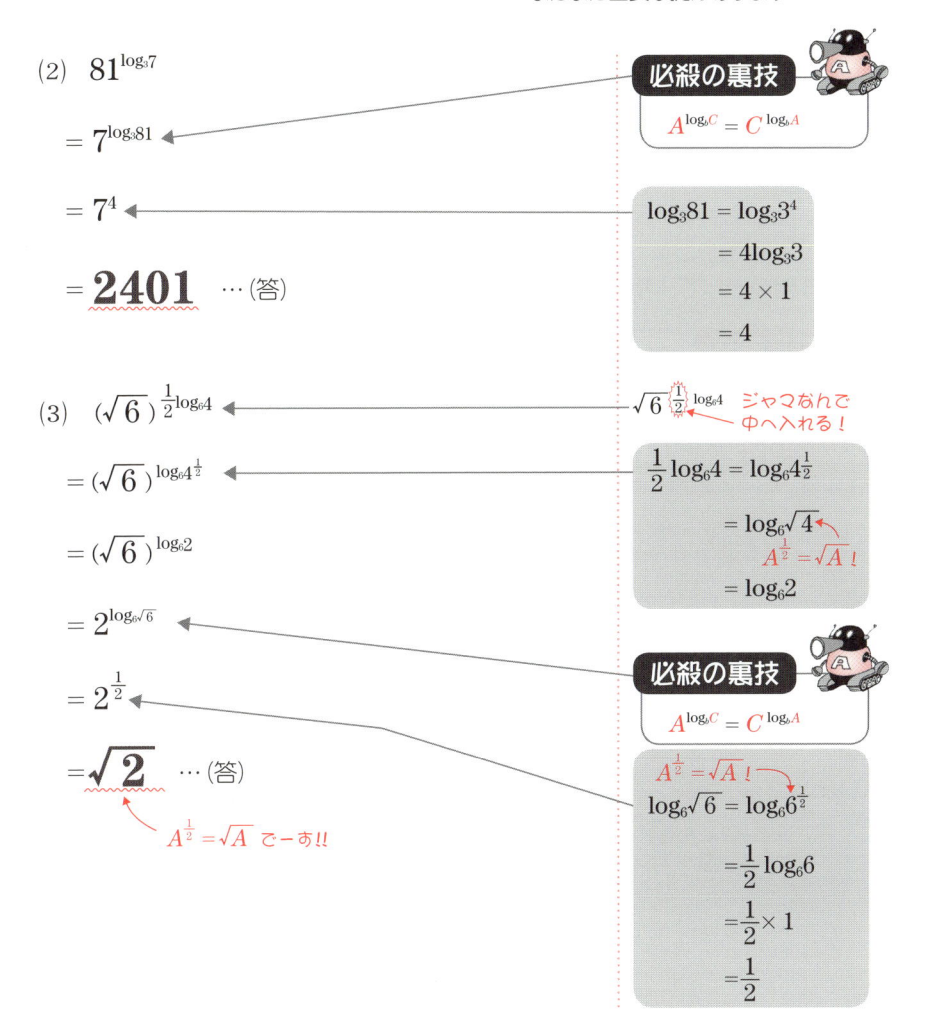

Theme 7　まだまだ重要な掟があります！

(2)　$81^{\log_3 7}$

$= 7^{\log_3 81}$

$= 7^4$

$= \mathbf{2401}$　…(答)

必殺の裏技
$A^{\log_b C} = C^{\log_b A}$

$\log_3 81 = \log_3 3^4$
$\qquad = 4\log_3 3$
$\qquad = 4 \times 1$
$\qquad = 4$

(3)　$(\sqrt{6})^{\frac{1}{2}\log_6 4}$

$= (\sqrt{6})^{\log_6 4^{\frac{1}{2}}}$

$= (\sqrt{6})^{\log_6 2}$

$= 2^{\log_6 \sqrt{6}}$

$= 2^{\frac{1}{2}}$

$= \mathbf{\sqrt{2}}$　…(答)

$\sqrt{6}^{\boxed{\frac{1}{2}}\log_6 4}$　ジャマなんで中へ入れる！

$\dfrac{1}{2}\log_6 4 = \log_6 4^{\frac{1}{2}}$
$\qquad = \log_6 \sqrt{4}$
$\qquad = \log_6 2$

$A^{\frac{1}{2}} = \sqrt{A}$ ！

必殺の裏技
$A^{\log_b C} = C^{\log_b A}$

$A^{\frac{1}{2}} = \sqrt{A}$ ！
$\log_6 \sqrt{6} = \log_6 6^{\frac{1}{2}}$
$\qquad = \dfrac{1}{2}\log_6 6$
$\qquad = \dfrac{1}{2} \times 1$
$\qquad = \dfrac{1}{2}$

$A^{\frac{1}{2}} = \sqrt{A}$ でーす!!

必殺の裏技かぁ…
好きだなぁ…

Theme 8 対数方程式は，大切すぎる！

かなり大切だよ!!

まず例題として，手ごろなモノをおひとつ…

問題 8-1 〔基礎〕

次の方程式を解け。

$$2\log_2(x+1) = \log_2(x+7)$$

ナイスな導入!! ポイントが2つあります!!

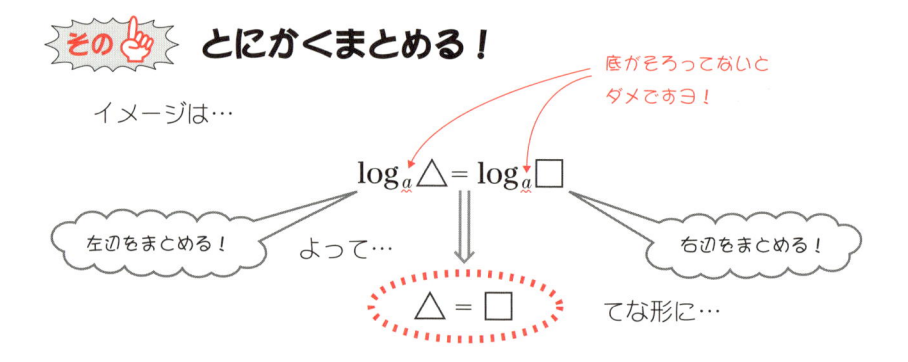

その① とにかくまとめる！

イメージは…

$$\log_a \triangle = \log_a \square$$

底がそろってないとダメですヨ！

左辺をまとめる！　よって…　右辺をまとめる！

$$\triangle = \square$$

てな形に…

その② 真数条件に注意せよ！

$\log_a \triangle$ のとき，$\triangle > 0$ でないといけない！

真数！　p.66参照

真数は，必ず正でないとダメ!!
これを真数条件と申します！
これを忘れちゃあ命取り!!

Theme 8　対数方程式は，大切すぎる！

解答でござる

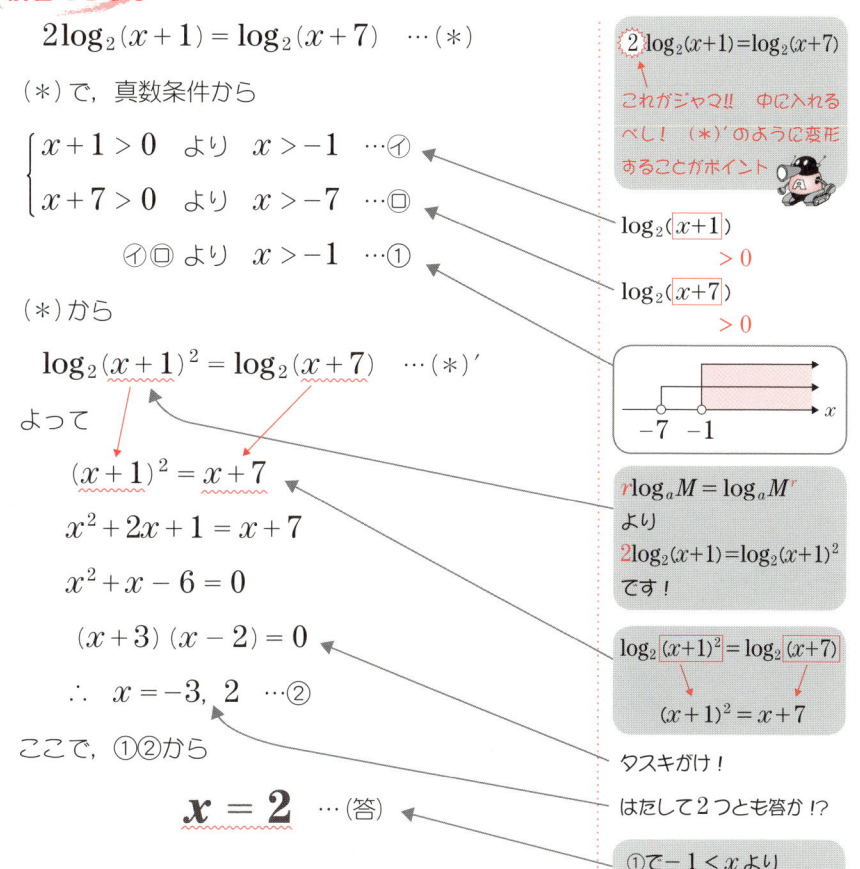

$$2\log_2(x+1) = \log_2(x+7) \quad \cdots(*)$$

$(*)$で，真数条件から

$$\begin{cases} x+1 > 0 \text{ より } x > -1 \quad \cdots ㋐ \\ x+7 > 0 \text{ より } x > -7 \quad \cdots ㋑ \end{cases}$$

$$\qquad ㋐㋑ \text{ より } x > -1 \quad \cdots ①$$

$(*)$から

$$\log_2(x+1)^2 = \log_2(x+7) \quad \cdots(*)'$$

よって

$$(x+1)^2 = x+7$$
$$x^2 + 2x + 1 = x+7$$
$$x^2 + x - 6 = 0$$
$$(x+3)(x-2) = 0$$
$$\therefore\ x = -3,\ 2 \quad \cdots ②$$

ここで，①②から

$$\boldsymbol{x = 2} \quad \cdots \text{(答)}$$

1ランクあげてみましょう♥♥

$2\log_2(x+1) = \log_2(x+7)$

これがジャマ!! 中に入れるべし！$(*)'$のように変形することがポイント

$\log_2\boxed{x+1}$
　　　> 0
$\log_2\boxed{x+7}$
　　　> 0

$-7 \quad -1 \qquad x$

$r\log_a M = \log_a M^r$
より
$2\log_2(x+1) = \log_2(x+1)^2$
です！

$\log_2\boxed{(x+1)^2} = \log_2\boxed{x+7}$
　　　$(x+1)^2 = x+7$

タスキがけ！

はたして2つとも答か!?

①で$-1 < x$ より
$x = -3$ は不適!!

問題 8-2　[標準]

次の方程式を解け。
$$\log_3(x-3) = \log_9(x-1)$$

ナイスな導入!!

ここで，問題 8-1 にはなかった問題が勃発!!

何!?

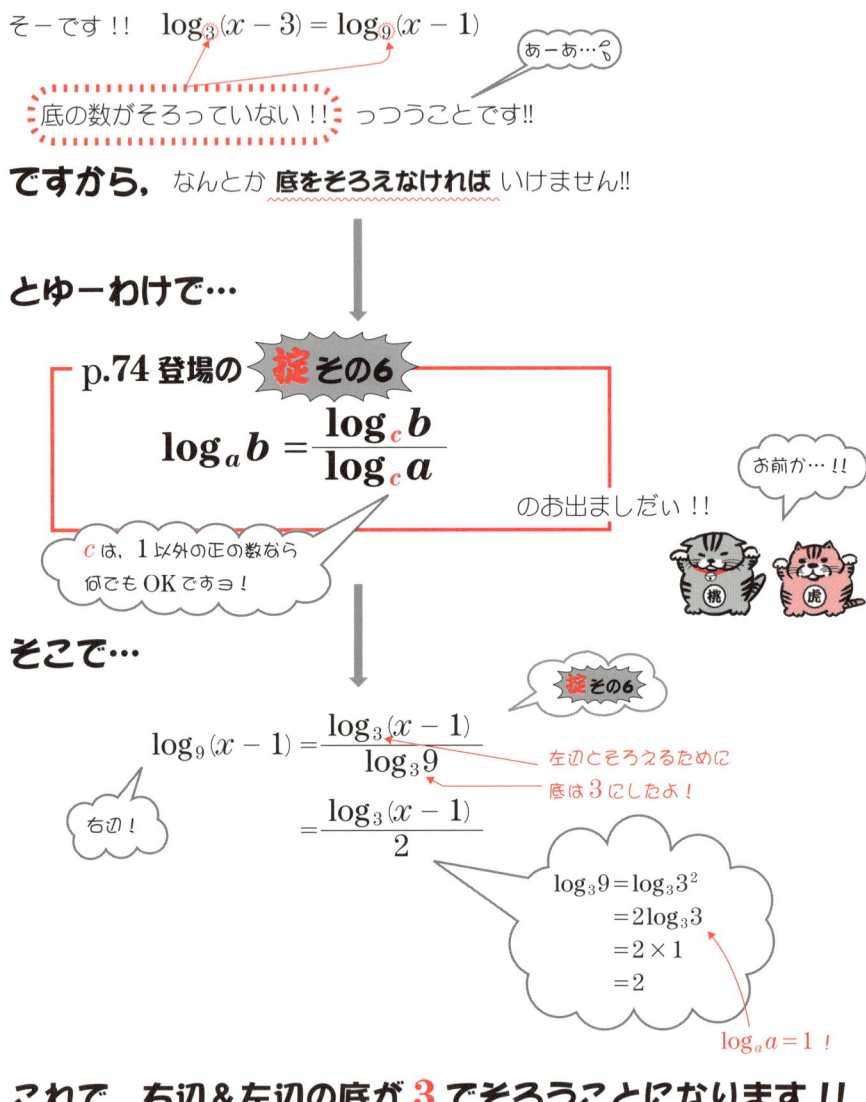

そーです！！　$\log_3(x-3) = \log_9(x-1)$

底の数がそろっていない！！っつうことです!!

ですから，なんとか **底をそろえなければ** いけません!!

とゆーわけで…

p.74 登場の **掟その6**

$$\log_a b = \frac{\log_c b}{\log_c a}$$

のお出ましだい!!

c は，1以外の正の数なら何でもOKですヨ！

お前が…!!

そこで…

掟その6

$$\log_9(x-1) = \frac{\log_3(x-1)}{\log_3 9}$$

右辺！

左辺とそろえるために底は3にしたよ！

$$= \frac{\log_3(x-1)}{2}$$

$\log_3 9 = \log_3 3^2$
　　　$= 2\log_3 3$
　　　$= 2 \times 1$
　　　$= 2$

$\log_a a = 1$！

これで，右辺＆左辺の底が **3** でそろうことになります!!

また，**真数条件** もお忘れなく!!

では，やってみますかぁ！

p.82の **その②** 参照

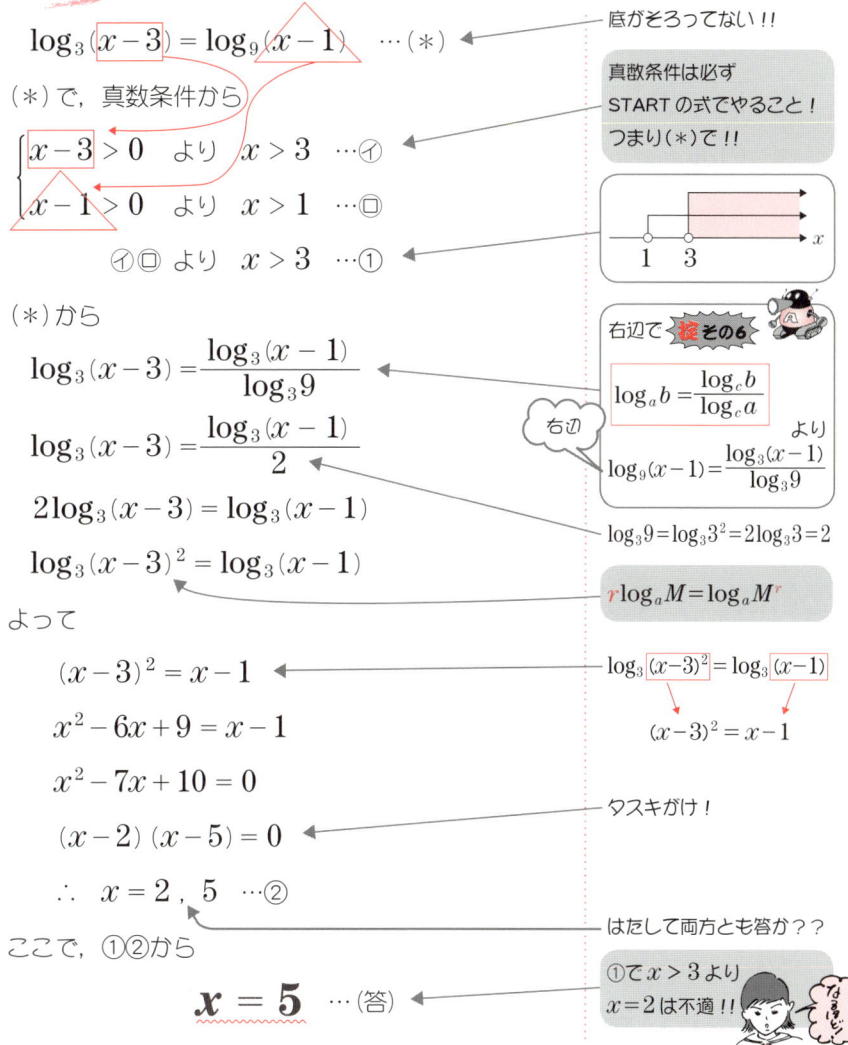

Theme 8 対数方程式は，大切すぎる！

解答でござる

$$\log_3(x-3) = \log_9(x-1) \quad \cdots (*)$$

底がそろってない！！

$(*)$ で，真数条件から

$$\begin{cases} x-3 > 0 \quad \text{より} \quad x > 3 \quad \cdots ㋑ \\ x-1 > 0 \quad \text{より} \quad x > 1 \quad \cdots ㋺ \end{cases}$$

㋑㋺ より $x > 3 \quad \cdots ①$

真数条件は必ず START の式でやること！ つまり $(*)$ で！！

$(*)$ から

$$\log_3(x-3) = \frac{\log_3(x-1)}{\log_3 9}$$

$$\log_3(x-3) = \frac{\log_3(x-1)}{2}$$

$$2\log_3(x-3) = \log_3(x-1)$$

$$\log_3(x-3)^2 = \log_3(x-1)$$

右辺で 掟その6

$$\log_a b = \frac{\log_c b}{\log_c a}$$

右辺 より

$$\log_9(x-1) = \frac{\log_3(x-1)}{\log_3 9}$$

$\log_3 9 = \log_3 3^2 = 2\log_3 3 = 2$

$r\log_a M = \log_a M^r$

よって

$$(x-3)^2 = x-1$$

$$x^2 - 6x + 9 = x-1$$

$$x^2 - 7x + 10 = 0$$

$$(x-2)(x-5) = 0$$

$$\therefore \quad x = 2, \ 5 \quad \cdots ②$$

$\log_3 \boxed{(x-3)^2} = \log_3 \boxed{(x-1)}$

$(x-3)^2 = x-1$

タスキがけ！

ここで，①②から

$$\underline{x = 5} \quad \cdots (\text{答})$$

はたして両方とも答か？？

① で $x > 3$ より $x = 2$ は不適！！

ちょっと言わせて

$$\log_3(x-3) = \frac{\log_9(x-3)}{\log_9 3}$$

右辺の 9 にそろえる！！

左辺

としても OK ですが，底は小さい方がトク！！

では，大量に演習するぞーい!!

問題 8-3 　　　　　　　　　　　　　　　　　標準

次の方程式を解け。

(1) $\log_2(2x+3) + \log_2(4x+1) = 2\log_2 5$

(2) $2\log_3(x+5) - \log_3(x+3) = \log_3 10$

(3) $\log_2(x-5) - \log_4(x-1) = \dfrac{1}{2}$

(4) $\log_3(11-x) - 1 = \log_9(x-1)$

ナイスな導入!!

本問は，問題 8-1 & 問題 8-2 のような対数方程式の経験値をアップしていただくことを目的としてます！

で!! コツ がひとつばかり…
それは…『マイナスを避けろ!!』です！

たとえば，(2)で $2\log_3(x+5) - \log_3(x+3) = \log_3 10$

（このマイナスが気にくわん!!）　（移項しました!!）

よって！

$2\log_3(x+5) = \log_3 10 + \log_3(x+3)$

$\log_3(x+5)^2 = \log_3 10 + \log_3(x+3)$

$\log_3 \boxed{(x+5)^2} = \log_3 \boxed{10(x+3)}$

よって，$\boxed{(x+5)^2} = \boxed{10(x+3)}$

（$2\log_3(x+5) = \log_3(x+5)^2$）　（$\log_a M + \log_a N = \log_a MN$）　（ここまでくれば大丈夫でしょ？）

スムーズにいきました！

理由は，$\boxed{\log_a M + \log_a N = \log_a MN}$ の方が $\boxed{\log_a M - \log_a N = \log_a \dfrac{M}{N}}$

より使いやすいってこと!!　だから，<u>マイナスが登場</u>したら即移項すべし！

Theme 8　対数方程式は，大切すぎる！

解答でござる

(1)　$\log_2(2x+3) + \log_2(4x+1) = 2\log_2 5 \cdots (*)$

　　(*)で，真数条件から

$$\begin{cases} 2x+3 > 0 \text{ より } x > -\dfrac{3}{2} & \cdots ㋑ \\ 4x+1 > 0 \text{ より } x > -\dfrac{1}{4} & \cdots ㋺ \end{cases}$$

　　　　　　　㋑㋺より　$x > -\dfrac{1}{4}$　…①

真数条件は必ず
STARTの式で！
つまり(*)で!!

$2x+3 > 0$
$2x > -3$
$\therefore x > -\dfrac{3}{2}$

$4x+1 > 0$
$4x > -1$
$\therefore x > -\dfrac{1}{4}$

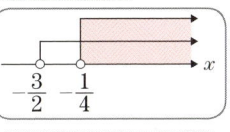

(*)から
$\log_2(2x+3)(4x+1) = \log_2 25$

　$\log_a M + \log_a N = \log_a MN$　　$r\log_a M = \log_a M^r$

よって

$(2x+3)(4x+1) = 25$
$8x^2 + 14x - 22 = 0$
$4x^2 + 7x - 11 = 0$
$(4x+11)(x-1) = 0$
$\therefore x = -\dfrac{11}{4},\ 1$　…②

ここで①②から，$\underset{\sim\sim\sim}{x = 1}$　…(答)

左辺で
$\log_2(2x+3) + \log_2(4x+1)$
$= \log_2(2x+3)(4x+1)$

右辺で
$2\log_2 5 = \log_2 5^2 = \log_2 25$

全体を÷2

タスキがけ！
4 ＞＜ 11 = 11
1　　 -1 = -4 (+
　　　　　　7

①で $x > -\dfrac{1}{4}$ より
$x = -\dfrac{11}{4}$ は不適!!

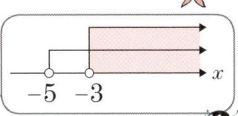

(2)　$2\log_3(x+5) - \log_3(x+3) = \log_3 10 \cdots (*)$

　このマイナスが気にくわん!!
　よって あとで移項するぜっ!!

　　(*)で，真数条件から

$$\begin{cases} x+5 > 0 \text{ より } x > -5 & \cdots ㋑ \\ x+3 > 0 \text{ より } x > -3 & \cdots ㋺ \end{cases}$$

　　　　　　　㋑㋺より　$x > -3$　…①

これぞコツなり
マイナスの項は即移項！

(*)から，

$2\log_3(x+5) = \log_3 10 + \log_3(x+3)$
$\log_3(x+5)^2 = \log_3 10(x+3)$

左辺で
$r\log_a M = \log_a M^r$

右辺で
$\log_a M + \log_a N = \log_a MN$

よって，$(x+5)^2 = 10(x+3)$

$$x^2 + 10x + 25 = 10x + 30$$

$$x^2 = 5$$

$$\therefore \quad x = \pm\sqrt{5} \quad \cdots ②$$

②は①をみたすので，$\underline{\underline{x = \pm\sqrt{5}}}$ …(答)

> いずれも①の $x > -3$ をみたしている！

> コツをつかんできたぞ!!

> このマイナスが気にくわん!!
> よって，あとで移項するぜっ!!

(3) $\log_2(x-5) - \log_4(x-1) = \dfrac{1}{2}$ …(*)

(*)で，真数条件から

$$\begin{cases} x-5 > 0 \quad \text{より} \quad x > 5 \quad \cdots ㋐ \\ x-1 > 0 \quad \text{より} \quad x > 1 \quad \cdots ㋑ \end{cases}$$

$$㋐ ㋑ \text{より} \quad x > 5 \quad \cdots ①$$

> 真数条件は必ず START の式(*)で!!

(*)から，

$$\log_2(x-5) = \dfrac{1}{2} + \log_4(x-1)$$

$$2\log_2(x-5) = 1 + 2\log_4(x-1)$$

$$\log_2(x-5)^2 = \log_2 2 + 2 \times \dfrac{\log_2(x-1)}{\log_2 4}$$

$1 = \log_a a$

$$\log_2(x-5)^2 = \log_2 2 + 2 \times \dfrac{\log_2(x-1)}{2}$$

$$\log_2(x-5)^2 = \log_2 2 + \log_2(x-1)$$

$$\log_2(x-5)^2 = \log_2 2(x-1)$$

> マイナスの項は即移項！
> 全体を2倍しました！
> $r\log_a M = \log_a M^r$ です！
> $\log_a b = \dfrac{\log_c b}{\log_c a}$
> 底は2でそろえました！
> $\log_2 4 = \log_2 2^2 = 2\log_2 2 = 2$
> $\log_a M + \log_a N = \log_a MN$

よって，

$$(x-5)^2 = 2(x-1)$$

$$x^2 - 10x + 25 = 2x - 2$$

$$x^2 - 12x + 27 = 0$$

$$(x-3)(x-9) = 0$$

$$\therefore \quad x = 3, \ 9 \quad \cdots ②$$

> タスキがけ！

ここで，①②から $x=9$ …(答)

> ①で $x>5$ より
> $x=3$ は不適!!

(4) $\log_3(11-x) - 1 = \log_9(x-1)$ …(∗)

> このマイナスが気にくわん!!
> よって，あとで移項する!!

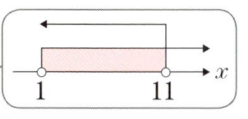

(∗)で，真数条件から

$\begin{cases} 11-x>0 & \text{より} \quad 11>x \quad \cdots ㋐ \\ x-1>0 & \text{より} \quad x>1 \quad \cdots ㋑ \end{cases}$

㋐㋑より $1<x<11$ …①

(∗)から，

$\log_3(11-x) = \log_9(x-1) + 1$

> マイナスの項は即移項！
> $1 = \log_a a$

$\log_3(11-x) = \dfrac{\log_3(x-1)}{\log_3 9} + \log_3 3$

> $\log_a b = \dfrac{\log_c b}{\log_c a}$

$\log_3(11-x) = \dfrac{\log_3(x-1)}{2} + \log_3 3$

> $\log_3 9 = \log_3 3^2 = 2\log_3 3 = 2$

$2\log_3(11-x) = \log_3(x-1) + 2\log_3 3$

$\log_3(11-x)^2 = \log_3(x-1) + \log_3 9$

> 両辺を2倍しました！
> $r\log_a M = \log_a M^r$

$\log_3(11-x)^2 = \log_3 9(x-1)$

よって，

$(11-x)^2 = 9(x-1)$

$121 - 22x + x^2 = 9x - 9$

$x^2 - 31x + 130 = 0$

$(x-5)(x-26) = 0$

> $\log_a M + \log_a N = \log_a MN$
> タスキがけ！
> $1 \quad -5 = -5$
> $1 \quad -26 = -26$ (+
> $\qquad\qquad -31$

∴ $x = 5, 26$ …②

ここで，①②から $x=5$ …(答)

> ①で $1<x<11$ より
> $x=26$ は不適!!

> なるほどね…

一味違ったタイプの方程式もあるもんで… やっておきましょう!!

問題 8-4　　　　　　　　　　　　　　　　　　　標準

次の方程式を解け。

(1) $(\log_2 x)^2 - 3\log_2 x + 2 = 0$

(2) $(\log_3 x)^2 - \log_3 x^2 - 3 = 0$

(3) $(\log_2 x^2)^2 + 8(\log_2 x - 4) = 0$

ナイスな導入!!

警告

しっかりと式を見てない，イイカゲンなアナタ!!

$\log_2 x^2$ と $(\log_2 x)^2$ はまったく違いますよ!!

$\log_2 x^2$ は，真数のところで x だけが2乗されてます!!
$(\log_2 x)^2$ は，$\log_2 x$ 全体が2乗されてます!!
そこんとこヨロシク!!

というわけで，このようなタイプは，$\log_2 x = t$ などとおきかえてしまえば解決します。

まあ，やってみましょう!!

解答でござる

(1) $(\log_2 x)^2 - 3\log_2 x + 2 = 0$　…(∗)

　　(∗)で，真数条件から，

　　　$x > 0$　…①

　　(∗)で，$\log_2 x = t$ とおくと，

> 本問のように，$\log_2 x = t$ などとおきかえるタイプでは，毎回毎回，この真数条件をみたす解のみが求まります。しかし，一応断っておこう!!

$$t^2 - 3t + 2 = 0$$
$$(t-1)(t-2) = 0$$
$$\therefore\ t = 1,\ 2$$

> $(\log_2 x)^2 - 3\log_2 x + 2 = 0 \quad \cdots(*)$
> （t）　　（t）

$t = 1$ のとき
$$\log_2 x = 1 \quad \therefore\ x = 2^1 = \mathbf{2}$$

$t = 2$ のとき
$$\log_2 x = 2 \quad \therefore\ x = 2^2 = \mathbf{4}$$

> 定義は大丈夫かい？？
> $\log_a x = t$
> $\Updownarrow$
> $x = a^t$

これらは①をみたす。 ← 毎回こうなります!!

以上，まとめて

$$\underline{\boldsymbol{x = 2,\ 4}} \quad \cdots\text{(答)}$$

(2) $(\log_3 x)^2 - \log_3 x^2 - 3 = 0 \quad \cdots(*)$

　　$(*)$で，真数条件から，
$$x > 0 \quad \cdots①$$

> 2項めで，x^2 も真数ですが，$x > 0$ であれば当然 $x^2 > 0$ も成立するので，いう必要なし!!

$(*)$ より，
$$(\log_3 x)^2 - 2\log_3 x - 3 = 0$$

> $\log_a M^r = r \log_a M$
> を活用しました。

$\log_3 x = t$ とおくと
$$t^2 - 2t - 3 = 0$$
$$(t+1)(t-3) = 0$$
$$\therefore\ t = -1,\ 3$$

> $(\log_3 x)^2 - 2\log_3 x - 3 = 0$
> 　　（t）　　　（t）

$t = -1$ のとき
$$\log_3 x = -1 \quad \therefore\ x = 3^{-1} = \mathbf{\dfrac{1}{3}}$$

> 定義は大丈夫かい？？
> $\log_a x = t$
> $\Updownarrow$
> $x = a^t$

$t = 3$ のとき
$$\log_3 x = 3 \quad \therefore\ x = 3^3 = \mathbf{27}$$

これらは①をみたす。 ← 毎回こうなります!!

以上，まとめて

$$x = \frac{1}{3}, \ 27 \quad \cdots \text{(答)}$$

(3) $(\log_2 x^2)^2 + 8(\log_2 x - 4) = 0 \quad \cdots (*)$

$(*)$で，真数条件から

$x > 0 \quad \cdots ①$

1項めで，x^2 も真数ですが，$x > 0$ であれば当然 $x^2 > 0$ も成立するので，いう必要なし!!

$(*)$より，

$(2\log_2 x)^2 + 8\log_2 x - 32 = 0$

$4(\log_2 x)^2 + 8\log_2 x - 32 = 0$

$(\log_2 x)^2 + 2\log_2 x - 8 = 0$

$\log_a M^r = r\log_a M$ を活用しました。

両辺を4で割った!!

$\log_2 x = t$ とおくと

$t^2 + 2t - 8 = 0$

$(\log_2 x)^2 + 2\log_2 x - 8 = 0$
　　　t　　　　　t

$(t+4)(t-2) = 0$

$\therefore \quad t = -4, \ 2$

$t = -4$ のとき

$\log_2 x = -4 \quad \therefore \quad x = 2^{-4} = \frac{1}{2^4} = \frac{1}{16}$

定義は大丈夫かい??
$\log_a x = t$
$\Updownarrow$
$x = a^t$

$t = 2$ のとき

$\log_2 x = 2 \quad \therefore \quad x = 2^2 = 4$

これらは①をみたす。 ← 毎回こうなります!!

以上，まとめて

$$x = \frac{1}{16}, \ 4 \quad \cdots \text{(答)}$$

ちょっと言わせて

$\log_a x = t$

において…

$x = a^t$

となるので…

$a^t > 0$ が常に成立する。つまり，

対数の定義のお話ですね…

$2^t > 0$ や $\left(\dfrac{1}{3}\right)^t > 0$ も，いつも $a^t > 0$ です!!

$x > 0$ は常に成立します!!

ですから，求まった解がすべて真数条件 $x > 0$ をみたす結果となったのは，アタリマエのことだったのです。

なるほどねぇ…

あと1つ，使えるっちゃあ使える公式があります。

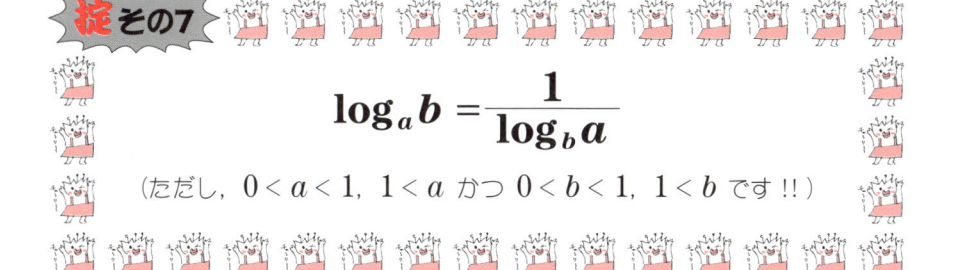

掟 その7

$$\log_a b = \dfrac{1}{\log_b a}$$

（ただし，$0 < a < 1$, $1 < a$ かつ $0 < b < 1$, $1 < b$ です!!）

まあ，この公式は好きこのんで使う必要もないんですが，知っていれば得する場面もありますもんでね…。ぶっちゃけ，掟その6（p.74 参照!!）と同じなんですよねえ…。では，確認してみましょう

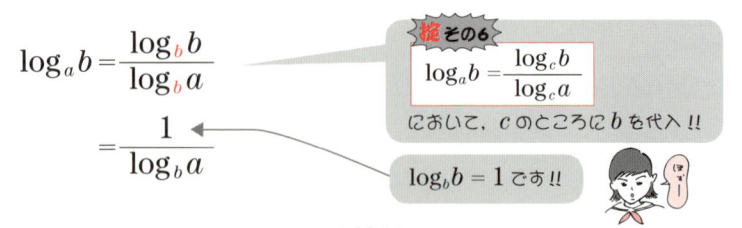

$$\log_a b = \frac{\log_b b}{\log_b a}$$

$$= \frac{1}{\log_b a}$$

掟その6
$$\log_a b = \frac{\log_c b}{\log_c a}$$
において，c のところに b を代入!!

$\log_b b = 1$ です!!

ホラ!! 秒殺でしょ!? つまり，掟その6 さえ覚えておけばよいということになります。まあ，覚えるか?? 覚えないか?? はアナタしだいですよ。

とりあえず，1問だけやっとくかい?

問題 8-5 　　　　　　　　　　　　　　　　　　　　　　　　　標準

次の方程式を解け。

$$3\log_2 x + 3\log_x 2 = 10$$

ナイスな導入!!

$\log_x 2$ のところで，x が底になっているから，何とかしたいでしょ??
そこで!! 掟その7 の登場だ!! では，やってみましょうかね…。

解答でござる

$$3\log_2 x + 3\log_x 2 = 10 \quad \cdots(*)$$

$(*)$ で x が真数かつ底で用いられているから

$$0 < x < 1,\ 1 < x \quad \cdots ①$$

$(*)$ から

$$3\log_2 x + 3 \times \frac{1}{\log_2 x} = 10$$

両辺に $\log_2 x$ をかけて

$$3(\log_2 x) \times (\log_2 x) + 3 \times \frac{1}{\log_2 x} \times (\log_2 x)$$
$$= 10 \times (\log_2 x)$$

真数条件は $0 < x$
底の条件は $0 < x < 1$
　　　　　$1 < x$
1が除かれる分だけ，底の条件の方が厳しいので，結局は底の条件が優先されます。

おーっと!!
掟その7 が炸裂!!
$$\log_x 2 = \frac{1}{\log_2 x}$$ です

大げさだなぁ…

$3(\log_2 x)^2 + 3 = 10\log_2 x$

$3(\log_2 x)^2 - 10\log_2 x + 3 = 0$

因数分解して

$(3\log_2 x - 1)(\log_2 x - 3) = 0$

$\therefore \ \log_2 x = \dfrac{1}{3},\ 3$

$\log_2 x = \dfrac{1}{3}$ より, $x = 2^{\frac{1}{3}} = \sqrt[3]{2}$

$\log_2 x = 3$ より, $x = 2^3 = 8$

これらは①をみたす.

以上, まとめて

$$x = \sqrt[3]{2},\ 8 \quad \cdots\text{(答)}$$

> 文字に弱い人は…
> $\log_2 x = t$ とおいて
> $3t + 3 \times \dfrac{1}{t} = 10$
> 両辺を t 倍して
> $3t \times t + 3 \times \dfrac{1}{t} \times t$
> $\quad = 10 \times t$
> $3t^2 + 3 = 10t$
> この t が, $t = \log_2 x$ となっただけです!!

> タスキガケです!!
> イメージは…
> $3t^2 - 10t + 3 = 0$
> $\begin{matrix}3 & -1 \to -1 \\ 1 & -3 \to -9\end{matrix}(+$
> $\qquad\qquad\ \ -10$
> $(3t-1)(t-3) = 0$
> $\therefore \ t = \dfrac{1}{3},\ 3$

> $x = \sqrt[3]{2} = 2^{\frac{1}{3}}$ は,
> $0 < \dfrac{1}{3}$ から, $2^0 < 2^{\frac{1}{3}}$,
> つまり, $1 < 2^{\frac{1}{3}}$ なので,
> $1 < x$ をみたす!!

ちょっと言わせて

掟その7 が炸裂した場合ですが, 掟その6 を用いて…

$\log_x 2 = \dfrac{\log_2 2}{\log_2 x}$

$\quad = \dfrac{1}{\log_2 x}$ ← $\log_2 2 = 1$ です!!

どうですか?? 掟その7 って必要ですかねえ…?? 1行トクするくらいの話では??

> 掟その6
> $\log_a b = \dfrac{\log_c b}{\log_c a}$
> 本問では
> $\log_x 2 = \dfrac{\log_2 2}{\log_2 x}$

プロフィール

みっちゃん（17才）

究極の癒し系!! あまり勉強は得意ではないようだが,「やればデキる!!」タイプ♥
「みっちゃん」と一緒に頑張ろうぜ!!
ちなみに豚山さんとはクラスメイトです🐽

プロフィール

クリスティーヌ

オムちゃんを救うべく,遠い未来から現れた教育プランナー。見た感じはロボットのようですが,詳細は不明♥
虎君はクリスティーヌが大好きのようですが,桃君はクリスティーヌが発言すると,迷惑そうです。

プロフィール

桃太郎

食べる事が大好きなグルメ猫。基本的に勉強は嫌いなようで,サボリの常習犯♥
垂れた耳がチャームポイントのやさしい猫で,みっちゃんの飼い猫の一匹です♥

プロフィール

虎次郎

抜群の運動神経を誇るアスリート猫。肝心な勉強に対しても,前向きで真面目!!
もちろん,虎次郎もみっちゃんの飼い猫で,体重は桃太郎の半分の4kgです。

おいおい！ 俺が8kgってバレるじゃん☆

Theme 9 対数不等式は，最重要なり！

とりあえずグラフのお話から，させてくださいませ♥

話題その1

$y = \log_2 x$ のグラフを描いておくれ!!

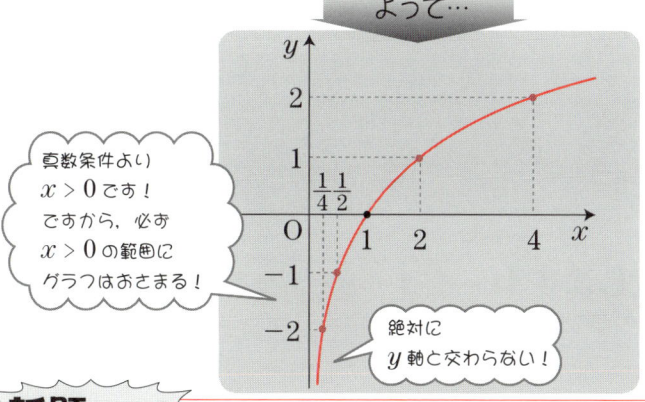

いろいろ代入してみよう!!

$x = \dfrac{1}{4}$ のとき $y = \log_2 \dfrac{1}{4} = \log_2 2^{-2} = -2\log_2 2 = -2$

$a^{-n} = \dfrac{1}{a^n}$ です！

$x = \dfrac{1}{2}$ のとき $y = \log_2 \dfrac{1}{2} = \log_2 2^{-1} = -\log_2 2 = -1$

$x = 1$ のとき $y = \log_2 1 = 0$

$\log_a 1 = 0$ です！ p.67 その1 参照！

$x = 2$ のとき $y = \log_2 2 = 1$

$x = 4$ のとき $y = \log_2 4 = \log_2 2^2 = 2\log_2 2 = 2$

よって…

真数条件より $x > 0$ です！ですから，必ず $x > 0$ の範囲にグラフはおさまる！

絶対に y 軸と交わらない！

話題その2

$y = \log_{\frac{1}{2}} x$ のグラフを描いておくれ!!

同様に!!

$x = \dfrac{1}{4}$ のとき $y = \log_{\frac{1}{2}} \dfrac{1}{4} = \log_{\frac{1}{2}} \left(\dfrac{1}{2}\right)^2 = 2\log_{\frac{1}{2}} \dfrac{1}{2} = 2$

$x = \dfrac{1}{2}$ のとき $y = \log_{\frac{1}{2}} \dfrac{1}{2} = 1$

$x=1$ のとき $y=\log_{\frac{1}{2}}1=0$ ← $\log_a 1=0$ ですョ！ p.67 その1 参照！

$x=2$ のとき $y=\log_{\frac{1}{2}}2=\log_{\frac{1}{2}}\left(\frac{1}{2}\right)^{-1}=-\log_{\frac{1}{2}}\frac{1}{2}=-1$

$x=4$ のとき $y=\log_{\frac{1}{2}}4=\log_{\frac{1}{2}}\left(\frac{1}{2}\right)^{-2}=-2\log_{\frac{1}{2}}\frac{1}{2}=-2$

注！ 前にもいいましたが…

公式 $\boxed{a^{-n}=\dfrac{1}{a^n}}$ は，$\boxed{\left(\dfrac{b}{a}\right)^{-n}=\left(\dfrac{a}{b}\right)^n}$ として覚えた方が使える！

たとえば $\left(\dfrac{1}{2}\right)^{-2}=\left(\dfrac{2}{1}\right)^2=2^2=4$ とか…

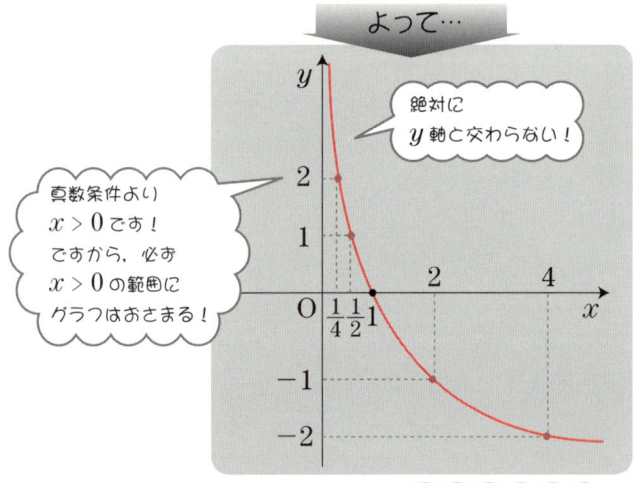

よって…

真数条件より $x>0$ です！ですから，必ず $x>0$ の範囲にグラフはおさまる！

絶対に y 軸と交わらない！

これらを一般化します!!

つまり，結論でっせ♥

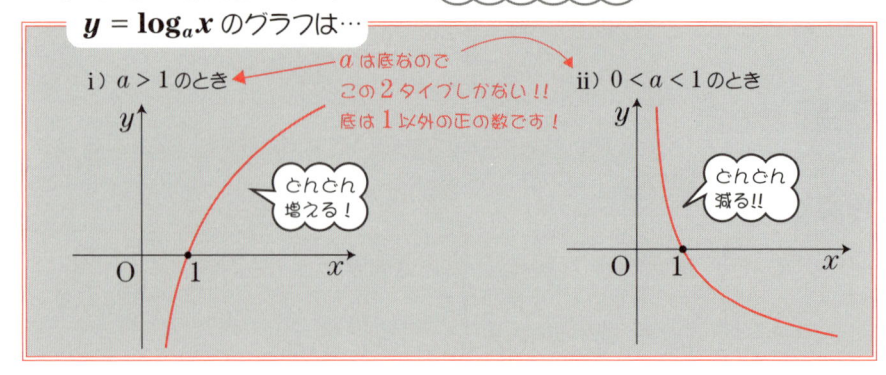

$y=\log_a x$ のグラフは…

i) $a>1$ のとき

ii) $0<a<1$ のとき

a は底なので この2タイプしかない!! 底は1以外の正の数です！

どんどん増える！

どんどん減る!!

Theme 9 対数不等式は，最重要なり！

いざ本題へ…

問題 9-1 標準

次の不等式を解け。

(1) $\log_2(2x-3) < 3$ (2) $\log_{\frac{1}{2}}(x+2) < 0$

ナイスな導入!!

まず！ ポイント を…

ザ・まとめ!! $\log_a P < \log_a Q$ のとき

（前ページのグラフで考えれば一目瞭然!!）

i) $a > 1$ のとき   ii) $0 < a < 1$ のとき

$P < Q$ $P > Q$

不等号の向きそのまま!!   不等号の向き逆転!!

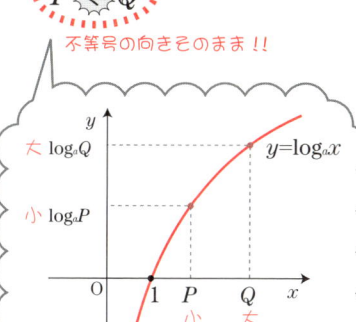

（グラフ i：$y = \log_a x$，$a>1$，点 $P < Q$ 上で $\log_a P <$ 小，$\log_a Q$ 大）

（グラフ ii：$y = \log_a x$，$0<a<1$，点 $Q <$ 小，P 大 上で $\log_a Q$ 大，$\log_a P$ 小）

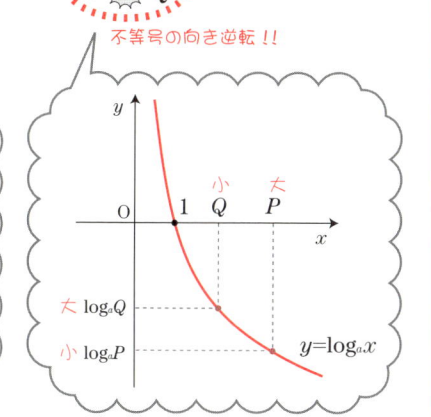

これより…

(1)では $\log_2(2x-3) < 3$

$\log_2(2x-3) < \log_2 8$

$3 = 3 \times 1 = 3 \times \log_2 2 = \log_2 2^3$

$r \log_a M = \log_a M^r$

で!! 底の2 が1より大きいから

$2x - 3 < 8$

向きはそのまま!!

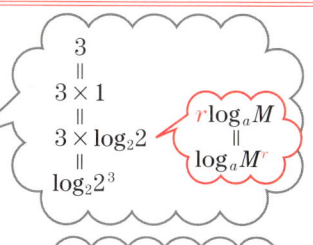

上の ザ・まとめ!! の i)のタイプ

これに対して，

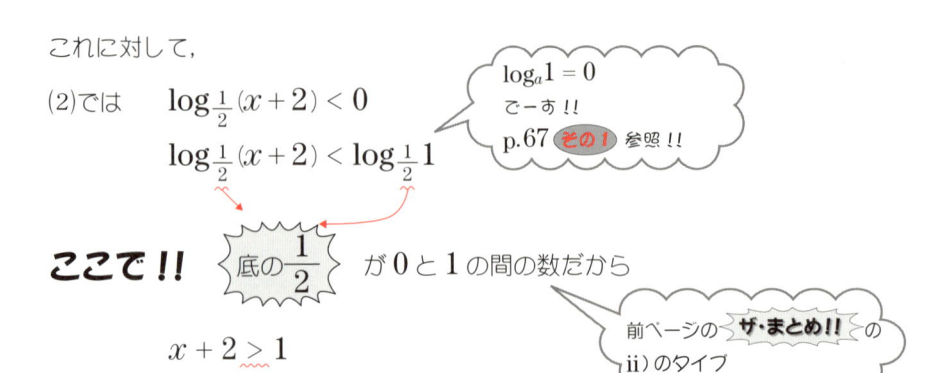

(2)では　　$\log_{\frac{1}{2}}(x+2) < 0$

　　　　　　$\log_{\frac{1}{2}}(x+2) < \log_{\frac{1}{2}}1$

> $\log_a 1 = 0$
> ごーす!!
> p.67 その1 参照!!

ここで!! 底の $\frac{1}{2}$ が0と1の間の数だから

> 前ページの **ザ・まとめ!!** の ii)のタイプ

　　　　　　$x + 2 > 1$
　　　　　　　　向きが逆転!!

あっ!! あと 真数条件 を忘れんなヨ!!

解答でござる

(1)　$\log_2(2x-3) < 3$ …(*)

　　(*)で，真数条件から

　　　　$2x - 3 > 0$　　∴ $\boxed{x > \frac{3}{2}}$ …①

> $2x - 3 > 0$
> $2x > 3$
> $x > \frac{3}{2}$

　　(*)から，$\log_2(2x-3) < \log_2 8$ …(*)′

　　$2 > 1$ より，(*)′ から
　　底が1より大きい

> 3
> $= 3 \times 1$
> $= 3 \times \log_2 2$
> $= \log_2 2^3$
> $= \log_2 8$

　　　　$2x - 3 < 8$

　　　　$2x < 11$

　　　　∴ $\boxed{x < \frac{11}{2}}$ …②

> 底が1より大きいので，不等号の向きは，(*)′の向きのまんま!!

　①②より

　　　　$\dfrac{3}{2} < x < \dfrac{11}{2}$ …(答)

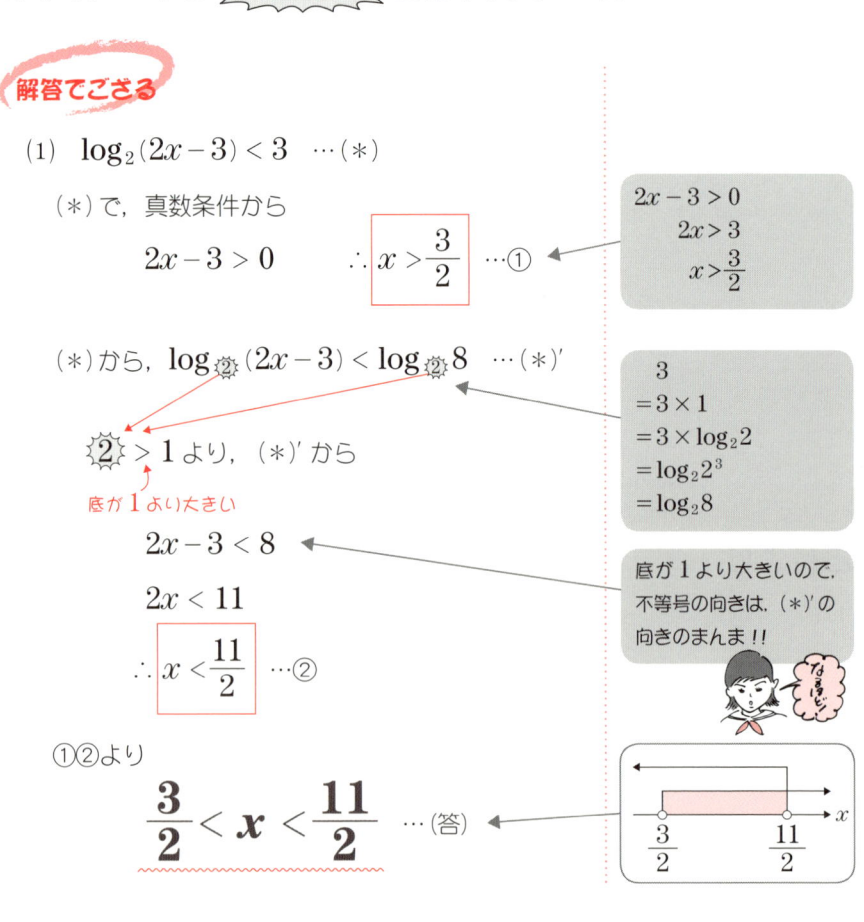

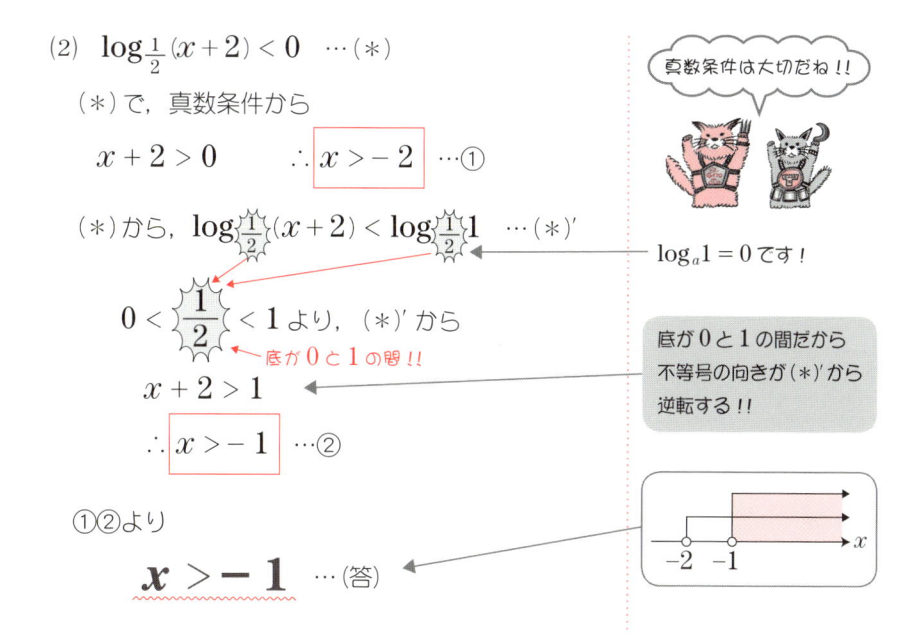

(2) $\log_{\frac{1}{2}}(x+2) < 0$ …(∗)

(∗)で，真数条件から

$x + 2 > 0$ ∴ $\boxed{x > -2}$ …①

(∗)から，$\log_{\frac{1}{2}}(x+2) < \log_{\frac{1}{2}}1$ …(∗)′

$\log_a 1 = 0$ です！

$0 < \frac{1}{2} < 1$ より，(∗)′ から

底が0と1の間！！

底が0と1の間だから不等号の向きが(∗)′から逆転する！！

$x + 2 > 1$

∴ $\boxed{x > -1}$ …②

①②より

$\underline{\underline{x > -1}}$ …(答)

では，本格的な，対数不等式を…

問題 9-2　ちょいムズ

次の不等式を解け。

(1) $\log_2 x + \log_2(10-x) < 4$

(2) $2\log_{\frac{1}{3}}(x-2) > \log_{\frac{1}{3}}(x+4)$

(3) $\log_2(x-3) < 2\log_4(3x+5) - \log_2(x+5)$

ナイスな導入!!

手順1　まず最初に真数条件から条件を！

手順2　底がそろっていないときは，底をそろえる！！

手順3　底が $a > 1$ or $0 < a < 1$ かをチェック！！！

(p.99 **問題 9-1**)では，これがテーマでしたョ！)

解答でござる

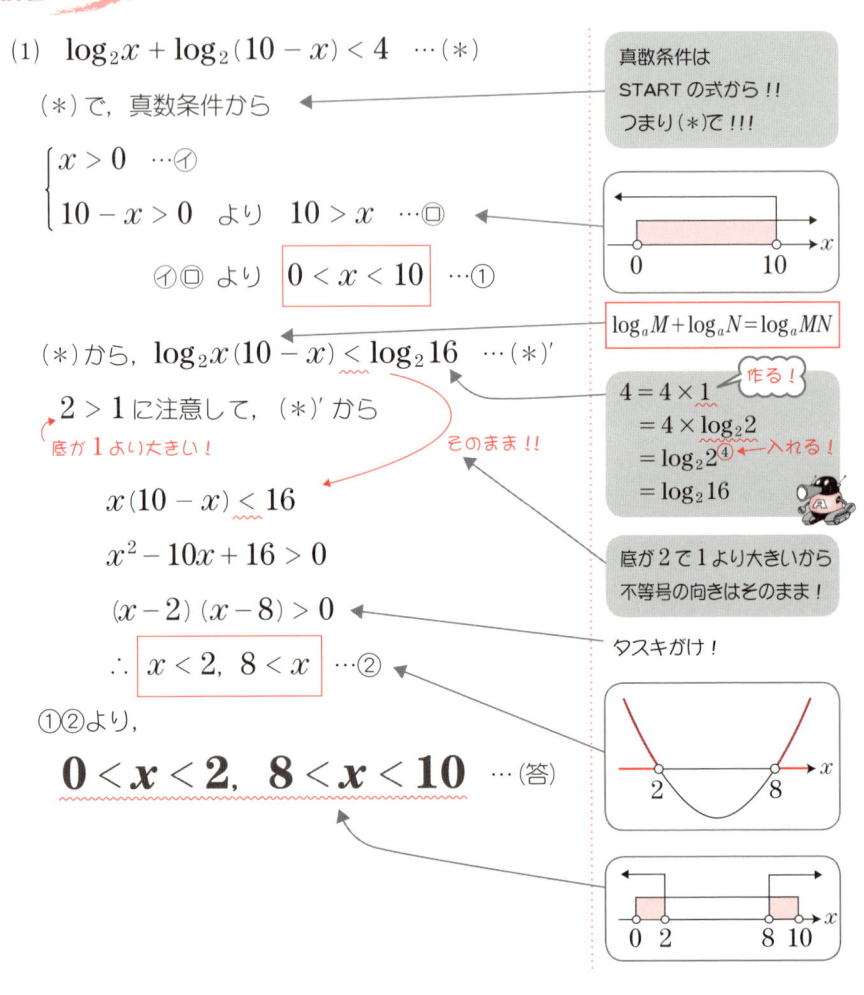

(1) $\log_2 x + \log_2(10-x) < 4$ …(∗)

(∗)で，真数条件から

$\begin{cases} x > 0 & \cdots ㋑ \\ 10 - x > 0 \quad \text{より} \quad 10 > x & \cdots ㋺ \end{cases}$

㋑㋺より $\boxed{0 < x < 10}$ …①

(∗)から，$\log_2 x(10-x) < \log_2 16$ …(∗)′

$2 > 1$ に注意して，(∗)′から

底が1より大きい！

$x(10-x) < 16$

$x^2 - 10x + 16 > 0$

$(x-2)(x-8) > 0$

∴ $\boxed{x < 2,\ 8 < x}$ …②

①②より，

$\underline{\underline{0 < \boldsymbol{x} < 2,\ 8 < \boldsymbol{x} < 10}}$ …(答)

真数条件は
STARTの式から!!
つまり(∗)で!!!

$\log_a M + \log_a N = \log_a MN$

作る！
$4 = 4 \times 1$
$= 4 \times \log_2 2$
$= \log_2 2^4$ ←入れる！
$= \log_2 16$

底が2で1より大きいから
不等号の向きはそのまま！

そのまま!!

タスキがけ！

対数不等式は
大切だぞーっ!!

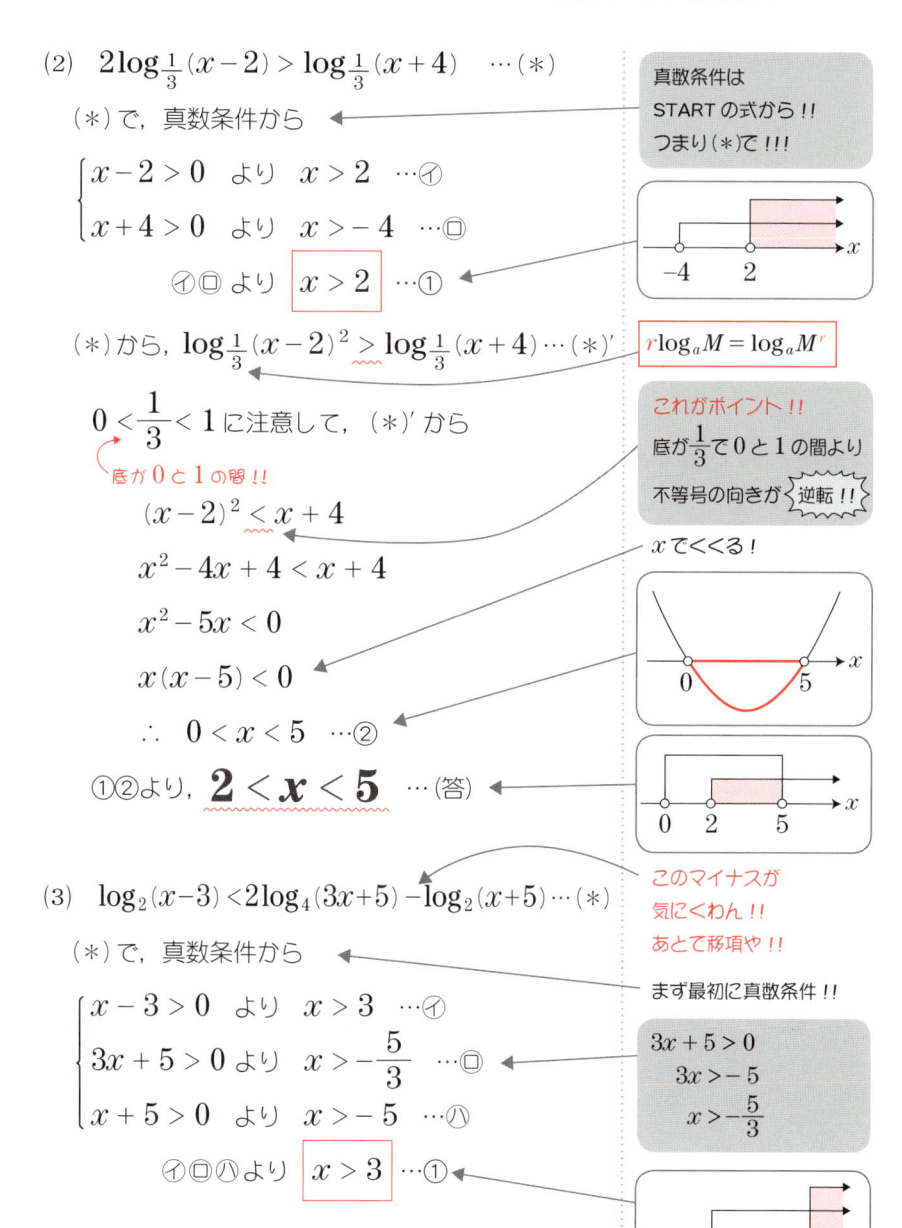

(2)　$2\log_{\frac{1}{3}}(x-2) > \log_{\frac{1}{3}}(x+4)$　…(∗)

(∗)で，真数条件から

$\begin{cases} x-2 > 0 　より　x > 2 　…㋑ \\ x+4 > 0 　より　x > -4 　…㋺ \end{cases}$

㋑㋺より　$\boxed{x > 2}$ …①

> 真敬条件は
> START の式から!!
> つまり (∗) で!!!

(∗)から，$\log_{\frac{1}{3}}(x-2)^2 > \log_{\frac{1}{3}}(x+4)$ …(∗)′

> $r\log_a M = \log_a M^r$

$0 < \frac{1}{3} < 1$ に注意して，(∗)′から

底が 0 と 1 の間!!

$(x-2)^2 < x+4$

$x^2 - 4x + 4 < x + 4$

$x^2 - 5x < 0$

$x(x-5) < 0$

∴　$0 < x < 5$ …②

> これがポイント!!
> 底が $\frac{1}{3}$ で 0 と 1 の間より
> 不等号の向きが　逆転!!

> x でくくる！

①②より，$\underline{2 < x < 5}$ …(答)

(3)　$\log_2(x-3) < 2\log_4(3x+5) - \log_2(x+5)$ …(∗)

(∗)で，真数条件から

$\begin{cases} x-3 > 0 　より　x > 3 　…㋑ \\ 3x+5 > 0 　より　x > -\dfrac{5}{3} 　…㋺ \\ x+5 > 0 　より　x > -5 　…㋩ \end{cases}$

㋑㋺㋩より　$\boxed{x > 3}$ …①

> このマイナスが
> 気にくわん!!
> あとで移項や!!

> まず最初に真数条件!!

> $3x+5 > 0$
> $3x > -5$
> $x > -\dfrac{5}{3}$

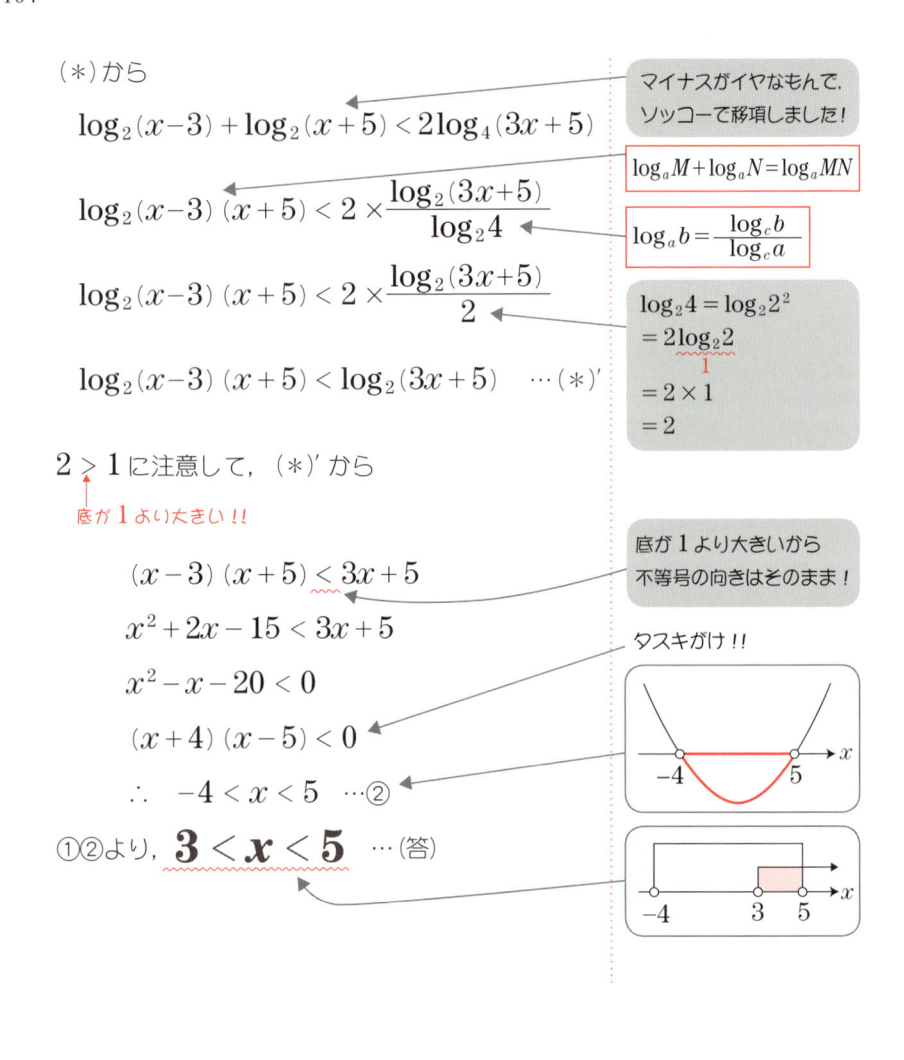

(∗)から

$$\log_2(x-3) + \log_2(x+5) < 2\log_4(3x+5)$$

> マイナスがイヤなもんで，ソッコーで移項しました！

$$\log_2(x-3)(x+5) < 2 \times \frac{\log_2(3x+5)}{\log_2 4}$$

> $\log_a M + \log_a N = \log_a MN$

> $\log_a b = \dfrac{\log_c b}{\log_c a}$

$$\log_2(x-3)(x+5) < 2 \times \frac{\log_2(3x+5)}{2}$$

> $\log_2 4 = \log_2 2^2$
> $= 2\log_2 2$
> $\underset{1}{}$
> $= 2 \times 1$
> $= 2$

$$\log_2(x-3)(x+5) < \log_2(3x+5) \quad \cdots (\ast)'$$

$2 > 1$ に注意して，$(\ast)'$ から

底が1より大きい!!

> 底が1より大きいから不等号の向きはそのまま！

$$(x-3)(x+5) < 3x+5$$
$$x^2 + 2x - 15 < 3x + 5$$
$$x^2 - x - 20 < 0$$
$$(x+4)(x-5) < 0$$
$$\therefore \quad -4 < x < 5 \quad \cdots ②$$

> タスキがけ!!

①②より，$\boldsymbol{3 < x < 5}$ …(答)

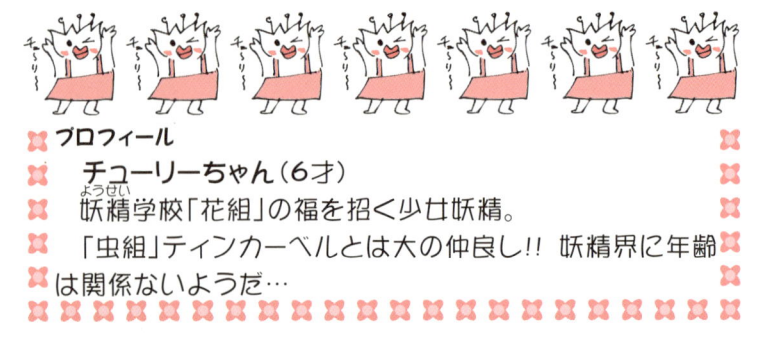

プロフィール

チューリーちゃん（6才）

妖精学校「花組」の福を招く少女妖精。

「虫組」ティンカーベルとは大の仲良し！！ 妖精界に年齢は関係ないようだ…

Theme 9 対数不等式は，最重要なり！

ではでは，少しレベルを上げてみましょう！！

問題 9-3 ちょいムズ

次の不等式を解け。ただし，$a > 0$ かつ $a \neq 1$ とする。

(1) $\log_a(2-x) \geq \log_a(x+5)$

(2) $\log_a(3-x) < \log_a 2 + \log_a x$

(3) $\log_a 3 + \log_a(x^2-x-6) \geq \log_a 2 + \log_a(x^2-5x)$

ナイスな導入！！

こ，こ，これは——っ！！
大変だぞ！！　底のところが a になっとるーっ！！

いったい何の騒ぎだ〜っ！？

とゆーことは…

$a > 1$ or $0 < a < 1$ で場合分け！！

底が $a > 1$ なのか？ $0 < a < 1$ なのか？ で不等号の向きが変化します。よって，場合分けが必要なのです。

なるほどねぇ…

では，とりあえずやってみましょう。

解答でござる

(1) $\log_a(2-x) \geq \log_a(x+5)$ …(∗)

(∗)で，真数条件から

$\begin{cases} 2-x > 0 \text{ より，} 2 > x & \cdots ㋑ \\ x+5 > 0 \text{ より，} x > -5 & \cdots ㋺ \end{cases}$

㋑㋺より，$-5 < x < 2$ …①

i) $\underline{a > 1 \text{ のとき}}$
　　底が1より大きい

$a > 1$ or $0 < a < 1$ で場合分けするところが最大の見せ場だぞ！！

$\log_a\boxed{(2-x)} \geq \log_a(x+5)$
　　　↳ $2-x > 0$

$\log_a(2-x) \geq \log_a\boxed{(x+5)}$
　　　　　$x+5 > 0$ ↲

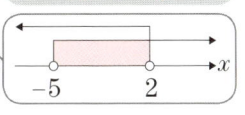

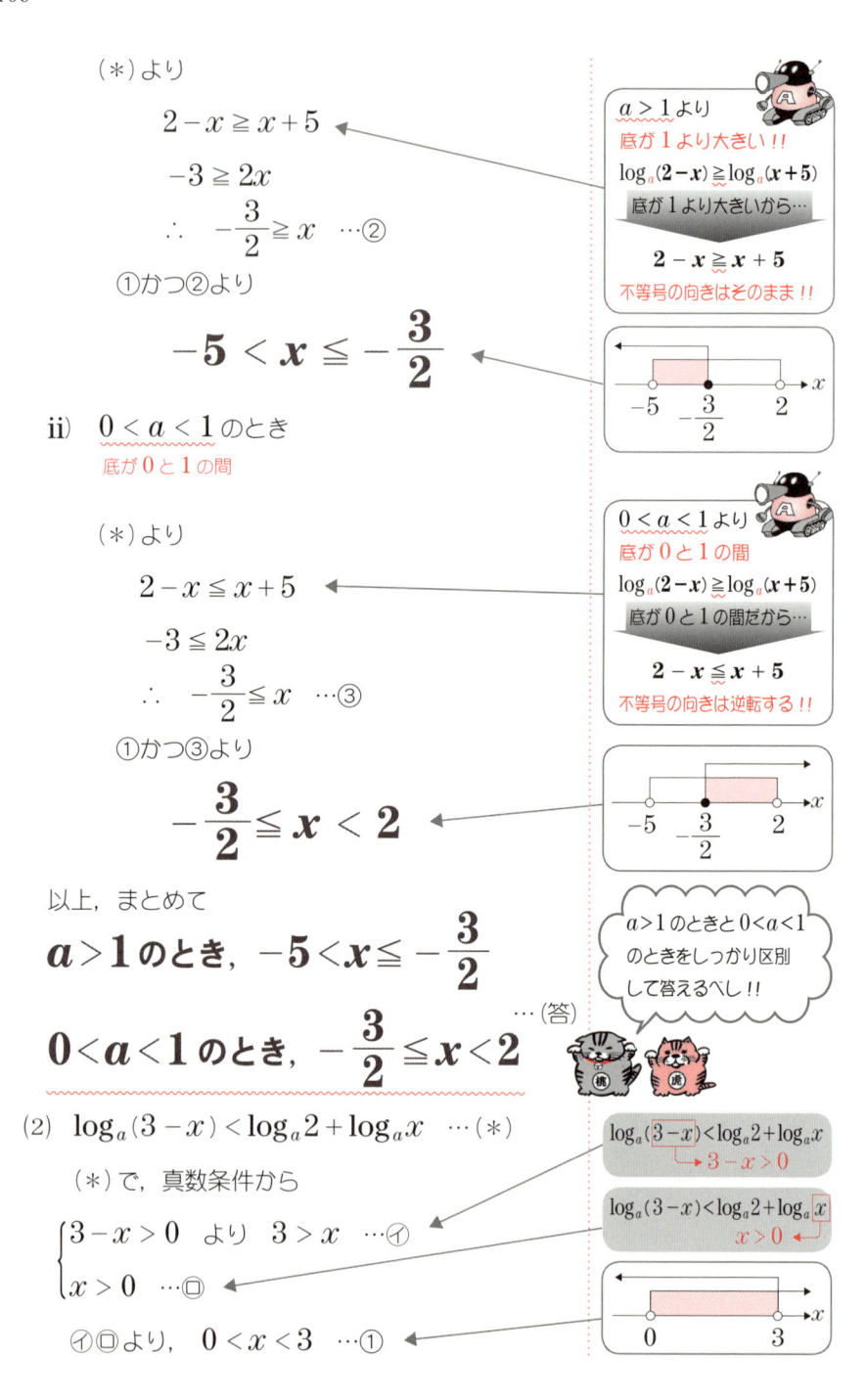

(∗)より

$$2 - x \geqq x + 5$$
$$-3 \geqq 2x$$
$$\therefore \quad -\frac{3}{2} \geqq x \quad \cdots ②$$

①かつ②より

$$-5 < x \leqq -\frac{3}{2}$$

> $a > 1$ より
> 底が1より大きい!!
> $\log_a(2-x) \geqq \log_a(x+5)$
> 底が1より大きいから…
> $2 - x \geqq x + 5$
> 不等号の向きはそのまま!!

ii) $0 < a < 1$ のとき
   底が0と1の間

(∗)より

$$2 - x \leqq x + 5$$
$$-3 \leqq 2x$$
$$\therefore \quad -\frac{3}{2} \leqq x \quad \cdots ③$$

①かつ③より

$$-\frac{3}{2} \leqq x < 2$$

> $0 < a < 1$ より
> 底が0と1の間
> $\log_a(2-x) \geqq \log_a(x+5)$
> 底が0と1の間だから…
> $2 - x \leqq x + 5$
> 不等号の向きは逆転する!!

以上，まとめて

$a > 1$ のとき, $-5 < x \leqq -\frac{3}{2}$

$0 < a < 1$ のとき, $-\frac{3}{2} \leqq x < 2$ …(答)

> $a>1$のときと$0<a<1$のときをしっかり区別して答えるべし!!

(2) $\log_a(3-x) < \log_a 2 + \log_a x$ …(∗)

(∗)で，真数条件から

$\begin{cases} 3 - x > 0 \quad \text{より} \quad 3 > x \quad \cdots ㋑ \\ x > 0 \quad \cdots ㋺ \end{cases}$

㋑㋺より，$0 < x < 3$ …①

Theme 9 対数不等式は，最重要なり！

$(*)$ より

$$\log_a(3-x) < \log_a 2x \quad \cdots (*)'$$

> 解きやすくするために右辺をまとめておこう!!
> 重要公式の
> $\log_a M + \log_a N = \log_a MN$
> より，
> 右辺 $= \log_a 2 + \log_a x$
> $= \log_a 2x$

i) $a > 1$ のとき
<u>底が 1 より大きい</u>

$(*)'$ より

$$3 - x < 2x$$
$$3 < 3x$$
$$\therefore \ 1 < x \quad \cdots ②$$

> $a > 1$ より
> 底が 1 より大きい
> $\log_a(3-x) < \log_a 2x$
> 底が 1 より大きいから…
> $3 - x < 2x$
> 不等号の向きはそのまま!!

①かつ②より

$$1 < x < 3$$

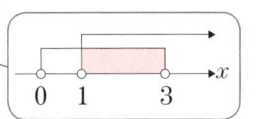

ii) $0 < a < 1$ のとき
<u>底が 0 と 1 の間</u>

$(*)'$ より

$$3 - x > 2x$$
$$3 > 3x$$
$$\therefore \ 1 > x \quad \cdots ③$$

> $0 < a < 1$ より
> 底が 0 と 1 の間
> $\log_a(3-x) < \log_a 2x$
> 底が 0 と 1 の間だから…
> $3 - x > 2x$
> 不等号の向きが逆転する!!

①かつ③より

$$0 < x < 1$$

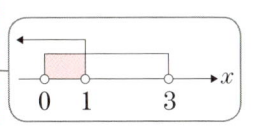

以上，まとめて

<u>$a > 1$ のとき，$1 < x < 3$
$0 < a < 1$ のとき，$0 < x < 1$</u> …(答)

(3) $\log_a 3 + \log_a(x^2-x-6) \geqq \log_a 2 + \log_a(x^2-5x)$ …(∗)

(∗)で，真数条件から

$x^2 - x - 6 > 0$ より

$(x+2)(x-3) > 0$

∴ $x < -2,\ 3 < x$ …㋐

$x^2 - 5x > 0$ より

$x(x-5) > 0$

∴ $x < 0,\ 5 < x$ …㋺

㋐㋺より

$x < -2,\ 5 < x$ …①

(∗)より

$\log_a 3(x^2-x-6) \geqq \log_a 2(x^2-5x)$ …(∗)′

重要公式 $\log_a M + \log_a N = \log_a MN$ を活用して，左辺と右辺をそれぞれ簡単な形にまとめておきました!!

i) $\underline{a > 1 のとき}$
底が1より大きい

(∗)′より

$3(x^2-x-6) \geqq 2(x^2-5x)$

$3x^2 - 3x - 18 \geqq 2x^2 - 10x$

$x^2 + 7x - 18 \geqq 0$

$(x+9)(x-2) \geqq 0$

∴ $x \leqq -9,\ 2 \leqq x$ …②

①かつ②より

$$x \leqq -9,\ 5 < x$$

ii) $0 < a < 1$ のとき
　　　底が0と1の間

$(*)'$ より

$$3(x^2 - x - 6) \leqq 2(x^2 - 5x)$$
$$3x^2 - 3x - 18 \leqq 2x^2 - 10x$$
$$x^2 + 7x - 18 \leqq 0$$
$$(x+9)(x-2) \leqq 0$$
$$\therefore -9 \leqq x \leqq 2 \quad \cdots ③$$

①かつ③より

$$-9 \leqq x < -2$$

以上，まとめて

$a > 1$ のとき，$x \leqq -9, 5 < x$
$0 < a < 1$ のとき，$-9 \leqq x < -2$ …(答)

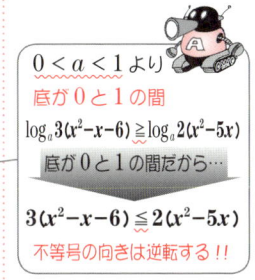

$0 < a < 1$ より
底が0と1の間
$\log_a 3(x^2-x-6) \geqq \log_a 2(x^2-5x)$
底が0と1の間だから…
$3(x^2-x-6) \leqq 2(x^2-5x)$
不等号の向きは逆転する!!

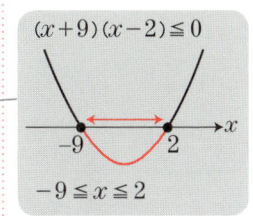

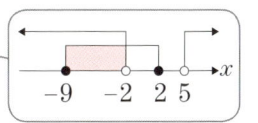

$(x+9)(x-2) \leqq 0$
$-9 \leqq x \leqq 2$

底の場合分けが
ポイントなのね…

プロフィール

オムちゃん（28才）
5匹の猫を飼う謎の女性！
実は未来のみっちゃんです。
高校生時代の自分が心配になってしまい
様子を見にタイムマシーンで……

Theme 10 対数の大小比較伝説

基本的な問題から始めましょう!!

問題 10-1 [基礎]

次の数を小さい順に並べよ。

(1) $A = \log_3 7$, $B = 2$, $C = 3\log_3 2$
(2) $A = \log_{\frac{1}{3}} 2$, $B = 2$, $C = -\log_{\frac{1}{3}} 5$

ナイスな導入!!

対数の大小比較は底がカギです!!

底がそろっている場合…

底が1より大きい　→　真数が大きいほど大きい!!
底が0と1の間のとき　→　真数が小さいほど大きい!!

このお話については, p.97〜98のグラフで解説済みです。

これに注意して Let's Try!!

解答でござる

(1) $A = \log_3 7$

$B = 2 = \log_3 3^2 = \log_3 9$

$C = 3\log_3 2 = \log_3 2^3 = \log_3 8$

底が3で1より大きいから, $7 < 8 < 9$ に注意して小さい順に並べると

$$A,\ C,\ B \quad \cdots(答)$$

$2 = 2 \times 1 = 2\log_3 3 = \log_3 3^2 = \log_3 9$ と考えてもよい!!

底が1より大きいから, 真数の大小関係がそのまま A, B, C の大小関係につながる!!

真数の大きさが小さい順に並べればよい!

(2) $A = \log_{\frac{1}{3}} 2$

$B = 2 = \log_{\frac{1}{3}} \left(\frac{1}{3}\right)^2 = \log_{\frac{1}{3}} \frac{1}{9}$

$C = -\log_{\frac{1}{3}} 5 = \log_{\frac{1}{3}} 5^{-1} = \log_{\frac{1}{3}} \frac{1}{5}$

底が $\frac{1}{3}$ で 0 と 1 の間であるから，$\frac{1}{9} < \frac{1}{5} < 2$ に注意して小さい順に並べると

A, C, B …(答)

底が $\frac{1}{3}$ かぁ…

$2 = 2 \times 1 = 2\log_{\frac{1}{3}} \frac{1}{3} = \log_{\frac{1}{3}} \left(\frac{1}{3}\right)^2$
$= \log_{\frac{1}{3}} \frac{1}{9}$ と考えてもよい!!

$-\log_{\frac{1}{3}} 5 = (-1) \times \log_{\frac{1}{3}} 5$
$= \log_{\frac{1}{3}} 5^{-1}$

底が 0 と 1 の間より，真数の大小関係と A, B, C の大小関係は逆転する!!

真数の大きさが大きい順に並べれば小さい順となる!!

逆転だね!!

この調子でもう 1 問!!

問題 10-2 基礎

次の数を小さい順に並べよ。

(1) $A = \log_5 2$,　$B = \log_5 \frac{1}{3}$,　$C = 0$

(2) $A = \log_{\frac{1}{2}} \frac{1}{3}$,　$B = \log_{\frac{1}{2}} 5$,　$C = 0$

今回は 0 が混ざっているところがポイントだね!!

ナイスな導入!!

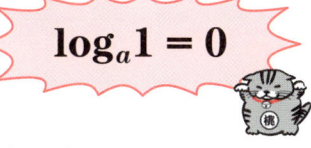

$\log_a 1 = 0$

$a^0 = 1$ より $\log_a 1$ は 0 ですよ!! 真数が 1 のとき 0 です!!

おっ!!

がポイントです!!

解答でござる

(1) $A = \log_5 2$

$B = \log_5 \dfrac{1}{3}$

$C = 0 = \log_5 1$

底が5で1より大きいから，$\dfrac{1}{3} < 1 < 2$ に注意して小さい順に並べると

$B, \ C, \ A$ …(答)

(2) $A = \log_{\frac{1}{2}} \dfrac{1}{3}$

$B = \log_{\frac{1}{2}} 5$

$C = 0 = \log_{\frac{1}{2}} 1$

底が $\dfrac{1}{2}$ で0と1の間であるから，$\dfrac{1}{3} < 1 < 5$ に注意して小さい順に並べると

$B, \ C, \ A$ …(答)

底は5だね!!

今回は，コイツが主役!!

底が1より大きいから真数の大小関係がそのまま，A, B, Cの大小関係につながる!!

真数の大きさが小さい順に並べればよい!!

底は $\dfrac{1}{2}$ だね!!

$\log_a 1 = 0$ です!!

底が0と1の間より，真数の大小関係とA, B, Cの大小関係は逆転する!!

真数の大きさが大きい順に並べれば小さい順になる!!

逆転だね!!

少しレベルを上げてみよう!!

問題 10-3　　　　　　　　　　　　　　　　　　　　標準

次の数を小さい順に並べよ。

$$A = 2\log_2 3, \quad B = 3\log_4 3, \quad C = \frac{5}{2}$$

ナイスな導入!!

とにかく，**底**をそろえるべし!!

ザツと見て…

$$A = 2\log_2 3 \quad B = 3\log_4 3 \quad C = \frac{5}{2}$$

($4 = 2^2$ より ②がらみの数!!
公式 $\log_a b = \dfrac{\log_c b}{\log_c a}$
を用いれば $\log_② △$ に変身可能!!)

(これは，何のヘンテツもない分数!!
$\log_2 △$ の形にすることなど，ワケありません!)

で，

$$A = 2\log_2 3 = \log_2 3^2 = \log_2 9$$

$$B = 3\log_4 3 = 3 \times \frac{\log_2 3}{\log_2 4} = \frac{3}{2}\log_2 3 = \log_2 3^{\frac{3}{2}}$$

($r\log_a M = \log_a M^r$)

($\log_a b = \dfrac{\log_c b}{\log_c a}$)

$$C = \frac{5}{2} = \frac{5}{2} \times 1 = \frac{5}{2} \times \log_2 2 = \log_2 2^{\frac{5}{2}}$$

これで，A，B，C すべて $\log_2 △$ の形で表せました!!

このとき!!　（底です!!）　$2 > 1$ より，真数が大きいほど大きくなる!

$\log_② △$　　　$\log_2 △$

つまーり!! A, B, C の真数の大小を比較すればよい!!

（$\log_2 \triangle$ の $\triangle$）

よって! テーマは 9 と $3^{\frac{3}{2}}$ と $2^{\frac{5}{2}}$ の対決だ！

$A = \log_2 9$　　$B = \log_2 3^{\frac{3}{2}}$　　$C = \log_2 2^{\frac{5}{2}}$

そこで2乗して比較してみよう!!　（p.38 問題 3-3 参照）

$9^2 = 81$　　$(3^{\frac{3}{2}})^2 = 3^{\frac{3}{2} \times 2} = 3^3 = 27$　　$(2^{\frac{5}{2}})^2 = 2^{\frac{5}{2} \times 2} = 2^5 = 32$

とゅーわけで…

$$27 < 32 < 81$$

すなわち　$(3^{\frac{3}{2}})^2 < (2^{\frac{5}{2}})^2 < 9^2$

∴　$3^{\frac{3}{2}} < 2^{\frac{5}{2}} < 9$

（$\log_2 \triangle$ は，底が2で1より大きい！よって真数 $\triangle$ が大きいほど大きい!!）

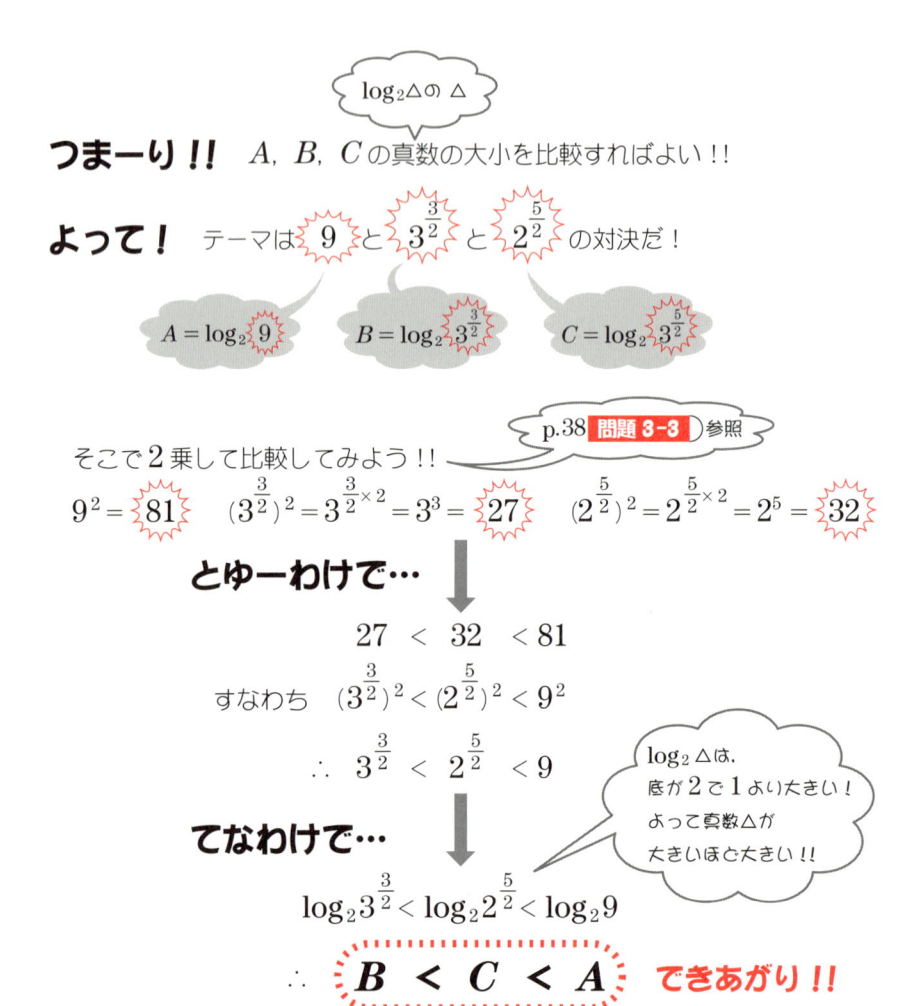

てなわけで…

$$\log_2 3^{\frac{3}{2}} < \log_2 2^{\frac{5}{2}} < \log_2 9$$

∴　**$B < C < A$**　できあがり!!

解答でござる

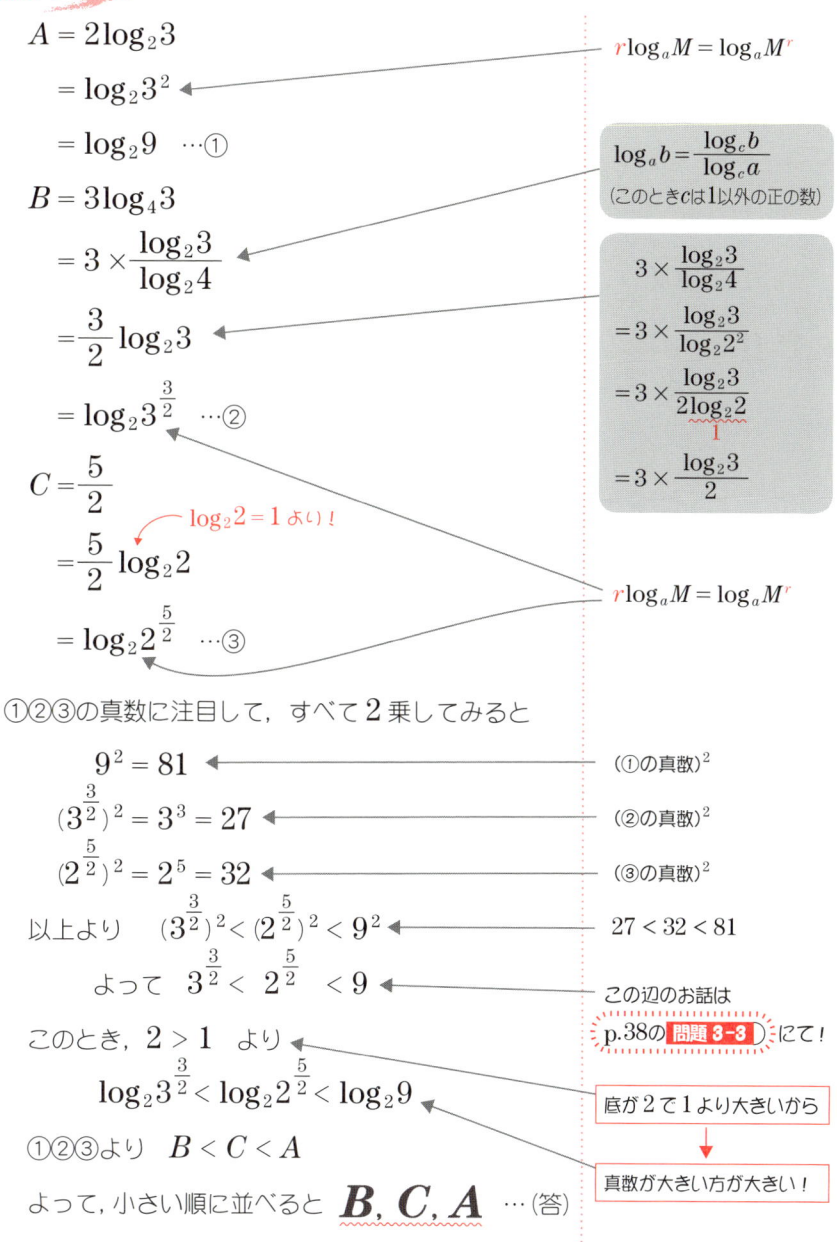

$A = 2\log_2 3$
$\quad = \log_2 3^2$
$\quad = \log_2 9 \quad \cdots ①$

$B = 3\log_4 3$
$\quad = 3 \times \dfrac{\log_2 3}{\log_2 4}$
$\quad = \dfrac{3}{2}\log_2 3$
$\quad = \log_2 3^{\frac{3}{2}} \quad \cdots ②$

$C = \dfrac{5}{2}$
$\quad = \dfrac{5}{2}\log_2 2$
$\quad = \log_2 2^{\frac{5}{2}} \quad \cdots ③$

$r\log_a M = \log_a M^r$

$\log_a b = \dfrac{\log_c b}{\log_c a}$
（このとき c は1以外の正の数）

$3 \times \dfrac{\log_2 3}{\log_2 4}$
$= 3 \times \dfrac{\log_2 3}{\log_2 2^2}$
$= 3 \times \dfrac{\log_2 3}{2\log_2 2}$
$\quad\quad\quad\quad \underset{1}{\smile}$
$= 3 \times \dfrac{\log_2 3}{2}$

$\log_2 2 = 1$ より！

$r\log_a M = \log_a M^r$

①②③の真数に注目して、すべて2乗してみると

$\quad 9^2 = 81$ ←（①の真数）^{2}
$\quad (3^{\frac{3}{2}})^2 = 3^3 = 27$ ←（②の真数）^{2}
$\quad (2^{\frac{5}{2}})^2 = 2^5 = 32$ ←（③の真数）^{2}

以上より $\quad (3^{\frac{3}{2}})^2 < (2^{\frac{5}{2}})^2 < 9^2$ ← $27 < 32 < 81$

よって $\quad 3^{\frac{3}{2}} < 2^{\frac{5}{2}} < 9$

この辺のお話は p.38の 問題 3-3 にて！

このとき、$2 > 1$ より
$\quad \log_2 3^{\frac{3}{2}} < \log_2 2^{\frac{5}{2}} < \log_2 9$

底が2で1より大きいから → 真数が大きい方が大きい！

①②③より $\quad B < C < A$

よって、小さい順に並べると $\boldsymbol{B, C, A}$ …（答）

問題 10-4 〔ちょいムズ〕

$1 < x < a < 2$ のとき，

$A = \log_a x^2, \quad B = \log_a 2x, \quad C = \log_a x, \quad D = (\log_a x)^2$

を小さい順に並べよ。

ナイスな導入!!

とにかく $\log_a x$ みたいなパーツがほしい!!

で!! 材料らしきものは

$$1 < x < a < 2 \quad \cdots ①$$

しかありません！

とゆーわけで…

①の全体で $\log_a$ をとりましょう！

すると…

①より，$1 < a$ つまり底が 1 より大きいから不等号の向きはそのまま!!

$\log_a 1 < \log_a x < \log_a a < \log_a 2$

$$0 < \log_a x < 1 < \log_a 2 \quad \cdots ②$$

$\log_a 1 = 0$ ， $\log_a a = 1$

☞ ここで，本格的な答案を作る前に予測しましょう！

②で $0 < \log_a x < 1$ なので $\log_a x = \dfrac{1}{2}$ としてみます！

$A = \log_a x^2 = 2\log_a x = 2 \times \dfrac{1}{2} = 1$

$B = \log_a 2x = \log_a 2 + \boxed{\log_a x} = \boxed{1\text{より大きい数}} + \boxed{\dfrac{1}{2}}$

けっこう大きいネ！

$C = \log_a x = \dfrac{1}{2}$ 〔さっきこう決めたヨ！〕

$D = (\log_a x)^2 = \left(\dfrac{1}{2}\right)^2 = \dfrac{1}{4}$ 〔小さくなったネ!!〕

以上より $D < C < A < B$ と予測できるネ！

じゃあ，ちゃんと調べてみよう！

予測より $\begin{cases} A < B \\ C < A \\ D < C \end{cases}$ を調べれば OK！

〔予測〕 $D < C < A < B$

〔予測しておくことがポイントが…〕

$B - A = \log_a 2x - \log_a x^2$

$\quad\quad = \log_a 2 + \log_a x - 2\log_a x$

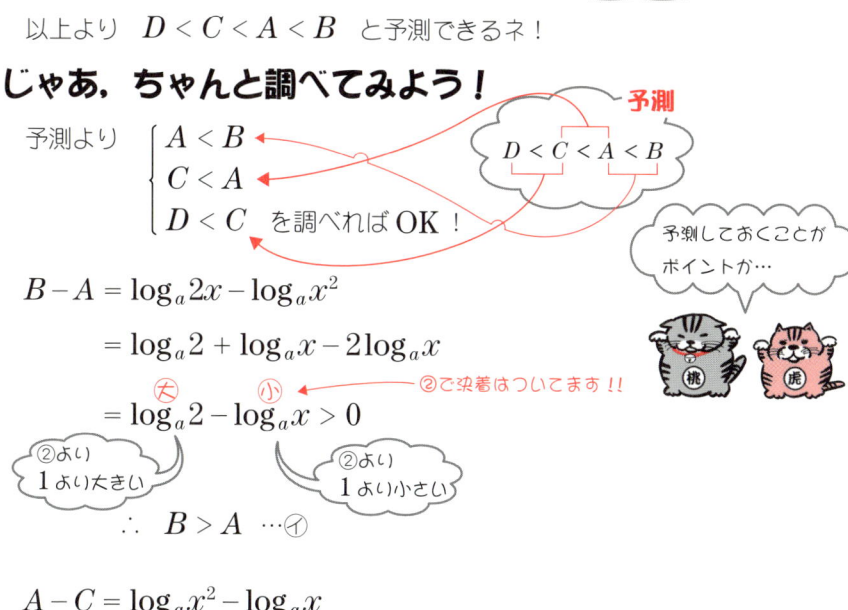

$\quad\quad = \log_a 2 - \log_a x > 0$ 〔②ご決着はついてます!!〕

〔②より 1より大きい〕 〔②より 1より小さい〕

$\therefore \ B > A \ \cdots ㋑$

$A - C = \log_a x^2 - \log_a x$

$\quad\quad = 2\log_a x - \log_a x$

$\quad\quad = \log_a x > 0$

〔②より $\log_a x > 0$〕

$\therefore \ A > C \ \cdots ㋺$

$C - D = \log_a x - (\log_a x)^2$

$\quad\quad = (\log_a x)(1 - \log_a x) > 0$

〔イメージは $M - M^2 = M(1-M)$〕

〔正×正＝正〕

〔②より $\log_a x > 0$〕 〔②より $1 > \log_a x$ つまり $1 - \log_a x > 0$〕

$\therefore \ C > D \ \cdots ㋩$

㋑㋺㋩より $\boxed{D < C < A < B}$ できあがり！

解答でござる

$$\begin{cases} A = \log_a x^2 = 2\log_a x \\ B = \log_a 2x = \log_a 2 + \log_a x \\ C = \log_a x \\ D = (\log_a x)^2 \end{cases}$$

$\log_a M^r = r\log_a M$

$\log_a MN = \log_a M + \log_a N$

$1 < x < a < 2$ …①

条件はこれだけ！

①より

$\log_a 1 < \log_a x < \log_a a < \log_a 2$

$\quad 0 \quad < \log_a x < \quad 1 \quad < \log_a 2$ …②

①より底の a が $a > 1$ であるから．
不等号の向きは①のまま!!

このとき

$B - A = \underset{B}{\boxed{\log_a 2 + \log_a x}} - \underset{A}{\boxed{2\log_a x}}$

$\qquad = \log_a 2 - \log_a x > 0$

（②で $\log_a 2 > \log_a x$ より）

$\therefore \quad B > A$ …㋐

②より
$\log_a x < 1 < \log_a 2$
$\Rightarrow$
$\log_a x < \log_a 2$

$B - A > 0$ より $B > A$

$A - C = \underset{A}{\boxed{2\log_a x}} - \underset{C}{\boxed{\log_a x}}$

$\qquad = \log_a x > 0$

（②で $\log_a x > 0$ より）

$\therefore \quad A > C$ …㋑

$A - C > 0$ より $A > C$

$C - D = \underset{C}{\boxed{\log_a x}} - \underset{D}{\boxed{(\log_a x)^2}}$

$\qquad = (\log_a x)(1 - \log_a x) > 0$

（②で $\log_a x > 0$ かつ $1 - \log_a x > 0$ より）

$\therefore \quad C > D$ …㋒

イメージは
$M - M^2 = M(1 - M)$

②より
$\log_a x < 1$
$\therefore 0 < 1 - \log_a x$

$C - D > 0$ より $C > D$

㋐㋑㋒より $D < C < A < B$

よって，小さい順に並べると

$\underline{D, \ C, \ A, \ B}$ …(答)

$D < C < A < B$

Theme 11 またしても，結局，2次関数になるやつ

最もベタなタイプからまいろう!!

問題 11-1 標準

$2 \leq x \leq 16$ のとき，次の関数の最大値と最小値と，そのときの x の値を求めよ。

$$y = (\log_2 x)^2 - 4\log_2 x + 5$$

ナイスな導入!!

$$y = (\log_2 x)^2 - 4\log_2 x + 5$$

p.90 問題 8-4 と似てるぞ!!

$\log_2 x = t$ とおくと…

$$y = t^2 - 4t + 5$$

おーっと!! 2次関数!!

しかし，安心してはいかん!!
t の範囲を求めておかなきゃ!!

そうだった

$2 \leq x \leq 16$ より

$\log_2 2 \leq \log_2 x \leq \log_2 16$

∴ $1 \leq t \leq 4$

$\log_2 x$ の底が 2 で $1 < 2$ なので，**1 より大きい**
x が大きいとき，$\log_2 x$ も大きく，
x が小さいとき，$\log_2 x$ も小さい!!

$\log_2 16 = \log_2 2^4 = 4\log_2 2 = 4 \times 1 = 4$

この範囲で，2次関数のグラフを考えれば，万事解決!!

解答でござる

$$y = (\log_2 x)^2 - 4\log_2 x + 5$$

$\log_2 x = t$ とおくと

$$y = t^2 - 4t + 5$$ ← 2次関数です!!

$$y = (t-2)^2 + 1$$ ← 平方完成しました!!

よって頂点は，$(2, 1)$

一方，$2 \leqq x \leqq 16$ より

$$\log_2 2 \leqq \log_2 x \leqq \log_2 16$$

∴ $1 \leqq t \leqq 4$

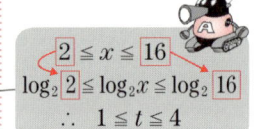

$\boxed{2} \leqq x \leqq \boxed{16}$
$\log_2 \boxed{2} \leqq \log_2 x \leqq \log_2 \boxed{16}$
∴ $1 \leqq t \leqq 4$

この範囲でグラフをかくと

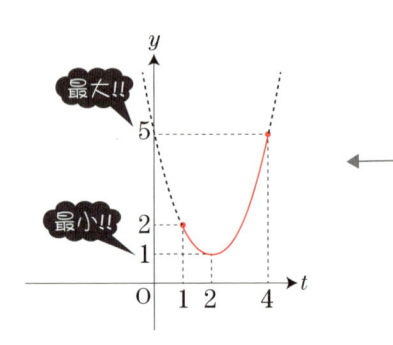

最大!!
最小!!

$t=1$ のとき
$\quad y = 1^2 - 4 \times 1 + 5$
$\quad\quad = 1 - 4 + 5$
$\quad\quad = 2$
$t=4$ のとき
$\quad y = 4^2 - 4 \times 4 + 5$
$\quad\quad = 16 - 16 + 5$
$\quad\quad = 5$

グラフより

$t=4$ つまり $x=\mathbf{16}$ のとき最大値 $\mathbf{5}$
$t=2$ つまり $x=\mathbf{4}$ のとき最小値 $\mathbf{1}$

$t=4$ のとき，$x=16$ でしたよ!!

$t=2$ のとき，$\boxed{\log_2 x = t}$ から
$\quad \log_2 x = 2$
$\quad ∴\ x = 2^2 = 4$

以上，まとめて

$$x = 16\ \text{のとき，最大値}\ 5$$
$$x = 4\ \text{のとき，最小値}\ 1$$

…(答)

もう一発やっておこう!!

問題 11-2 　標準

$\dfrac{1}{9} \leq x \leq 27$ のとき，次の関数の最大値と最小値と，そのときの x の値を求めよ。

$$y = (\log_{\frac{1}{3}} x)^2 + \log_{\frac{1}{3}} x^2 + 2$$

前問 **問題 11-1** と同様です!! Let's Try!!

いきなりかよ…

解答でござる

$$y = (\log_{\frac{1}{3}} x)^2 + \log_{\frac{1}{3}} x^2 + 2$$

$$y = (\log_{\frac{1}{3}} x)^2 + 2\log_{\frac{1}{3}} x + 2$$

重要公式の $\log_a M^r = r \log_a M$ を活用しました!!

$\log_{\frac{1}{3}} x = t$ とおくと

$$y = t^2 + 2t + 2$$

2次関数です!!

$$y = (t+1)^2 + 1$$

平方完成しました!!

よって，頂点は $(-1, 1)$

一方，$\dfrac{1}{9} \leq x \leq 27$ より

$$\log_{\frac{1}{3}} \dfrac{1}{9} \geq \log_{\frac{1}{3}} x \geq \log_{\frac{1}{3}} 27$$

底に注目せよ!

$0 < \dfrac{1}{3} < 1$ より

底が0と1の間

$\dfrac{1}{9} \leq x \leq 27$

$\log_{\frac{1}{3}} \dfrac{1}{9} \geq \log_{\frac{1}{3}} x \geq \log_{\frac{1}{3}} 27$

不等号の向きは逆転します!!

確認です!!

$\log_{\frac{1}{3}} \dfrac{1}{9} = \log_{\frac{1}{3}} \left(\dfrac{1}{3}\right)^2 = 2\log_{\frac{1}{3}} \dfrac{1}{3} = 2 \times 1 = \mathbf{2}$

$\log_{\frac{1}{3}} 27 = \log_{\frac{1}{3}} 3^3 = \log_{\frac{1}{3}} \left(\dfrac{1}{3}\right)^{-3} = -3\log_{\frac{1}{3}} \dfrac{1}{3} = -3 \times 1 = \mathbf{-3}$

$\therefore \ 2 \geq t \geq -3$

ぶっちゃけ $-3 \leq t \leq 2$ と書き直した方が見やすい!!

この範囲でグラフをかくと

最大!!
最小!!

| $t=-3$ のとき |
| $y=(-3)^2+2\times(-3)+2$ |
| $=9-6+2$ |
| $=5$ |
| $t=2$ のとき |
| $y=2^2+2\times 2+2$ |
| $=4+4+2$ |
| $=10$ |

グラフより

$t=2$ つまり $x=\dfrac{1}{9}$ のとき最大値 10

$t=-1$ つまり $x=3$ のとき最小値 1

$t=2$ のとき, $\log_{\frac{1}{3}}x=t$ から
$\log_{\frac{1}{3}}x=2$
∴ $x=\left(\dfrac{1}{3}\right)^2=\dfrac{1}{9}$

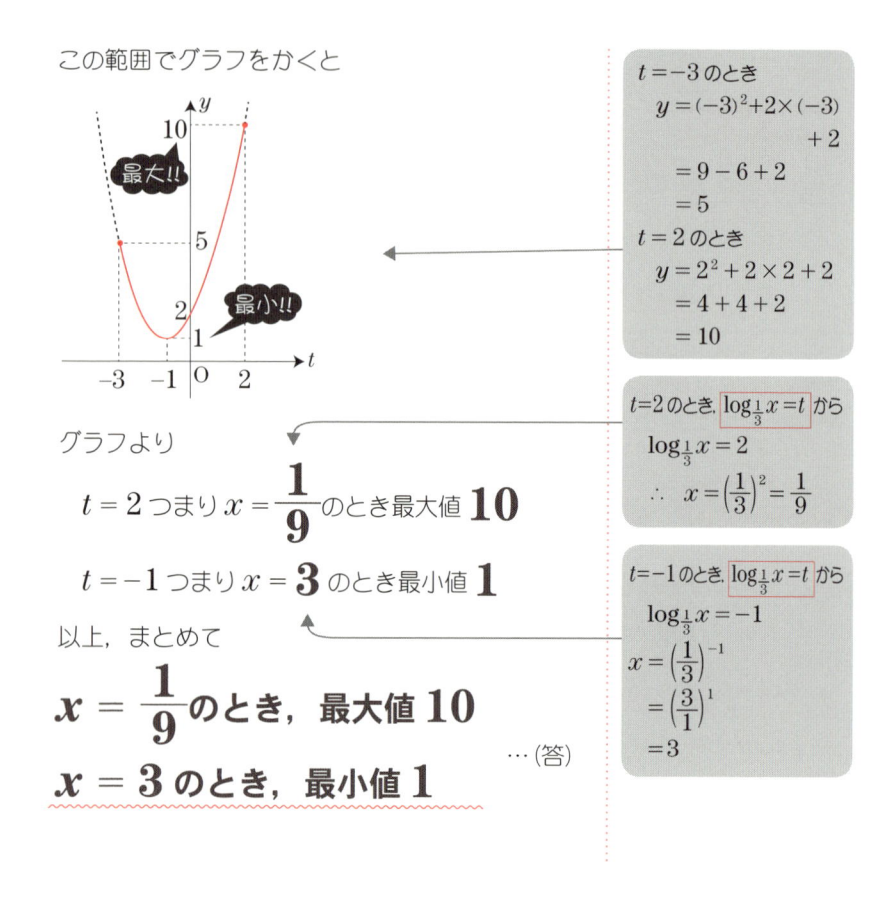

$t=-1$ のとき, $\log_{\frac{1}{3}}x=t$ から
$\log_{\frac{1}{3}}x=-1$
$x=\left(\dfrac{1}{3}\right)^{-1}$
$=\left(\dfrac{3}{1}\right)^1$
$=3$

以上,まとめて

$x=\dfrac{1}{9}$ のとき,最大値 10

$x=3$ のとき,最小値 1

…(答)

おいら達が登場していた時代が懐かしいせ…。
猫軍団に侵略された…(泣)

Theme 11　またしても，結局，2次関数になるやつ

ほんの少しだけレベルを上げてみましょう

問題 11-3　　　　　　　　　　　　　　　　ちょいムズ

$x \geq 3$，$y \geq 3$，$xy = 81$ のとき，$(\log_3 x)(\log_3 y)$ の最大値と最小値，またそのときの x，y の値を求めよ。

ナイスな導入!!

まず，混乱しないように，$P = \cdots$ などとおいてみよう!!

$P = (\log_3 x)(\log_3 y)$　…(*)　とおく!!

で!!　登場する文字を減らしたいから…

$xy = 81$　より　$y = \dfrac{81}{x}$

「y」は，別の意味で使用されているので，『$y = \cdots$』としてはダメよん

条件より $x \geq 3$ であるから，$x \neq 0$ は断る必要はありません!!

これを(*)に代入すれば…

$P = (\log_3 x)\left(\log_3 \dfrac{81}{x}\right)$

$P = (\log_3 x)(\log_3 81 - \log_3 x)$

$P = (\log_3 x)(4 - \log_3 x)$

$P = 4\log_3 x - (\log_3 x)^2$

$\therefore\ P = -(\log_3 x)^2 + 4\log_3 x$

重要公式の
$$\log_a \dfrac{M}{N} = \log_a M - \log_a N$$
を活用しました!!　今回は
$$\log_3 \dfrac{81}{x} = \log_3 81 - \log_3 x$$

$\log_3 81 = \log_3 3^4 = 4\log_3 3 = 4 \times 1 = 4$

おーっと!!　こ，こ，これは…　問題 11-1 ＆ 問題 11-2 と同じタイプの式だぞ!!　よって…

$$\log_3 x = t$$

とおいてしまえば OK です。

そうきたか…

まだまだ重要な仕事が残ってます!!

それは…

t の範囲 を求めなければ…

> そうかぁ…

では，やるっきゃないですな…

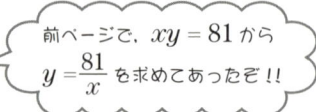

$y = \dfrac{81}{x}$　かつ　$y \geqq 3$ より

$(y =) \dfrac{81}{x} \geqq 3$

$81 \geqq 3x$

$\therefore\ 27 \geqq x$

> 前ページで，$xy = 81$ から $y = \dfrac{81}{x}$ を求めてあったぞ!!

> x を払いました!! $x \geqq 3$ より $x > 0$ であるから，不等号の向きが変わる心配はありませんよ!!

これと，$3 \leqq x$ から…

$3 \leqq x \leqq 27$

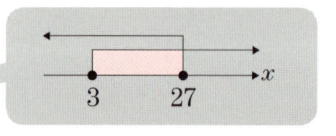

よって

$\log_3 3 \leqq \log_3 x \leqq \log_3 27$

$\therefore\ \boxed{1 \leqq t \leqq 3}$

> 底が 3 で 1 より大きいので，不等号の向きは逆転しません!!

> $\log_3 3 = 1$，$\log_3 27 = \log_3 3^3 = 3\log_3 3 = 3 \times 1 = 3$

この範囲でグラフを考えれば，万事解決!!

解答でござる

$x \geqq 3$　…①
$y \geqq 3$　…②
$xy = 81$　…③
$P = (\log_3 x)(\log_3 y)$　…④　とおく。

> まず条件をまとめておく!!

③より

$$y = \frac{81}{x} \quad \cdots ③'$$

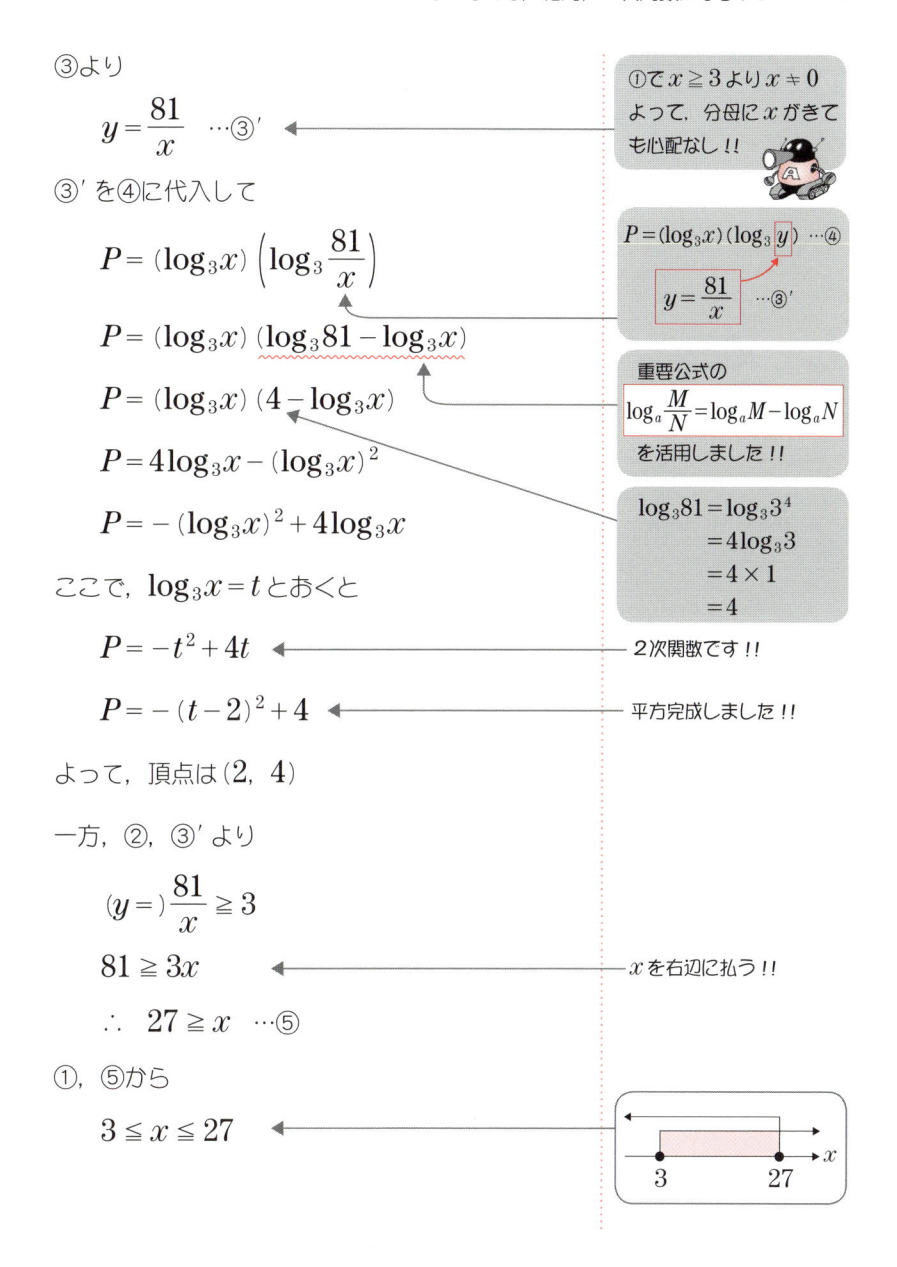

③'を④に代入して

$$P = (\log_3 x)\left(\log_3 \frac{81}{x}\right)$$

$$P = (\log_3 x)(\log_3 81 - \log_3 x)$$

$$P = (\log_3 x)(4 - \log_3 x)$$

$$P = 4\log_3 x - (\log_3 x)^2$$

$$P = -(\log_3 x)^2 + 4\log_3 x$$

ここで，$\log_3 x = t$ とおくと

$$P = -t^2 + 4t$$

$$P = -(t-2)^2 + 4$$

よって，頂点は $(2, 4)$

一方，②，③'より

$$(y=)\frac{81}{x} \geq 3$$

$$81 \geq 3x$$

$$\therefore \quad 27 \geq x \quad \cdots ⑤$$

①，⑤から

$$3 \leq x \leq 27$$

> ①で $x \geq 3$ より $x \neq 0$
> よって，分母に x がきても心配なし!!

> $P = (\log_3 x)(\log_3 \boxed{y}) \quad \cdots ④$
> $\boxed{y = \dfrac{81}{x}} \cdots ③'$

> 重要公式の
> $\log_a \dfrac{M}{N} = \log_a M - \log_a N$
> を活用しました!!

> $\log_3 81 = \log_3 3^4$
> $ = 4\log_3 3$
> $ = 4 \times 1$
> $ = 4$

─ 2次関数です!!

─ 平方完成しました!!

─ x を右辺に払う!!

よって,
$$\log_3 3 \leq \log_3 x \leq \log_3 27$$
∴ $1 \leq t \leq 3$

底が3で1より大きいから，不等号の向きはそのまま!!

$$\boxed{3} \leq x \leq \boxed{27}$$
$$\log_3 \boxed{3} \leq \log_3 x \leq \log_3 \boxed{27}$$
大小関係はそのまま!!

この範囲でグラフをかくと

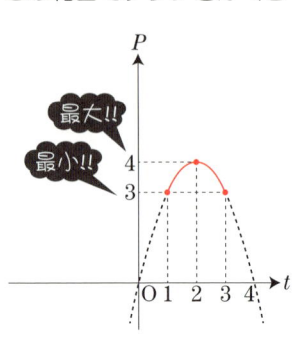

$\log_3 27 = \log_3 3^3$
$= 3\log_3 3$
$= 3 \times 1$
$= 3$

最大!!
最小!!

$t=1$ のとき
$P = -1^2 + 4 \times 1$
$= -1 + 4$
$= 3$
$t=3$ のとき
$P = -3^2 + 4 \times 3$
$= -9 + 12$
$= 3$

グラフより

$t=2$ のとき, 最大値 **4**

このとき，
$\log_3 x = 2$ より, $x = 3^2 = $ **9**
③' より, $y = \dfrac{81}{x} = \dfrac{81}{9} = $ **9**

y を忘れるな!!

プロフィール
豚山中納言（ブタヤマチュウナゴン）（16才）
花も恥じらう女子高生。
2m40cmの長身もさることながら
怪力の持ち主！あらゆる拳法を体得！
無敵である。

$t=1, 3$ のとき最小値 3

$\begin{cases} t=1 \text{ のとき} \\ \quad \log_3 x = 1 \text{ より, } x = 3^1 = 3 \\ \quad ③' \text{ より, } y = \dfrac{81}{x} = \dfrac{81}{3} = 27 \\ t=3 \text{ のとき} \\ \quad \log_3 x = 3 \text{ より, } x = 3^3 = 27 \\ \quad ③' \text{ より, } y = \dfrac{81}{x} = \dfrac{81}{27} = 3 \end{cases}$

> 流れとしては…
> $\boxed{\log_3 x = t}$ より $x = 3^t$
> であるから，t の値より x を求め，
> $y = \dfrac{81}{x}$ …③'
> より y を求める!!

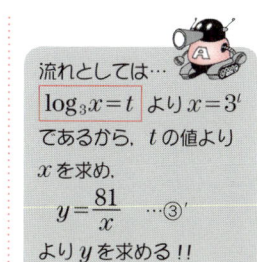

以上，まとめて

$(x, y) = (9, 9)$ のとき，最大値 4
$(x, y) = (3, 27), (27, 3)$ のとき，最小値 3 …(答)

真数が 2 次関数となるタイプもあります。

問題 11-4 【標準】

次の各問いに答えよ。

(1) $y = \log_3(x^2 - 2x + 10)$ の最小値と，そのときの x の値を求めよ。

(2) $y = \log_{\frac{1}{2}}(x^2 - 4x + 8)$ の最大値と，そのときの x の値を求めよ。

(3) $y = \log_2(x+5) + \log_2(3-x)$ の最大値と，そのときの x の値を求めよ。

ナイスな導入!!

> (1)と(2)を見なさい!! 真数がモロに2次関数ではないか!! あとは，底が1より大きいのか？ 0と1の間なのか？ がポイントです！

ん…!?

解答でござる

(1) $y = \log_3(x^2 - 2x + 10)$

$t = x^2 - 2x + 10$ とおく。

$t = (x-1)^2 + 9$

よって，頂点は $(1, 9)$

つまり，$t \geqq 9$ …①

①より

$\log_3 t \geqq \log_3 9$

$y = \log_3 t$ であるから

$y \geqq 2$ …②

②から，y の最小値は 2 ということになる。

以上，まとめて

$\underline{x = 1 \text{ のとき，最小値 } 2}$ …(答)

真数に注目!!

平方完成しました!!

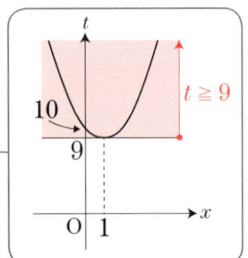

$t \geqq 9$

底が 3 で 1 より大きいから，不等号の向きはそのまんま!!
$t \geqq 9$ より
　$\log_3 t \geqq \log_3 9$

$\log_3 9 = \log_3 3^2$
　　　$= 2\log_3 3$
　　　$= 2 \times 1$
　　　$= 2$

2次関数の頂点に注目!!
$t = 9$ のとき $x = 1$ でしたよ!!

(2) $y = \log_{\frac{1}{2}}(x^2 - 4x + 8)$

$t = x^2 - 4x + 8$ とおく。

$t = (x-2)^2 + 4$

よって，頂点は $(2, 4)$

つまり，$t \geqq 4$ …①

底に注目!! 嫌な予感

真数に注目!!

平方完成です!!

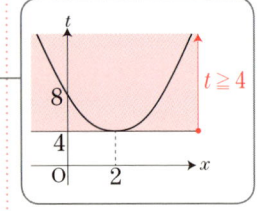

$t \geqq 4$

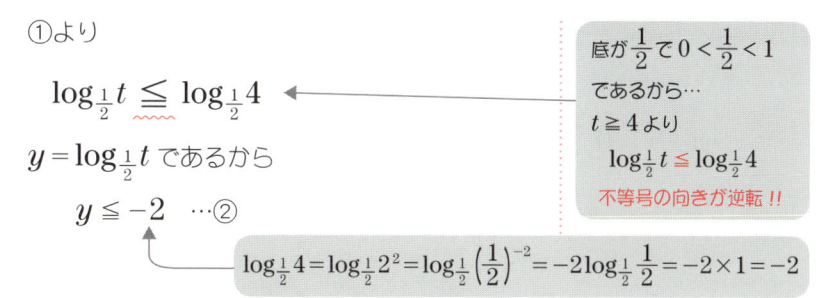

①より

$$\log_{\frac{1}{2}} t \leqq \log_{\frac{1}{2}} 4$$

> 底が $\frac{1}{2}$ で $0 < \frac{1}{2} < 1$
> であるから…
> $t \geqq 4$ より
> $\log_{\frac{1}{2}} t \leqq \log_{\frac{1}{2}} 4$
> **不等号の向きが逆転!!**

$y = \log_{\frac{1}{2}} t$ であるから

$$y \leqq -2 \quad \cdots ②$$

> $\log_{\frac{1}{2}} 4 = \log_{\frac{1}{2}} 2^2 = \log_{\frac{1}{2}} \left(\frac{1}{2}\right)^{-2} = -2\log_{\frac{1}{2}} \frac{1}{2} = -2 \times 1 = -2$

②から y の最大値は -2 ということになる。

以上,まとめて

> 2次関数の頂点に注目!!
> $t = 4$ のとき $x = 2$ です!!

$$\underline{x = 2 \text{ のとき,最大値 } -2} \quad \cdots \text{(答)}$$

(ちょっと言わせて)

真数条件は?? と疑問をもったアナタ!!

確かに,真数条件は大切です。しかしながら…

(1)では,$x^2 - 2x + 10 = (x-1)^2 + 9 > 0$ より,

真数条件をみたしていることは明らか!

(2)では,$x^2 - 4x + 8 = (x-2)^2 + 4 > 0$ より,

真数条件をみたしていることは明らか!

いずれも答案で平方完成のくだりがあるので,真数条件についてはあらためてコメントしませんでした。

しかし!! (3)は,そうはいきませんよ!!

(3) $y = \log_2(x+5) + \log_2(3-x)$ …(∗)

(∗)で真数条件から

$x + 5 > 0$ より $x > -5$ …㋐

$3 - x > 0$ より $3 > x$ …㋑

㋐㋑より

$-5 < x < 3$ …①

(∗)から

$y = \log_2(x+5)(3-x)$

$y = \log_2(-x^2 - 2x + 15)$

$t = -x^2 - 2x + 15$ とおく。

$t = -(x+1)^2 + 16$

よって，頂点は $(-1, 16)$

①の範囲に注意して t の範囲は

$0 < t \leq 16$ …②

②より

$\log_2 t \leq \log_2 16$

$y = \log_2 t$ であるから

$y \leq 4$ …③

③から，y の最大値は 4 ということになる。

以上，まとめて

$x = -1$ のとき，最大値 4 …(答)

2次関数の頂点に注目!! $t = 16$ のとき $x = -1$

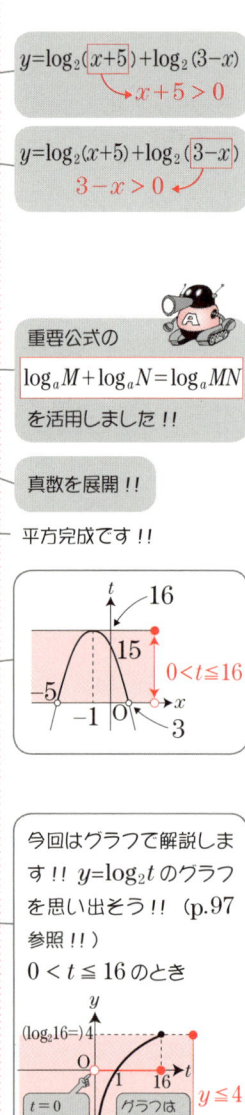

$y = \log_2(\boxed{x+5}) + \log_2(3-x)$
↳ $x + 5 > 0$

$y = \log_2(x+5) + \log_2(\boxed{3-x})$
↳ $3 - x > 0$

重要公式の
$\boxed{\log_a M + \log_a N = \log_a MN}$
を活用しました!!

真数を展開!!

平方完成です!!

$0 < t \leq 16$

今回はグラフで解説します!! $y = \log_2 t$ のグラフを思い出そう!! (p.97 参照!!)
$0 < t \leq 16$ のとき
$(\log_2 16 =) 4$
$y \leq 4$

$t = 0$ のとき y は $-\infty$ ですよ!!

グラフは無限に下に伸びます!!

Theme 12 よくありがちな文章題

まず，前座となる次の問題を考えておくれ!!

問題 12-1　　　　　　　　　　　　　　　　　　　　　　　　標準

n が自然数であるとき，次の不等式をみたす n の値を求めよ。ただし，$\log_{10}2 = 0.3010$, $\log_{10}3 = 0.4771$ とする。

$$200000 < 3^n < 5000000$$

ナイスな導入!!

n は自然数（$n = 1, 2, 3, 4, 5, \cdots$）であるから，$3^1 = 3$, $3^2 = 9$, $3^3 = 27$, $3^4 = 81$, $3^5 = 243$, …のように，地道に調べていってもよいのだが…いうまでもなく，メンドウである。

問題文を見ると，$\log_{10}2$ や $\log_{10}3$ の値が，「使ってください!!」とばかりに登場しています。

そこで!!　$\log_{10}3^n$ などと常用対数（底が 10 の対数）をとってみると

$$\log_{10}3^n = n\log_{10}3$$

重要公式　$\log_a M^r = r\log_a M$　を活用しました!!

のように，n を前に出すことができ，200000 のような大きな数字も…

$$\log_{10}200000$$
$$= \log_{10}2 + \log_{10}100000$$
$$= \log_{10}2 + \log_{10}10^5$$
$$= \log_{10}2 + 5$$

重要公式　$\log_a MN = \log_a M + \log_a N$　を活用しました!!

$\log_{10}10^5 = 5\log_{10}10 = 5 \times 1 = 5$

のようにエラく簡単になります。

さらに，$\log_{10}2$ や $\log_{10}3$ といった対数が，ワザとらしく次々と顔を出します。どうです?? イケそうじゃありませんか??

解答でござる

$200000 < 3^n < 5000000$ …①

①のすべての辺に対して常用対数をとると

$\log_{10} 200000 < \log_{10} 3^n < \log_{10} 5000000$ …②

> ここが解法のポイント!!
> **重要公式**
> $\log_a M^r = r\log_a M$
> を活用しました!!

②で

$\log_{10} 3^n = n\log_{10} 3$ …③

> **重要公式**
> $\log_a MN = \log_a M + \log_a N$
> を活用しました!!

$\log_{10} 200000 = \log_{10} 2 + \log_{10} 100000$
$= \log_{10} 2 + \log_{10} 10^5$
$= \log_{10} 2 + 5$ …④

$\log_{10} 10^5 = 5\log_{10} 10 = 5 \times 1 = 5$

$\log_{10} 5000000 = \log_{10} 5 + \log_{10} 1000000$

> **重要公式**
> $\log_a MN = \log_a M + \log_a N$
> を活用しました!!

$= \log_{10} \dfrac{10}{2} + \log_{10} 10^6$

$= \log_{10} 10 - \log_{10} 2 + 6$

$= 1 - \log_{10} 2 + 6$

$= 7 - \log_{10} 2$ …⑤

> $\log_{10} 5$ の値は与えられていないので,強引に $\log_{10} 2$ を登場させるべく,$5 = \dfrac{10}{2}$ と変形させました!!

③,④,⑤を②に代入して

$\underbrace{\log_{10} 2 + 5}_{④} < \underbrace{n\log_{10} 3}_{③} < \underbrace{7 - \log_{10} 2}_{⑤}$

> **重要公式**
> $\log_a \dfrac{M}{N} = \log_a M - \log_a N$
> を活用しました!!

$\dfrac{\log_{10} 2 + 5}{\log_{10} 3} < n < \dfrac{7 - \log_{10} 2}{\log_{10} 3}$

> 全体を $\log_{10} 3$ で割った!!

$\dfrac{0.3010 + 5}{0.4771} < n < \dfrac{7 - 0.3010}{0.4771}$

$\dfrac{5.301}{0.4771} < n < \dfrac{6.699}{0.4771}$

$11.11\cdots < n < 14.04\cdots$

> $\log_{10} 2 = 0.3010$,$\log_{10} 3 = 0.4771$
> を代入!!
>
> $\dfrac{5.301}{0.4771} = 11.11\cdots$
> $\dfrac{6.699}{0.4771} = 14.04\cdots$
> これは地道に計算すべし!!

n は自然数より

$\underline{n = 12,\ 13,\ 14}$ …(答)

先ほどのような問題が文章題になると…

問題 12-2 標準

とあるアニメでのお話です。ネコのようなロボットが，ある子どもに，時間が1分経つと2倍に増えるまんじゅうを1個与えました。食べてしまえばよかったものの，この子どもは食べなかったので，どんどんまんじゅうが増えて，大変なことになってしまいました。このまんじゅうが1億個を超えるのは何分後でしょうか。ただし，$\log_{10} 2 = 0.3010$ とする。

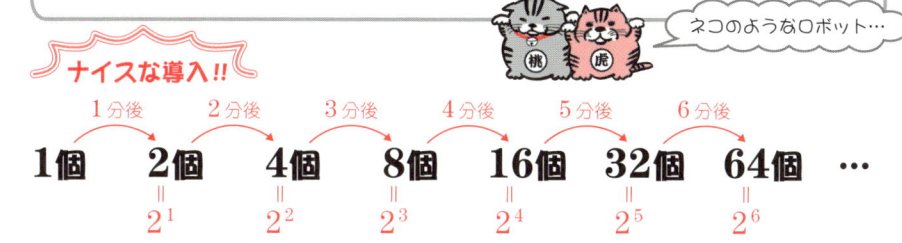

ネコのようなロボット…

ナイスな導入!!

1分後	2分後	3分後	4分後	5分後	6分後

1個 2個 4個 8個 16個 32個 64個 …
　　 ‖　‖　‖　‖　‖　‖
　　2^1 2^2 2^3 2^4 2^5 2^6

という具合に増えていきます。というわけで，n 分後のまんじゅうの個数は…

$$2^n \text{ 個}$$

となります。こうなってしまえば，先ほどの問題みたいに…

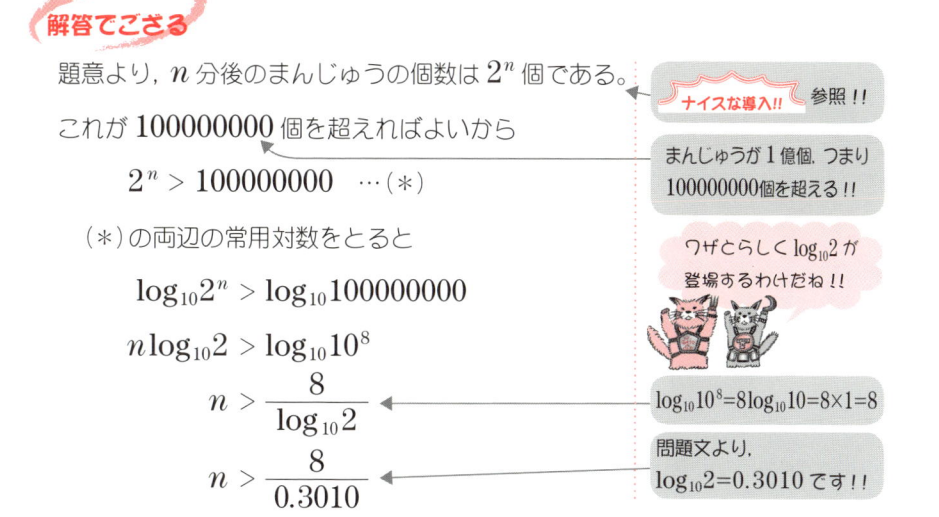

解答でござる

題意より，n 分後のまんじゅうの個数は 2^n 個である。

これが 100000000 個を超えればよいから

$$2^n > 100000000 \quad \cdots (*)$$

$(*)$ の両辺の常用対数をとると

$$\log_{10} 2^n > \log_{10} 100000000$$

$$n \log_{10} 2 > \log_{10} 10^8$$

$$n > \frac{8}{\log_{10} 2}$$

$$n > \frac{8}{0.3010}$$

ナイスな導入!! 参照!!

まんじゅうが1億個，つまり 100000000 個を超える!!

ワザとらしく $\log_{10} 2$ が登場するわけだね!!

$\log_{10} 10^8 = 8\log_{10} 10 = 8 \times 1 = 8$

問題文より，$\log_{10} 2 = 0.3010$ です!!

$n > 26.5\cdots$

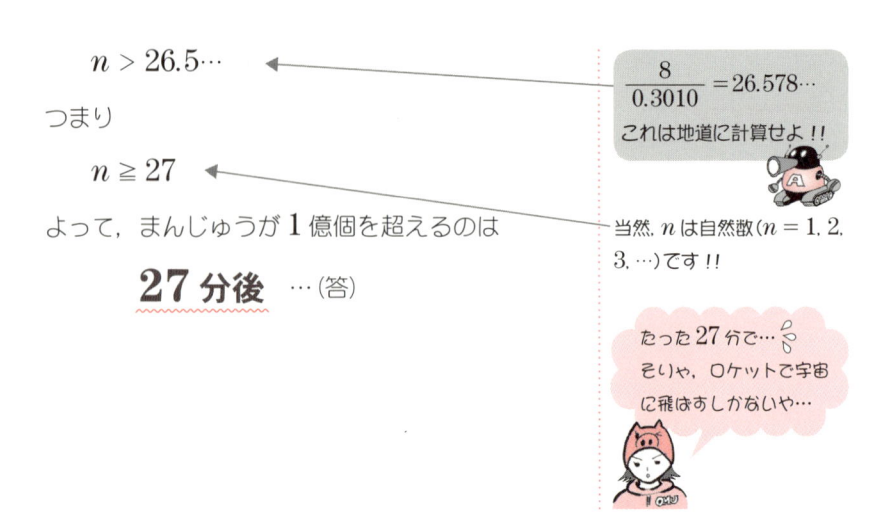

つまり

$n \geq 27$

よって，まんじゅうが 1 億個を超えるのは

27 分後 …(答)

$\dfrac{8}{0.3010} = 26.578\cdots$

これは地道に計算せよ!!

当然，n は自然数（$n = 1, 2, 3, \cdots$）です!!

たった 27 分で… そりゃ，ロケットで宇宙に飛ばすしかないや…

では，もう一発!!

問題 12-3 　　　　　　　　　　　　　　　　　　　　標準

桃太郎銀行の年利（複利）は 8% の固定利率で，虎次郎銀行の年利（複利）は 5% の固定利率である。$\log_{10}2=0.3010$, $\log_{10}3=0.4771$, $\log_{10}7=0.8451$ として，次の各問いに答えよ。

(1) 桃太郎銀行に 10 万円預金したとする。預金額が 20 万円を超えるのは，何年後であるか。

(2) 桃太郎銀行に 10 万円，虎次郎銀行に 20 万円預金したとする。預金額が逆転するのは何年後であるか。

オイラの銀行は気前がいいぞ!!

破たんするぞ…

ナイスな導入!!

年利（複利）とは，1 年ごとに元金（預金した金額）に利息の分が加算される方式のことです。

つまり!!

桃太郎銀行の場合… 8% = 0.08 であるから…

1年ごとに $1 + 0.08 =$ **1.08倍** になるということです。

もとの分です!!　利息分です!!　1を足さなきゃダメだぞ!!

よって!!

2年後は 1.08^2 倍，3年後は 1.08^3 倍，…となっていくから…

n 年後は， **1.08^n** 倍になるということです。

続きは解答にて

解答でござる

(1) 条件より，桃太郎銀行に 10 万円預金したとき，n 年後の預金額は

$$10 \times 1.08^n \text{ (万円)}$$

ナイスな導入!! 参照!!

となる。

よって，預金額が 20 万円を超える条件式は

$$10 \times 1.08^n > 20$$

単位は万円です!!

$$1.08^n > 2$$

両辺を 10 で割りました

$$\left(\frac{108}{100}\right)^n > 2$$

左辺を分数に!!

両辺の常用対数をとると

常用対数をとる…いつもの流れだね!!

$$\log_{10}\left(\frac{108}{100}\right)^n > \log_{10} 2$$

$$n \log_{10} \frac{108}{100} > \log_{10} 2$$

分母が $100 = 10^2$ であるから，これを生かすためにあえて約分しません!!

$$n(\log_{10} 108 - \log_{10} 100) > \log_{10} 2$$

$$n(\log_{10} 2^2 \cdot 3^3 - \log_{10} 10^2) > \log_{10} 2$$

$108 = 2^2 \times 3^3$ です!!

$$n(\log_{10} 2^2 + \log_{10} 3^3 - 2) > \log_{10} 2$$
$$n(2\log_{10} 2 + 3\log_{10} 3 - 2) > \log_{10} 2$$
$$n(2 \times 0.3010 + 3 \times 0.4771 - 2) > 0.3010$$
$$n \times 0.0333 > 0.3010$$
$$n > \frac{0.3010}{0.0333}$$
$$n > 9.039\cdots$$

つまり
$$n \geqq 10$$

よって，預金額が 20 万円を超えるのは

10年後 …(答)

> おっ!!
> $\log_{10} 2$ と $\log_{10} 3$ が
> ワザとらしく登場する…

> $\log_{10} 2 = 0.3010$
> $\log_{10} 3 = 0.4771$
> を代入しました!!

> 左辺の（ ）内を計算した
> だけです!!

> $\dfrac{0.3010}{0.0333} = \dfrac{3010}{333} = 9.039\cdots$
> 地道に計算しましょう!!

> 当然，n は自然数（$n = 1, 2, 3, \cdots$）です!!

> 10年で預金額が2倍になる
> 桃太郎銀行はスゴイ!!　つ
> うかゼッタイつぶれるなぁ…

(2) (1)と同様に，桃太郎銀行に 10 万円預金したとき，n 年後の預金額は

$$10 \times 1.08^n \text{（万円）} \cdots ①$$

となる。

一方，虎次郎銀行に 20 万円預金したとき，n 年後の預金額は

$$20 \times 1.05^n \text{（万円）} \cdots ②$$

となる。

> (1)とまったく同じ話です!!

> 5% = 0.05 より，
> 1年ごとに預金額は
> $1 + 0.05 = 1.05$（倍）
> となる!!
> 2年後に 1.05^2 倍!!
> 3年後に 1.05^3 倍!!
> つまり n 年後に 1.05^n 倍!!

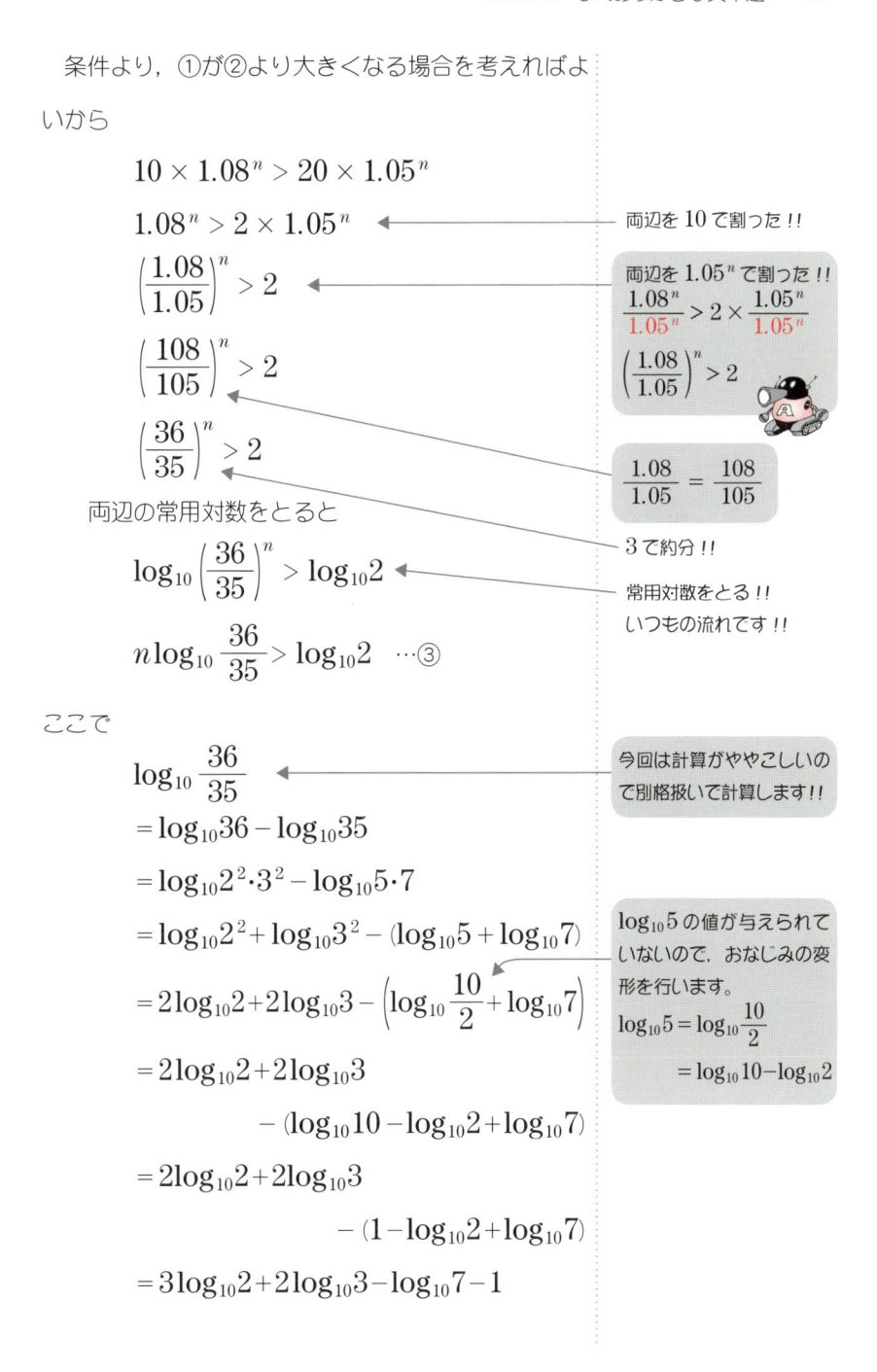

条件より，①が②より大きくなる場合を考えればよいから

$$10 \times 1.08^n > 20 \times 1.05^n$$

$$1.08^n > 2 \times 1.05^n$$ ← 両辺を10で割った!!

$$\left(\frac{1.08}{1.05}\right)^n > 2$$ ← 両辺を 1.05^n で割った!!
$\dfrac{1.08^n}{1.05^n} > 2 \times \dfrac{1.05^n}{1.05^n}$
$\left(\dfrac{1.08}{1.05}\right)^n > 2$

$$\left(\frac{108}{105}\right)^n > 2$$

$\dfrac{1.08}{1.05} = \dfrac{108}{105}$

$$\left(\frac{36}{35}\right)^n > 2$$

3で約分!!

両辺の常用対数をとると

$$\log_{10}\left(\frac{36}{35}\right)^n > \log_{10}2$$ ← 常用対数をとる!!
いつもの流れです!!

$$n\log_{10}\frac{36}{35} > \log_{10}2 \quad \cdots ③$$

ここで

$$\log_{10}\frac{36}{35}$$ ← 今回は計算がややこしいので別格扱いで計算します!!

$$= \log_{10}36 - \log_{10}35$$

$$= \log_{10}2^2 \cdot 3^2 - \log_{10}5 \cdot 7$$

$$= \log_{10}2^2 + \log_{10}3^2 - (\log_{10}5 + \log_{10}7)$$

$\log_{10}5$ の値が与えられていないので，おなじみの変形を行います。
$\log_{10}5 = \log_{10}\dfrac{10}{2}$
$\phantom{\log_{10}5} = \log_{10}10 - \log_{10}2$

$$= 2\log_{10}2 + 2\log_{10}3 - \left(\log_{10}\frac{10}{2} + \log_{10}7\right)$$

$$= 2\log_{10}2 + 2\log_{10}3$$
$$ - (\log_{10}10 - \log_{10}2 + \log_{10}7)$$

$$= 2\log_{10}2 + 2\log_{10}3$$
$$ - (1 - \log_{10}2 + \log_{10}7)$$

$$= 3\log_{10}2 + 2\log_{10}3 - \log_{10}7 - 1$$

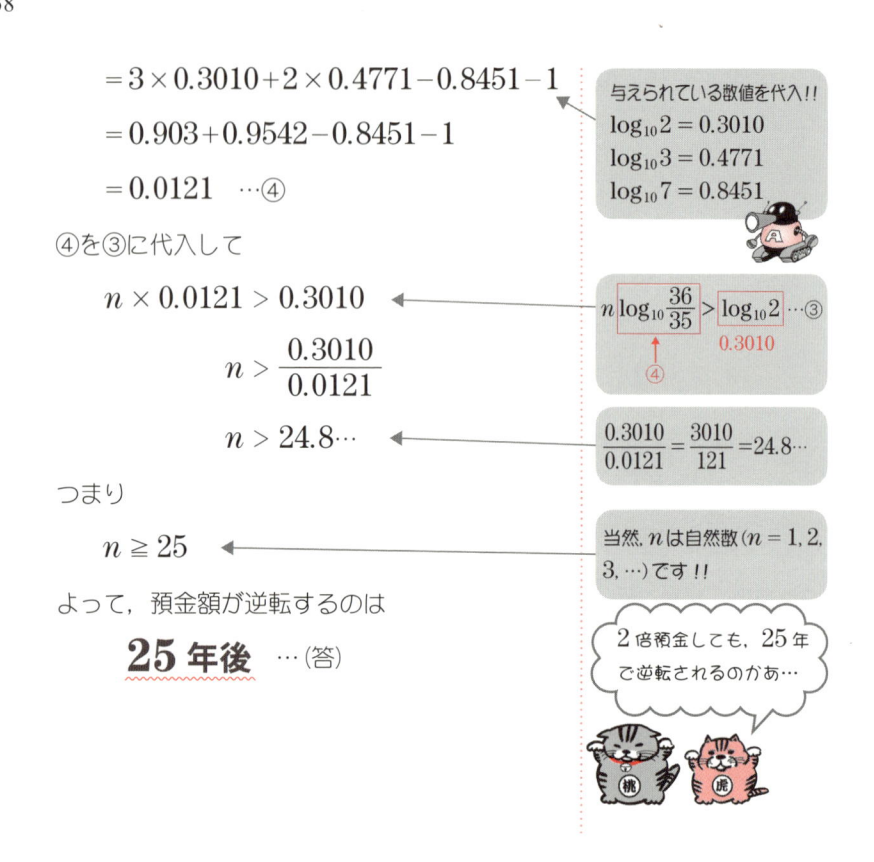

$$= 3 \times 0.3010 + 2 \times 0.4771 - 0.8451 - 1$$
$$= 0.903 + 0.9542 - 0.8451 - 1$$
$$= 0.0121 \quad \cdots ④$$

与えられている数値を代入!!
$\log_{10} 2 = 0.3010$
$\log_{10} 3 = 0.4771$
$\log_{10} 7 = 0.8451$

④を③に代入して

$$n \times 0.0121 > 0.3010$$
$$n > \frac{0.3010}{0.0121}$$
$$n > 24.8 \cdots$$

$n \log_{10} \frac{36}{35} > \log_{10} 2 \quad \cdots ③$
　　　　　　　　　　0.3010
　　↑
　　④

$\dfrac{0.3010}{0.0121} = \dfrac{3010}{121} = 24.8\cdots$

つまり

$$n \geq 25$$

当然，nは自然数（$n = 1, 2, 3, \cdots$）です!!

よって，預金額が逆転するのは

25 年後 …(答)

2倍預金しても，25年で逆転されるのかぁ…

キャラ的には，オレの方が桃太郎達よりも面白いぞ!!

Theme 13 桁数物語

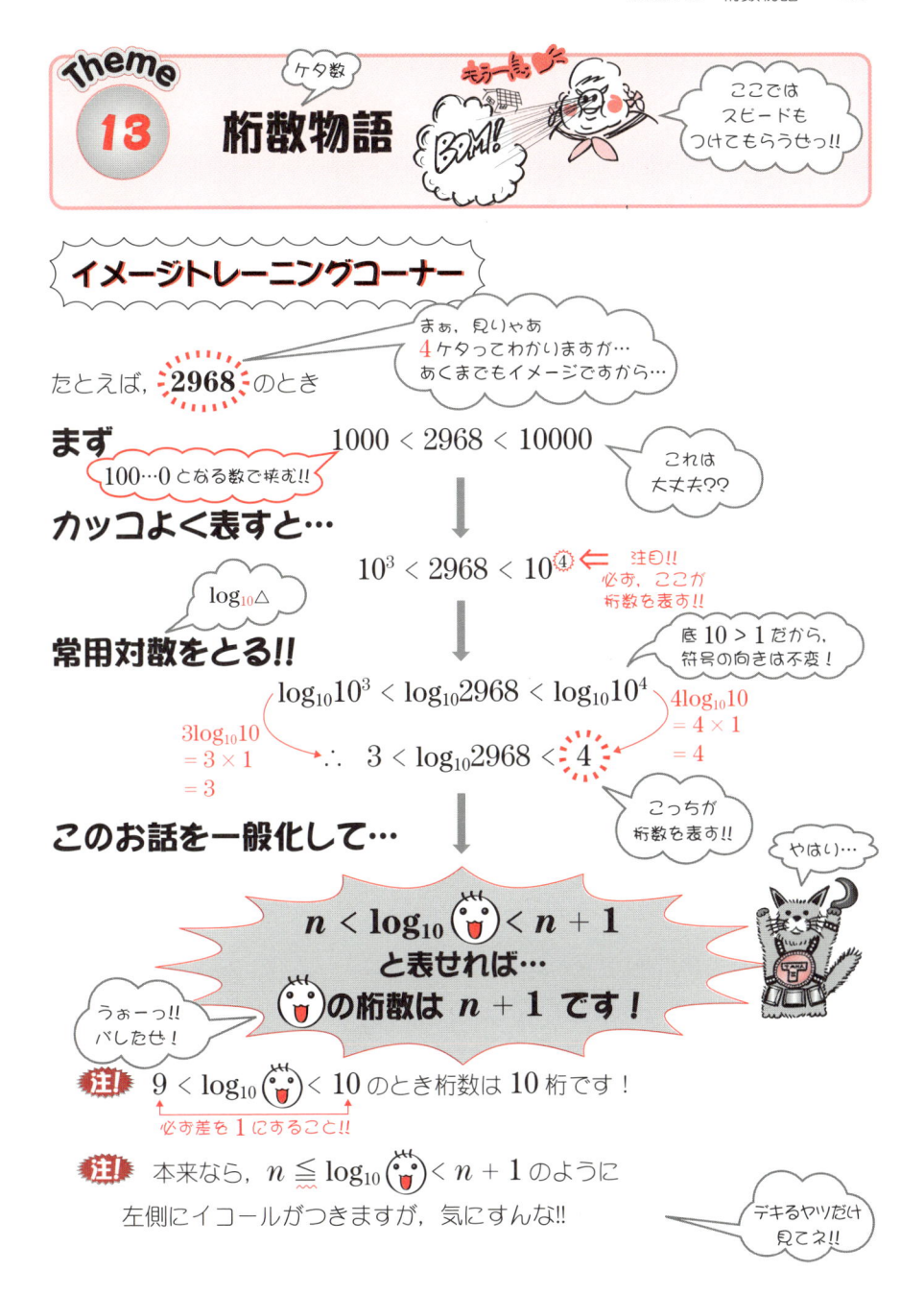

ここではスピードもつけてもらうぜっ!!

イメージトレーニングコーナー

たとえば，**2968** のとき（まぁ，見りゃあ 4 ケタってわかりますが… あくまでもイメージですから…）

まず （100…0 となる数で挟む!!）

$$1000 < 2968 < 10000$$

これは大丈夫??

カッコよく表すと…

$$10^3 < 2968 < 10^{\boxed{4}} \quad \text{注目!! 必ず，ここが桁数を表す!!}$$

$\log_{10} \triangle$

常用対数をとる!!

底 $10 > 1$ だから，符号の向きは不変!

$$\log_{10} 10^3 < \log_{10} 2968 < \log_{10} 10^4$$

$3\log_{10} 10 = 3 \times 1 = 3$ 　　　 $4\log_{10} 10 = 4 \times 1 = 4$

$$\therefore \quad 3 < \log_{10} 2968 < \boxed{4}$$

こっちが桁数を表す!!

このお話を一般化して…

$$n < \log_{10} \text{☺} < n+1$$

と表せれば… ☺ の桁数は $n+1$ です！

やはい…

うぉーっ!! バレしたせ！

注! 　$9 < \log_{10} \text{☺} < 10$ のとき桁数は 10 桁です！
必ず差を 1 にすること!!

注! 　本来なら，$n \leqq \log_{10} \text{☺} < n+1$ のように左側にイコールがつきますが，気にすんな!!

デキるヤツだけ見てネ!!

たとえば，10000 のとき
$$\log_{10}10^4 = 4\log_{10}10 = 4 \times 1 = 4$$
$$4 \leqq 4 < 5$$

イコールがないと挟めない!!

よって，10000 は **5桁**!!

ウッ！細かいことを…

こんなめったにない場合も考えると…
$$n \leqq \log_{10}☺ < n+1$$
とするのが本格派！

では，まいりましょう♥

問題 13-1 　標準

2^{100} は何桁の数か。ただし，$\log_{10}2 = 0.3010$ とする。

ナイスな導入!!

とにかく…　　$\log_{10}△$

桁数の問題は，常用対数をとれ!!

では，やってみましょう!! 前ページ参照です！

解答でござる

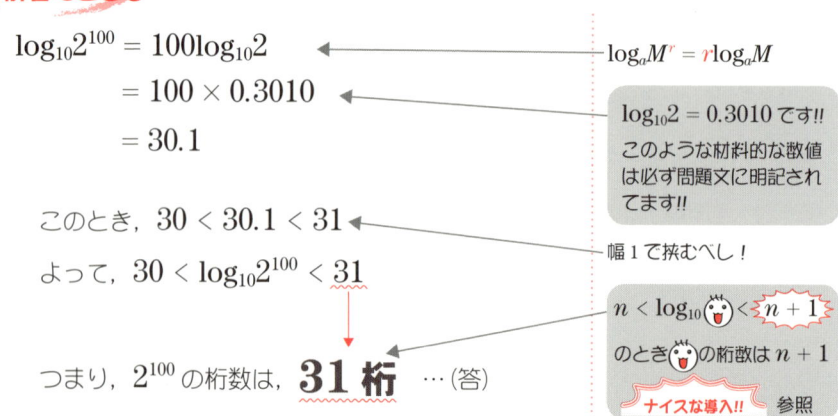

$\log_{10}2^{100} = 100\log_{10}2$
　　　　　　$= 100 \times 0.3010$
　　　　　　$= 30.1$

このとき，$30 < 30.1 < 31$

よって，$30 < \log_{10}2^{100} < 31$

つまり，2^{100} の桁数は，**31桁** …(答)

$\log_a M^r = r\log_a M$

$\log_{10}2 = 0.3010$ です!!
このような材料的な数値は必ず問題文に明記されてます!!

幅1で挟むべし！

$n < \log_{10}☺ < n+1$
のとき☺の桁数は $n+1$

ナイスな導入!! 参照

もう少し立ち入った問題にしてみましょう!!

問題 13-2 　　　　　　　　　　　　　　　　　　　　ちょいムズ

3^{100} について，以下の問いに答えよ。
ただし，$\log_{10}2 = 0.3010$，$\log_{10}3 = 0.4771$ とする。
(1) 3^{100} は何桁の数か。
(2) 3^{100} の最高位の数を求めよ。

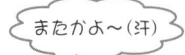

ナイスな導入!!

(1)は OK ですね!!　そうです!　あれです!!

$$n < \log_{10}(\text{○}) < n+1$$
のとき (○) の桁数は $n+1$!

では，いきます!!

$\log_{10}3^{100} = 100\log_{10}3$ 　　　$\log_a M^r = r\log_a M$

とにかく常用対数をとるべし!
　　　　　　　$= 100 \times 0.4771 = 47.71$

このとき，$47 < 47.71 < 48$ 　　幅1ではさむ!!

よって，$47 < \log_{10}3^{100} < 48$

つまり，3^{100} の桁数は **48 桁!!** 　一丁あがり!!

しかーし!!

真の敵は(2)です!!
　　　　　　4桁　　　　　　　　　　　　　　4より1つ少ない3に!
たとえば，$\overline{3600} = \overline{3.6} \times 1000 = 3.6 \times 10^3$
　　　　　　5桁　　　　　　　　　　　　　　　5より1つ少ない4に!
　　　　　$\overline{29800} = \overline{2.98} \times 10000 = 2.98 \times 10^4$

必ず先頭の数 A は $1 \leq A < 10$ に!

などと表現できるのは大丈夫?

化学なんかでは，よくこのような数値表現を活用します！

で， ここで約束を1つ

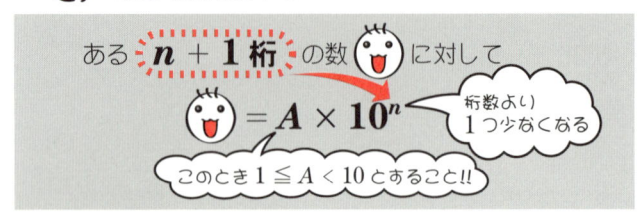

ある $n+1$ 桁 の数 に対して
$$= A \times 10^n$$
桁数より1つ少なくなる

このとき $1 \leq A < 10$ とすること!!

そうきたか…

これを活用します!!

(1)より，3^{100} は 48 桁の数であるとわかった！

とゆーことは…

$$3^{100} = A \times 10^{47}$$

48桁より
48より1つ少ない47

（ただし，$1 \leq A < 10$）と表せる！

ここで，両辺で，**常用対数** をとります！

$$\log_{10} 3^{100} = \log_{10}(A \times 10^{47})$$

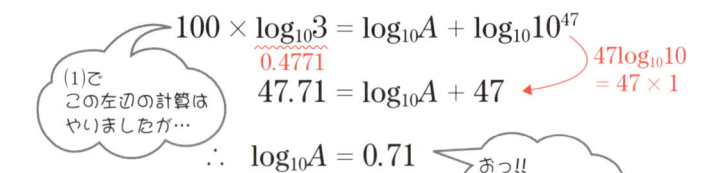

$$100 \times \log_{10} 3 = \log_{10} A + \log_{10} 10^{47}$$
$\phantom{100 \times \log_{10} 3}$ 0.4771

(1)でこの左辺の計算はやりましたが…

$$47.71 = \log_{10} A + 47$$

$47 \log_{10} 10 = 47 \times 1$

$$\therefore \log_{10} A = 0.71$$

あっ!! こっ，これは…？

そこで!!

こっそり**計算用紙**で…

$$\log_{10} 2 = 0.3010$$
$$\log_{10} 3 = 0.4771$$

こいつらを材料として $\log_{10}4$, $\log_{10}5$, $\log_{10}6$, $\log_{10}7$, … と順に求めていく！

地道だ…

$$\begin{cases} \log_{10}4 = \log_{10}2^2 = 2\log_{10}2 = 2 \times 0.3010 = 0.6020 \\ \log_{10}5 = \log_{10}\dfrac{10}{2} = \log_{10}10 - \log_{10}2 = 1 - 0.3010 = 0.6990 \\ \log_{10}6 = \log_{10}(2 \times 3) = \log_{10}2 + \log_{10}3 = 0.3010 + 0.4771 = 0.7781 \end{cases}$$

（この枝は p.68 の 問題 6-2 (4)でやったよ！）

（$\log_a a = 1$ です！）

これで OK!

$\log_{10}A = 0.71$ でしょ!!

上で, $\log_{10}5 = 0.6990$, $\log_{10}6 = 0.7781$ です！

（うまく挟まった!!）

なるほど～～～～

$0.6990 < 0.71 < 0.7781$ より

$\log_{10}5 < \log_{10}A < \log_{10}6$

∴ $5 < A < 6$

（底 $10 > 1$ だから, 符号の向きは不変！）

つまーり!! $A = 5.\cdots$ ってな数ですネ♥

$3^{100} = A \times 10^{47}$ と表していました。

よってイメージは

$3^{100} = (5.\cdots) \times 10^{47} = 5\cdots\cdots\cdots\cdots\cdots\cdots\cdots\cdots$

（最高位!!）

48 桁!

よって, 3^{100} の最高位の数は 5 です！

ちょっと計算用紙で苦労しますが…

解答用紙には必要な 肝心な部分 だけ書けば OK です！

解答でござる

(1) $\log_{10} 3^{100} = 100 \log_{10} 3$
$\phantom{\log_{10} 3^{100}} = 100 \times 0.4771$
$\phantom{\log_{10} 3^{100}} = 47.71$

このとき，$47 < 47.71 < 48$

よって，$47 < \log_{10} 3^{100} < 48$

つまり，3^{100} の桁数は，**48 桁** …(答)

(2) (1)より

$$3^{100} = A \times 10^{47} \quad \cdots ① \quad \text{と表せる。}$$
$$(\text{このとき，} 1 \leqq A < 10)$$

①の両辺で常用対数をとると

$$\log_{10} 3^{100} = \log_{10}(A \times 10^{47})$$
$$47.71 = \log_{10} A + 47$$
$$\therefore \ \log_{10} A = 0.71 \quad \cdots ②$$

このとき，$\log_{10} 5$
$ = \log_{10} \dfrac{10}{2}$
$ = \log_{10} 10 - \log_{10} 2$
$ = 1 - 0.3010$
$ = 0.6990 \quad \cdots ③$

$\log_{10} 6$
$\phantom{\log_{10} 6} = \log_{10}(2 \times 3)$
$\phantom{\log_{10} 6} = \log_{10} 2 + \log_{10} 3$
$\phantom{\log_{10} 6} = 0.3010 + 0.4771$
$\phantom{\log_{10} 6} = 0.7781 \quad \cdots ④$

桁数の問題では
とにかく常用対数を
とるべし!!

$\log_{10} 3 = 0.4771$ です！

$n < \text{(◎)} < n+1$ の形へ

このとき (◎) の桁数は $n+1$

p.141 ナイスな導入!! 参照！
3^{100} は 48 桁より
1つ少なくなる！
$3^{100} = A \times 10^{47}$

$\log_{10}(A \times 10^{47})$
$= \log_{10} A + \log_{10} 10^{47}$
$= \log_{10} A + 47 \times \log_{10} 10$
$= \log_{10} A + 47$

ナイスな導入!! 参照
$\log_{10} 4$ などを
求めてみたうえで，
この $\log_{10} 5$ と $\log_{10} 6$
の2つが答案作りに
有効であると判明！

Theme 13 桁数物語　145

②③④より

$$0.6990 < 0.71 < 0.7781 \text{ から}$$

$$\log_{10}5 < \log_{10}A < \log_{10}6$$

底 $10 > 1$ より

$$5 < A < 6$$

よって，3^{100} の最高位の数は **5**　…(答)

> 夢のサンドイッチ！

> $A = \boxed{5}\ldots$ってな数
> よって頭に $\boxed{5}$ がくる!!

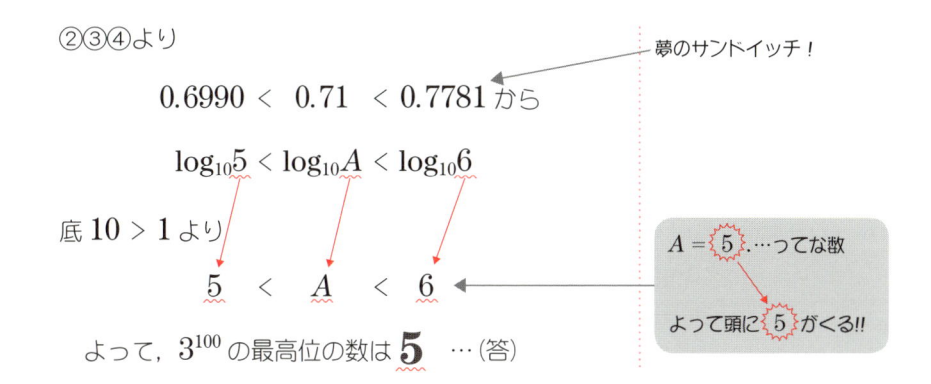

よーし!!　イッパイやろうぜ！

問題 13-3　　　ちょいムズ

次の数の**桁数**と**最高位**の数を求めよ。

ただし，$\log_{10}2 = 0.3010,\ \log_{10}3 = 0.4771,\ \log_{10}7 = 0.8451$ とする。

(1)　7^{20}

(2)　6^{50}

いきなりいきます！　　えーっ!!

解答でござる

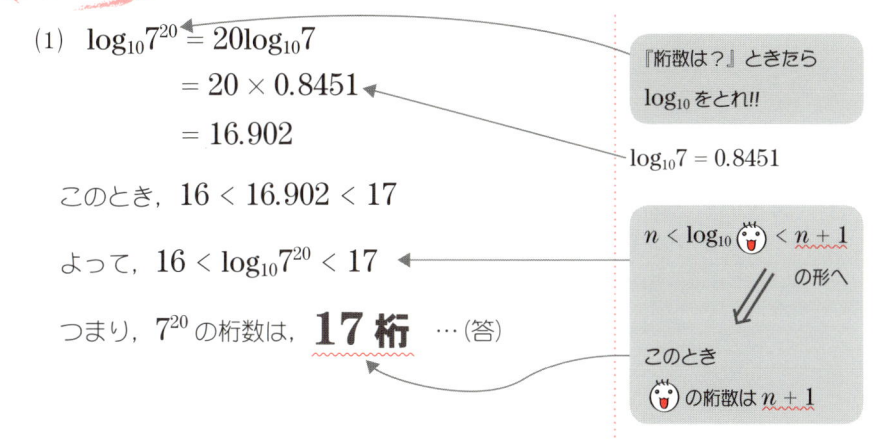

(1)　$\log_{10}7^{20} = 20\log_{10}7$
$\phantom{\log_{10}7^{20}} = 20 \times 0.8451$
$\phantom{\log_{10}7^{20}} = 16.902$

このとき，$16 < 16.902 < 17$

よって，$16 < \log_{10}7^{20} < 17$

つまり，7^{20} の桁数は，**17桁**　…(答)

> 『桁数は？』ときたら $\log_{10}$ をとれ!!

> $\log_{10}7 = 0.8451$

> $n < \log_{10}\text{😮} < n+1$
> の形へ
> このとき
> 😮 の桁数は $n+1$

7^{20} は，17 桁の数より

$$7^{20} = A \times 10^{16} \quad \cdots ①$$

（ただし $1 \leqq A < 10$）と表せる。

> 7^{20} は 17 桁より
> $7^{20} = A \times 10^{16}$ ← 17 − 1

①の両辺で常用対数をとると

$$\log_{10} 7^{20} = \log_{10}(A \times 10^{16})$$

（すでに求めてます！）

$$16.902 = \log_{10} A + 16$$

$$\therefore \log_{10} A = 0.902 \quad \cdots ②$$

> $\log_{10} \triangle$ のことです！
>
> $\log_{10}(A \times 10^{16})$
> $= \log_{10} A + \log_{10} 10^{16}$
> $= \log_{10} A + 16 \log_{10} 10$
> $= \log_{10} A + 16 \quad \underset{1}{}$

このとき，　$\log_{10} 7 = 0.8451 \quad \cdots ③$

$\log_{10} 8 = \log_{10} 2^3$

$\phantom{\log_{10} 8} = 3\log_{10} 2$

$\phantom{\log_{10} 8} = 3 \times 0.3010$

$\phantom{\log_{10} 8} = 0.9030 \quad \cdots ④$

> ②の 0.902 をうまく挟むものをこっそり計算用紙で調べてみる!!
> で，この 2 つが有効と判明！
> 例えば，
> $\log_{10} 4 = \log_{10} 2^2$
> $\phantom{\log_{10} 4} = 2\log_{10} 2$
> $\phantom{\log_{10} 4} = 2 \times 0.3010$
> $\phantom{\log_{10} 4} = 0.6020$
> などを計算用紙で！

②③④より

$$0.8451 < 0.902 < 0.9030 \text{ から}$$

$$\log_{10} 7 < \log_{10} A < \log_{10} 8$$

底 $10 > 1$ より

$$7 < A < 8$$

> 夢のサンドイッチ
>
> $A = 7.\cdots$ってな数
>
> よって頭に 7 がくる！

よって，7^{20} の最高位の数は，**7** $\cdots$（答）

---

(2)　$\log_{10} 6^{50} = 50 \log_{10} 6$

$\phantom{\log_{10} 6^{50}} = 50 \log_{10}(2 \times 3)$

$\phantom{\log_{10} 6^{50}} = 50 \times (\log_{10} 2 + \log_{10} 3)$

$\phantom{\log_{10} 6^{50}} = 50 \times (0.3010 + 0.4771)$

$\phantom{\log_{10} 6^{50}} = 38.905$

> 『桁数は？』といえば $\log_{10}$ です！
>
> $\log_a MN$
> $ = \log_a M + \log_a N$
>
> $\log_{10} 2 = 0.3010$
> $\log_{10} 3 = 0.4771$

Theme 13 桁数物語　147

このとき，$38 < 38.905 < 39$

よって，$38 < \log_{10}6^{50} < 39$

つまり，6^{50} の桁数は，**39 桁** …(答)

> $n < \log_{10}$😲$< n + 1$
> の形へ
> このとき
> 😲の桁数は $n + 1$!

6^{50} は，39 桁の数より
$$6^{50} = A \times 10^{38} \quad \cdots ①$$
（ただし　$1 \leqq A < 10$）と表せる。

> 6^{50} は 39 桁より
> $6^{50} = A \times 10^{38}$　39 − 1

①の両辺で常用対数をとると

$\log_{10}6^{50} = \log_{10}(A \times 10^{38})$
　さっき求めました！→ $38.905 = \log_{10}A + 38$
$\therefore \log_{10}A = 0.905 \quad \cdots ②$

> $\log_{10}\triangle$ のことです！
>
> $\log_{10}(A \times 10^{38})$
> $= \log_{10}A + \log_{10}10^{38}$
> $= \log_{10}A + 38\log_{10}10$
> $= \log_{10}A + 38$　1

このとき，　$\log_{10}8 = \log_{10}2^3$
$\qquad\qquad = 3\log_{10}2$
$\qquad\qquad = 3 \times 0.3010$
$\qquad\qquad = 0.9030 \quad \cdots ③$
$\qquad \log_{10}9 = \log_{10}3^2$
$\qquad\qquad = 2\log_{10}3$
$\qquad\qquad = 2 \times 0.4771$
$\qquad\qquad = 0.9542 \quad \cdots ④$

> ②の 0.905 をうまく挟むものをこっそり計算用紙でいろいろ試してみるべし!!
> で，この $\log_{10}8$ と $\log_{10}9$ の 2 つが有効なり！
>
> うまくいくもんだねぇ…

②③④より
$$0.9030 < 0.905 < 0.9542$$
から
$$\log_{10}8 < \log_{10}A < \log_{10}9$$

夢のサンドイッチ

底 $10 > 1$ より
$$8 < A < 9$$

よって，6^{50} の最高位の数は **8** …(答)

> $A = 8.\cdots$ ってな数
> よって頭に 8 がくる！

似たモノがあります！

問題 13-4 〔標準〕

$\left(\dfrac{1}{12}\right)^{100}$ を小数で表したとき，小数点以下にはじめて 0 でない数が現れるのは，小数第何位か？

ただし，$\log_{10}2 = 0.3010$，$\log_{10}3 = 0.4771$ とする。

ナイスな導入!! またもや **イメージトレーニング** から…

たとえば $\underline{0.0003}$ のとき

このとき （小数第 4 位に 0 以外の数が!!）

$$0.0001 < 0.0003 < 0.001$$

これは OK??

$$\dfrac{1}{10000} < 0.0003 < \dfrac{1}{1000}$$

$$\dfrac{1}{10^4} < 0.0003 < \dfrac{1}{10^3}$$

$$10^{-4} < 0.0003 < 10^{-3}$$

これが小数第 4 位の 4 に一致!!

$\log_{10}\triangle$

常用対数をとる！

底 $10 > 1$ だから，符号の向きは不変！

$-4\log_{10}10$
$= -4 \times 1$
$= -4$

$\log_{10}10^{-4} < \log_{10}0.0003 < \log_{10}10^{-3}$

$\therefore\ \boxed{-4} < \log_{10}0.0003 < -3$

$-3\log_{10}10$
$= -3 \times 1$
$= -3$

こっちが小数第 4 位!!

このお話を一般化して…

$-(n+1) < \log_{10}\bigcirc < -n$ と表せれば…

$\bigcirc$ は小数第 $(n+1)$ 位に 0 でない数が現れる！

> 先ほどの桁数のときと比較してみん！
> $n < \log_{10} \text{😀} < n+1 \longrightarrow \text{😀}$ は $(n+1)$ 桁！

でしたね!?

つまーり！

いずれにせよ，$n+1$ の方，つまり**絶対値の大きい方**が答！

では，Try あそばせ！

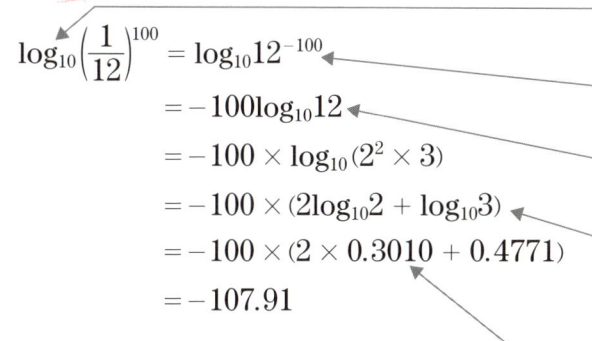

解答でござる

とにかく常用対数をとれ！

$$\log_{10}\left(\frac{1}{12}\right)^{100} = \log_{10} 12^{-100}$$
$$= -100 \log_{10} 12$$
$$= -100 \times \log_{10}(2^2 \times 3)$$
$$= -100 \times (2\log_{10} 2 + \log_{10} 3)$$
$$= -100 \times (2 \times 0.3010 + 0.4771)$$
$$= -107.91$$

$\dfrac{1}{A^n} = A^{-n}$

$\log_a M^r = r \log_a M$

$\log_{10}(2^2 \times 3)$
$= \log_{10} 2^2 + \log_{10} 3$
$= 2\log_{10} 2 + \log_{10} 3$

このとき，$-108 < -107.91 < -107$

よって，$-108 < \log_{10}\left(\dfrac{1}{12}\right)^{100} < -107$

つまり，$\left(\dfrac{1}{12}\right)^{100}$ を小数で表したとき

はじめて 0 でない数が現れるのは

小数第 108 位 …(答)

$\begin{cases} \log_{10} 2 = 0.3010 \\ \log_{10} 3 = 0.4771 \end{cases}$

$-(n+1) < \log_{10} \text{😀} < -n$ の形へ

このとき
😀 は，小数第 $(n+1)$ 位にはじめて 0 でない数が現れる！
とにかく，絶対値の大きい方が答!!

Theme 14 領域がらみの問題を攻略せよ!!

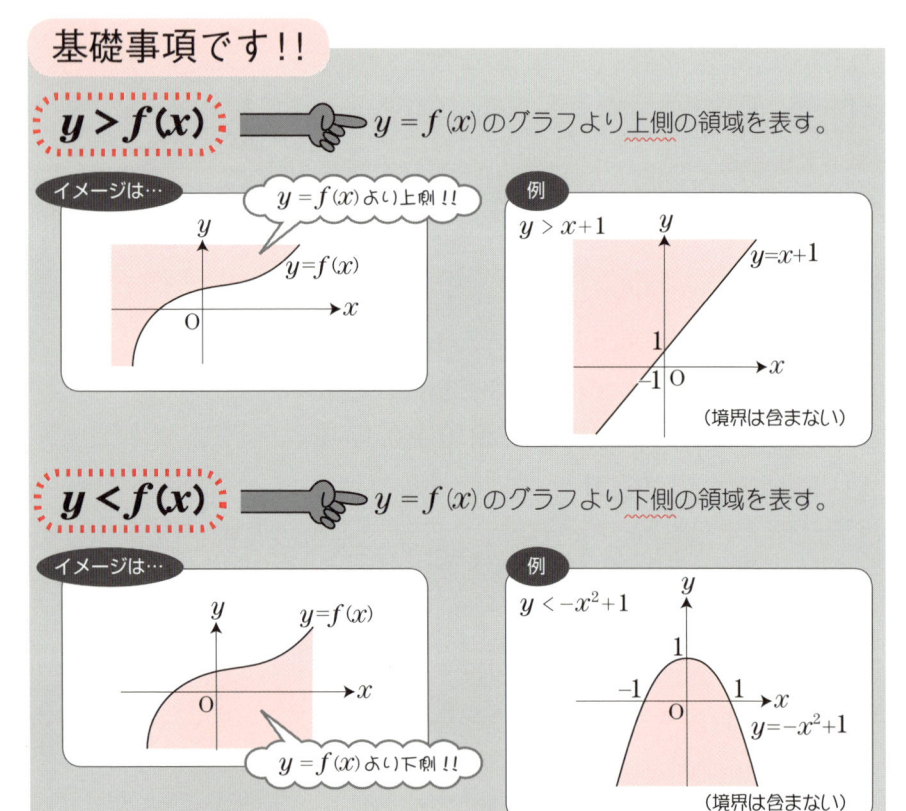

まず，領域を表すうえでの基礎事項をまとめておきます。

はーい

基礎事項です!!

$y > f(x)$ 👉 $y = f(x)$ のグラフより上側の領域を表す。

イメージは…
$y = f(x)$ より上側!!
$y = f(x)$

例
$y > x + 1$
$y = x + 1$
（境界は含まない）

$y < f(x)$ 👉 $y = f(x)$ のグラフより下側の領域を表す。

イメージは…
$y = f(x)$
$y = f(x)$ より下側!!

例
$y < -x^2 + 1$
$y = -x^2 + 1$
（境界は含まない）

注 $y \geq f(x)$ や $y \leq f(x)$ などと 等号 がつくと $y = f(x)$ のグラフ上，つまり 境界線 が領域に入ります!!

とりあえずポイントだけザッとまとめておきましたが，不明な点が多いアナタは『図形と方程式が面白いほどわかる本』を買って学習してください。

言わなきゃ

Theme 14 領域がらみの問題を攻略せよ!!

準備コーナー

例題

次の連立不等式の表す領域を図示せよ。

$$\begin{cases} y > -x+5 \\ y \leq 2x+2 \end{cases}$$

ナイスな導入!!

見てもおわかりのとおり，不等式に等号がついていたり，ついていなかったりしてます。つまり，同一の図の中に境界を含んだり，境界を含まなかったりする事態が巻き起こるわけです!!

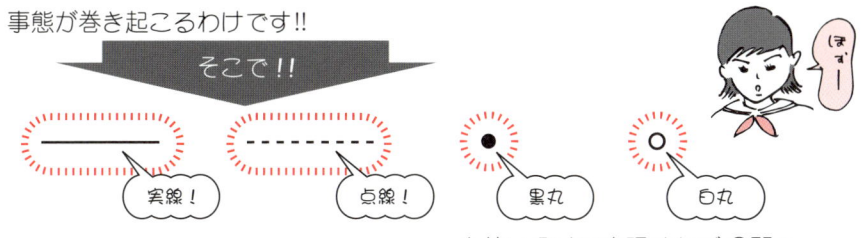

そこで!!

──── 実線！　　- - - - 点線！　　● 黒丸　　○ 白丸

を使い分けて表現すればOK!!

まぁ，とにかくやってみるべ！

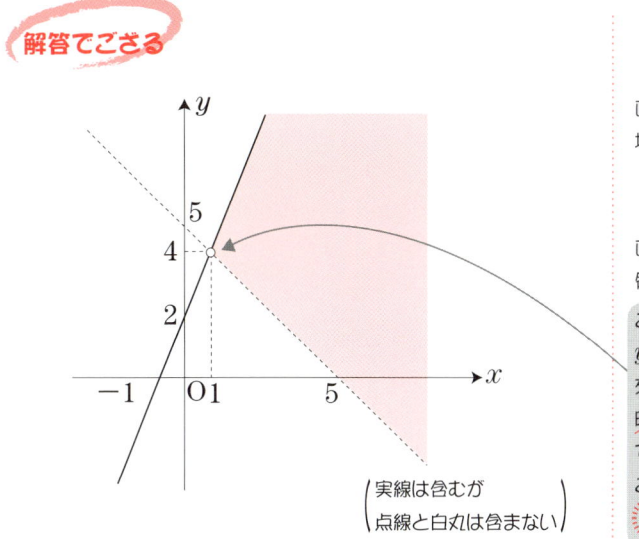

解答でござる

$y > -x+5$ …①

直線 $y = -x+5$ の上側の領域。ただし境界は含まない！

$y \leq 2x+2$ …②

直線 $y = 2x+2$ の下側の領域。ただし境界は含む！

このとき，2直線 $y=-x+5$ と $y=2x+2$ の交点 $(1, 4)$ は，①と②を同時にみたすわけではないので，領域に含まれない。これがしっかり伝わるように白丸にする！

(実線は含むが 点線と白丸は含まない)

では，本題に入りましょう。

問題 14-1 基礎

次の不等式が表す領域を図示せよ。

(1) $\log_2 y \geqq \log_2(x-3)$

(2) $\log_{\frac{1}{2}} y \leqq \log_{\frac{1}{2}}(4-x^2)$

ナイスな導入!!

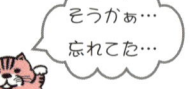

まず気をつけてほしいのは**真数条件**です!!

そうかぁ… 忘れてた…

(1)の場合…

$$\log_2 \underset{\text{真数}}{\boxed{y}} \geqq \log_2(\underset{\text{真数}}{\boxed{x-3}})$$

のように y と $x-3$ が真数として登場しているから…

真数条件として…

$$y > 0 \quad \cdots ①$$

かつ

$$x - 3 > 0 \quad \text{つまり} \quad x > 3 \quad \cdots ②$$

さらに…

$$\log_{\underset{\text{底}}{\boxed{2}}} y \geqq \log_{\underset{\text{底}}{\boxed{2}}}(x-3)$$

底が $2 > 1$ であることに注意して…
底が 1 より大きい!!

$$y \geqq x - 3 \quad \cdots ③$$

①かつ②かつ③を図示すれば OK!!

$\log_2 \boxed{y} \geqq \log_2(\boxed{x-3})$
底が 1 より大きいので
$\boxed{y} \geqq \boxed{x-3}$
不等号の向きはそのまま!!

(2)は，底が $\dfrac{1}{2}$ で 0 と 1 の間の数であることに注意しよう!!

では，Let's Try!!

解答でござる

(1) $\log_2 y \geq \log_2(x-3)$ …(∗)

(∗)で，真数条件から

$$\begin{cases} y > 0 & \cdots ① \\ x-3 > 0 \text{ より, } x > 3 & \cdots ② \end{cases}$$

(∗)より，$2 > 1$ に注意して
<u>底が1より大きい</u>

$$y \geq x - 3 \quad \cdots ③$$

①かつ②かつ③を図示して

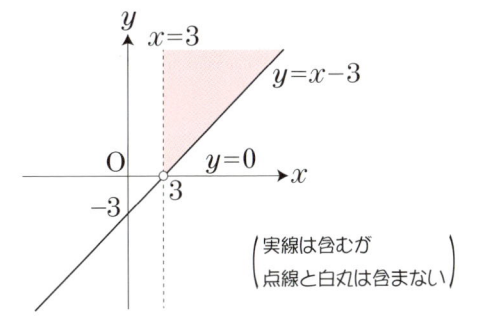

（実線は含むが 点線と白丸は含まない）

真数条件を忘れるな!!

$\log_2 \boxed{y} \geq \log_2(x-3)$
　↪ $y > 0$

$\log_2 y \geq \log_2 \boxed{(x-3)}$
　　$x - 3 > 0$ ↩

$\log_{\underline{2}} y \geq \log_{\underline{2}} (\boldsymbol{x-3})$
底が1より大きいから…
$y \geq \boldsymbol{x-3}$
不等号の向きはそのまま!!

コメント
イコールの有無に注意して，境界$x=3$は含まないので点線に，境界$y=x-3$は含むので実線にしました。$x=3$と$y=x-3$の交点$(3, 0)$は$x=3$上の点であるので含まれない。これを強調して白丸としました。直線$y=0$も含まれないが，境界としてたまたま登場しませんでした。

(2) $\log_{\frac{1}{2}} y \leq \log_{\frac{1}{2}}(4-x^2)$ …(∗)

(∗)で，真数条件から

$$\begin{cases} y > 0 & \cdots ① \\ 4 - x^2 > 0 \text{ より, } -2 < x < 2 & \cdots ② \end{cases}$$

(∗)より，$0 < \dfrac{1}{2} < 1$ に注意して
<u>底が0と1の間</u>

$\log_{\frac{1}{2}} \boxed{y} \leq \log_{\frac{1}{2}}(4-x^2)$
　↪ $y > 0$

$\log_{\frac{1}{2}} y \leq \log_{\frac{1}{2}} \boxed{(4-x^2)}$
　　$4 - x^2 > 0$ ↩

$4 - x^2 > 0$
$-x^2 + 4 > 0$ ⎫ 両辺を
$x^2 - 4 < 0$ ⎭ (-1)倍!!
$(x+2)(x-2) < 0$
∴ $-2 < x < 2$

$$y \geq 4 - x^2$$

つまり

$$y \geq -x^2 + 4 \quad \cdots ③$$

①かつ②かつ③を図示して

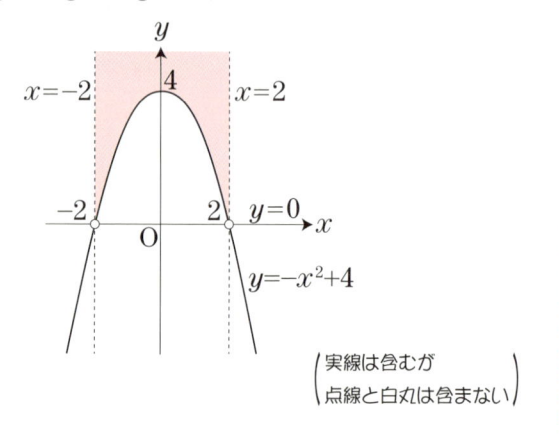

$\log_{\frac{1}{2}} y \leq \log_{\frac{1}{2}}(4-x^2)$
底が0と1の間だから…

$$y \geq 4 - x^2$$

不等号の向きが逆転!!

コメント

イコールの有無に注意して，境界 $x=-2$, $x=2$ は含まないので点線に，境界 $y=-x^2+4$ は含むので実線にしました。$x=-2$, $x=2$ と $y=-x^2+4$ の交点 $(-2, 0)$, $(2, 0)$ は含まれないので，これを強調して白丸としました。直線 $y=0$ も含まれないが，境界としてたまたま登場しませんでした。

（実線は含むが点線と白丸は含まない）

ちょっくらレベルを上げてみましょう。

問題 14-2 　　　　　　　　　　　　　　　　　　　　　　　**標準**

次の不等式が表す領域を図示せよ。

(1) $\log_x y \geq \log_x (x^2 + 1)$

(2) $\log_y (y+2) \leq \log_y (x+3)$

ナイスな導入!!

本問では，底に文字が活用されているところに注意しよう!!

(1)では…

$$\log_{\boxed{x}} y \geq \log_{\boxed{x}}(x^2 + 1)$$

本当だぁーっ!! 底が x になっているーっ!!

というわけで… $x > 1$ or $0 < x < 1$ で**場合分け**が必要です!!

そんでもって，**真数条件もお忘れなく!!**

忘れてたぜ…

(2)も同様です。では，Let's Try!!

解答でござる

(1) $\log_x y \geqq \log_x (x^2 + 1)$ …(∗)

(∗)で真数条件から

$y > 0$ …①

（$x^2 + 1 > 0$ は，常に成立する）

ⅰ) $x > 1$ のとき
<u>底が1より大きい</u>

(∗)より

$y \geqq x^2 + 1$ …②

ⅱ) $0 < x < 1$ のとき
<u>底が0と1の間</u>

(∗)より

$y \leqq x^2 + 1$ …③

いずれの場合も
真数条件①を忘れるな!!

以上より

ⅰ) $x > 1$ のとき①かつ②

ⅱ) $0 < x < 1$ のとき①かつ③

を図示すればよい。

$\log_x \boxed{y} \geqq \log_x (x^2 + 1)$
　↳ $y > 0$

$\log_x y \geqq \log_x \boxed{(x^2 + 1)}$
　　$x^2 + 1 > 0$

ところが，$x^2 + 1 > 0$ は
$x^2 \geqq 0$ より ← 2乗は必ず
　↓両辺+1　　　0以上!!
$x^2 + 1 \geqq 1$
つまり，$x^2 + 1 > 0$ は
常に成立します。

ⅰ) $x > 1$ のとき
$\log_x y \geqq \log_x (x^2 + 1)$
底が1より大きいから…
$y \geqq x^2 + 1$
不等号の向きはそのまま!!

ⅱ) $0 < x < 1$ のとき
$\log_x y \geqq \log_x (x^2 + 1)$
底が0と1の間だから…
$y \leqq x^2 + 1$
不等号の向きは逆転する!!

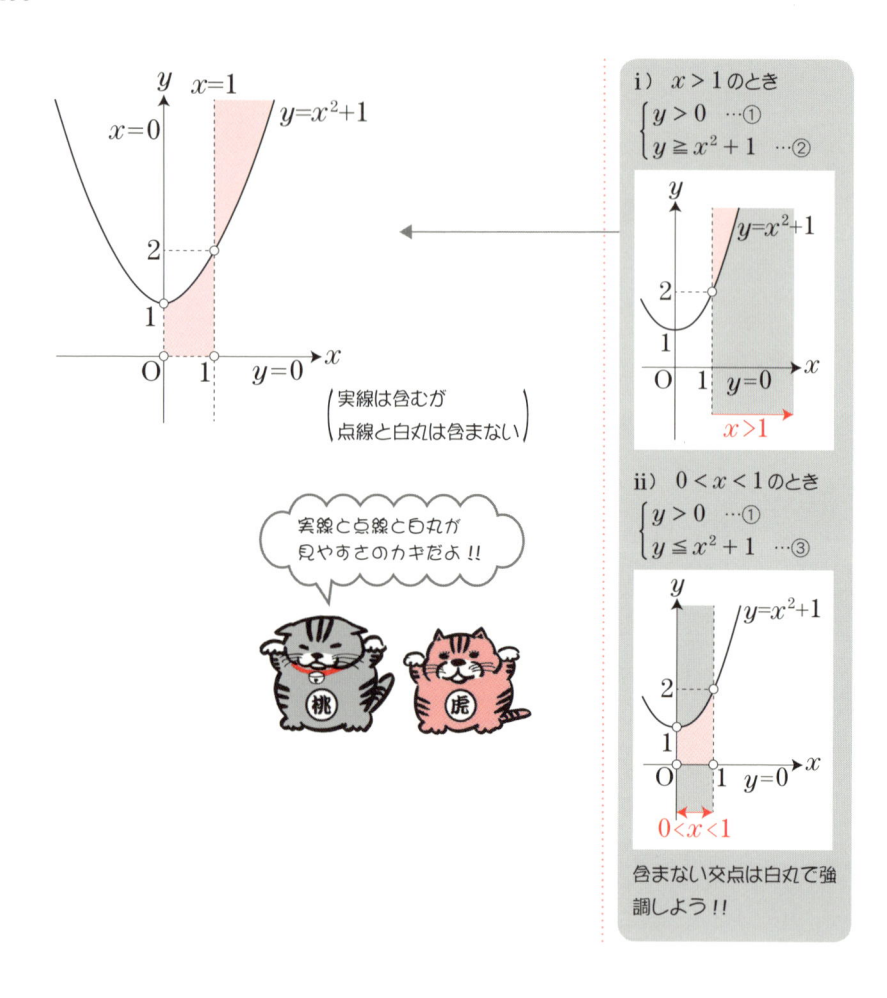

i) $x>1$ のとき
$$\begin{cases} y>0 & \cdots ① \\ y\geqq x^2+1 & \cdots ② \end{cases}$$

ii) $0<x<1$ のとき
$$\begin{cases} y>0 & \cdots ① \\ y\leqq x^2+1 & \cdots ③ \end{cases}$$

含まない交点は白丸で強調しよう!!

(実線は含むが 点線と白丸は含まない)

実線と点線と白丸が見やすさのカギだよ!!

プロフィール

浜畑直次郎（43才）

　生真面目なサラリーマン。郊外の庭付きマイホームから長距離出勤の毎日。並外れたモミアゲのボリュームから、人呼んで『モミー』。
　見るからに運が悪そうな奴。

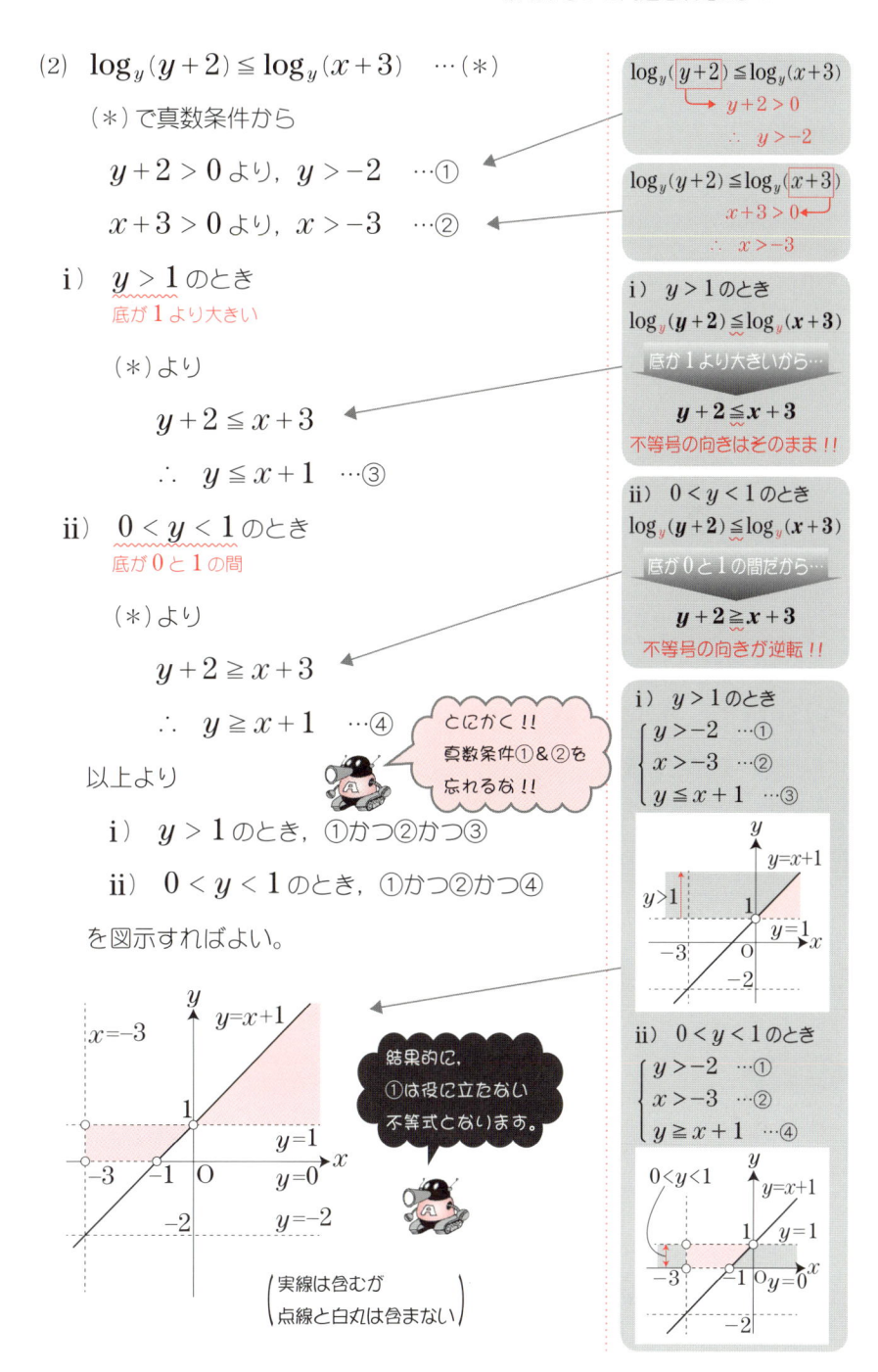

(2) $\log_y(y+2) \leqq \log_y(x+3)$ …(∗)

(∗)で真数条件から

$y+2>0$ より, $y>-2$ …①

$x+3>0$ より, $x>-3$ …②

i) $y>1$ のとき
　　底が1より大きい

(∗)より

$y+2 \leqq x+3$

∴ $y \leqq x+1$ …③

ii) $0<y<1$ のとき
　　底が0と1の間

(∗)より

$y+2 \geqq x+3$

∴ $y \geqq x+1$ …④

とにかく!!
真数条件①&②を
忘れるな!!

以上より

i) $y>1$ のとき，①かつ②かつ③

ii) $0<y<1$ のとき，①かつ②かつ④

を図示すればよい。

結果的に，
①は役に立たない
不等式となります。

(実線は含むが
点線と白丸は含まない)

右側解説:

$\log_y(\boxed{y+2}) \leqq \log_y(x+3)$
　　↳ $y+2>0$
　　∴ $y>-2$

$\log_y(y+2) \leqq \log_y(\boxed{x+3})$
　　$x+3>0$
　　∴ $x>-3$

i) $y>1$ のとき
$\log_y(y+2) \leqq \log_y(x+3)$
底が1より大きいから…
$y+2 \leqq x+3$
不等号の向きはそのまま!!

ii) $0<y<1$ のとき
$\log_y(y+2) \leqq \log_y(x+3)$
底が0と1の間だから…
$y+2 \geqq x+3$
不等号の向きが逆転!!

i) $y>1$ のとき
$\begin{cases} y>-2 & \text{…①} \\ x>-3 & \text{…②} \\ y \leqq x+1 & \text{…③} \end{cases}$

ii) $0<y<1$ のとき
$\begin{cases} y>-2 & \text{…①} \\ x>-3 & \text{…②} \\ y \geqq x+1 & \text{…④} \end{cases}$

準備コーナー

例題

次の不等式を解け。

(1) $(x-1)(x-3)(x-5) < 0$

(2) $x^3 - 16x \geq 0$

(3) $(x-1)(x-3)^2 > 0$

(4) $x^3 - 4x^2 + 4x \geq 0$

(5) $(x+2)^2(x-2) < 0$

(6) $x^3 + 6x^2 + 9x \geq 0$

ナイスな導入!!

ここで，押さえてもらいたいことは…

ズバリ!!　3次不等式の解法です!!

しかも，素早く仕留めることを第一の目的としたい。

一般に，3次関数の x^3 の係数が正のとき，グラフの形は次の3つのタイプしかない!!

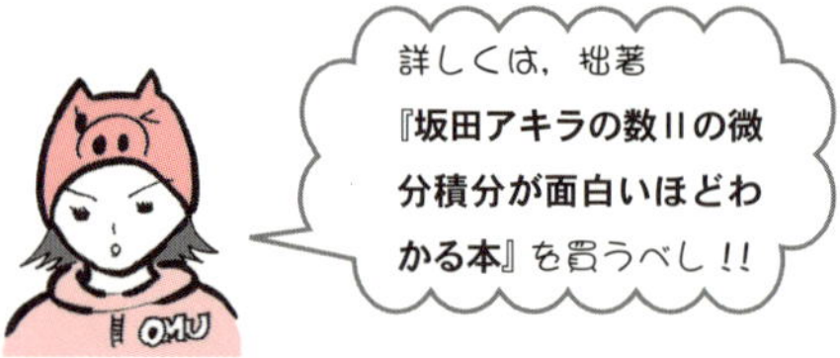

詳しくは，拙著『坂田アキラの数IIの微分積分が面白いほどわかる本』を買うべし!!

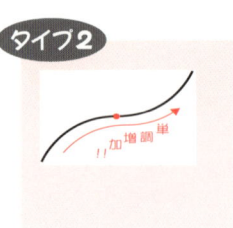

タイプ1　極大／極小

タイプ2　単調増加

タイプ3　単調増加

3つのタイプ…

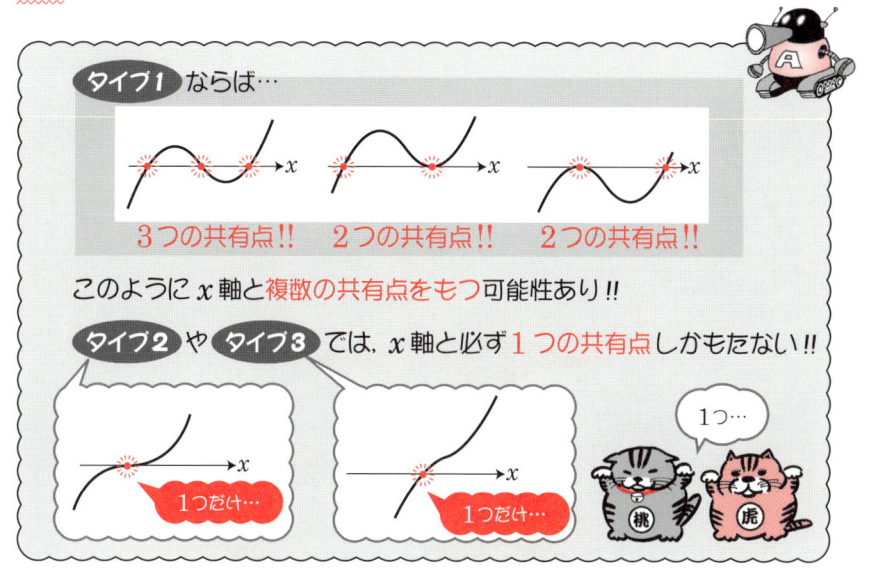

この中で，x軸と**複数の共有点をもつ**可能性があるものは，タイプ1のみである！！

タイプ1ならば…

3つの共有点！！　2つの共有点！！　2つの共有点！！

このようにx軸と複数の共有点をもつ可能性あり！！

タイプ2やタイプ3では，x軸と必ず1つの共有点しかもたない！！

1つだけ…　1つだけ…　1つ…

そこで！！　次のようなテクニックが！！

(1)で，
$y = (x-1)(x-3)(x-5)$ とおく！！
このとき，$y = 0$ とすると，$x = 1, 3, 5$　←　この3点でx軸と交わる！！

とゆーわけで…

グラフの形がタイプ1となることを考慮して…

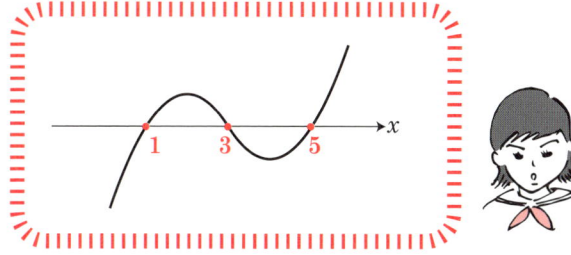

（ほぅ…）

の図が得られる！！

そこで！！

$y = (x-1)(x-3)(x-5) < 0$ より…

グラフを活用するわけね♥

x軸より下側

グラフがx軸より下側にあるところが解です!!

つま――り！！

$x < 1,\quad 3 < x < 5$

答でーす!!

(2)は，因数分解すれば，(1)と同じタイプ!!

(3)は…

同様に $y = (x-1)(x-3)^2$ とおく!!

この2乗がポイントです!!

このとき，$y = 0$ とすると，$x = 1, 3$（重解） が得られる!!

$(x-1)(x-3)^2 = 0$ より，$x = 3$ は，重解です!!

とゆーわけで…

グラフの形が **タイプ1** となることを考慮して…

なるほど…
重解をもつとこうなるのか…

重解のほうは，x軸と接する!!

の図が得られる!!

Theme 14　領域がらみの問題を攻略せよ!!

そこで!!

$y = (x-1)(x-3)^2 > 0$ より…

（不等号の向きに注意しよう!!）

x軸より上側

グラフがx軸より上側にあるところが解です!!

つま――り!!

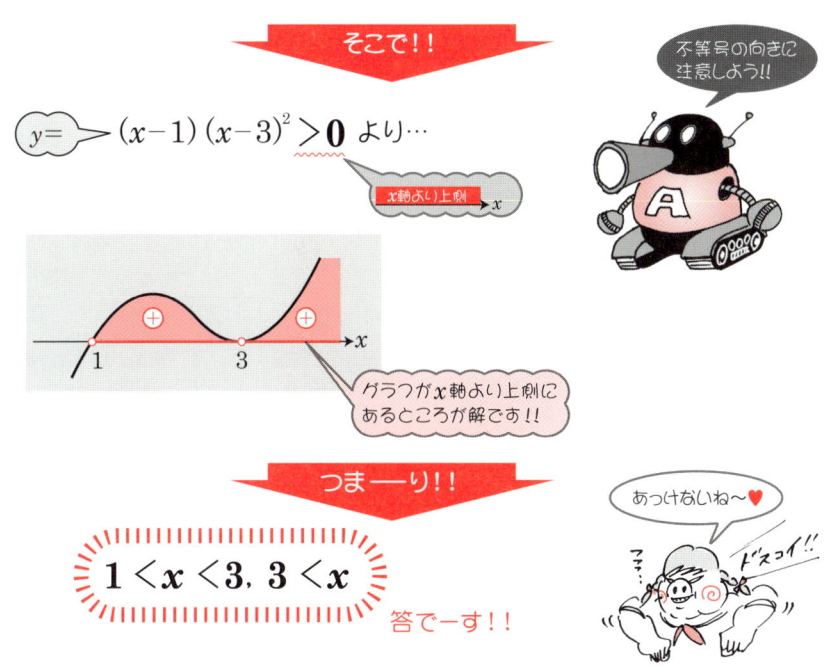

$$1 < x < 3,\ 3 < x$$

答でーす!!

あっけないね〜♥

(4), (5), (6)も(3)の仲間です!!　では Let's Try!!

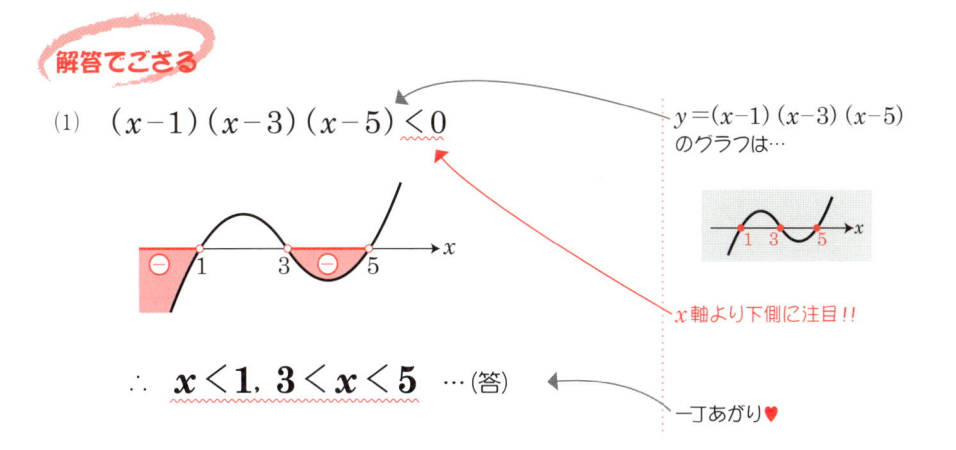

解答でござる

(1)　$(x-1)(x-3)(x-5) < 0$

$y = (x-1)(x-3)(x-5)$ のグラフは…

x軸より下側に注目!!

$\therefore\ x < 1,\ 3 < x < 5$　…(答)

一丁あがり♥

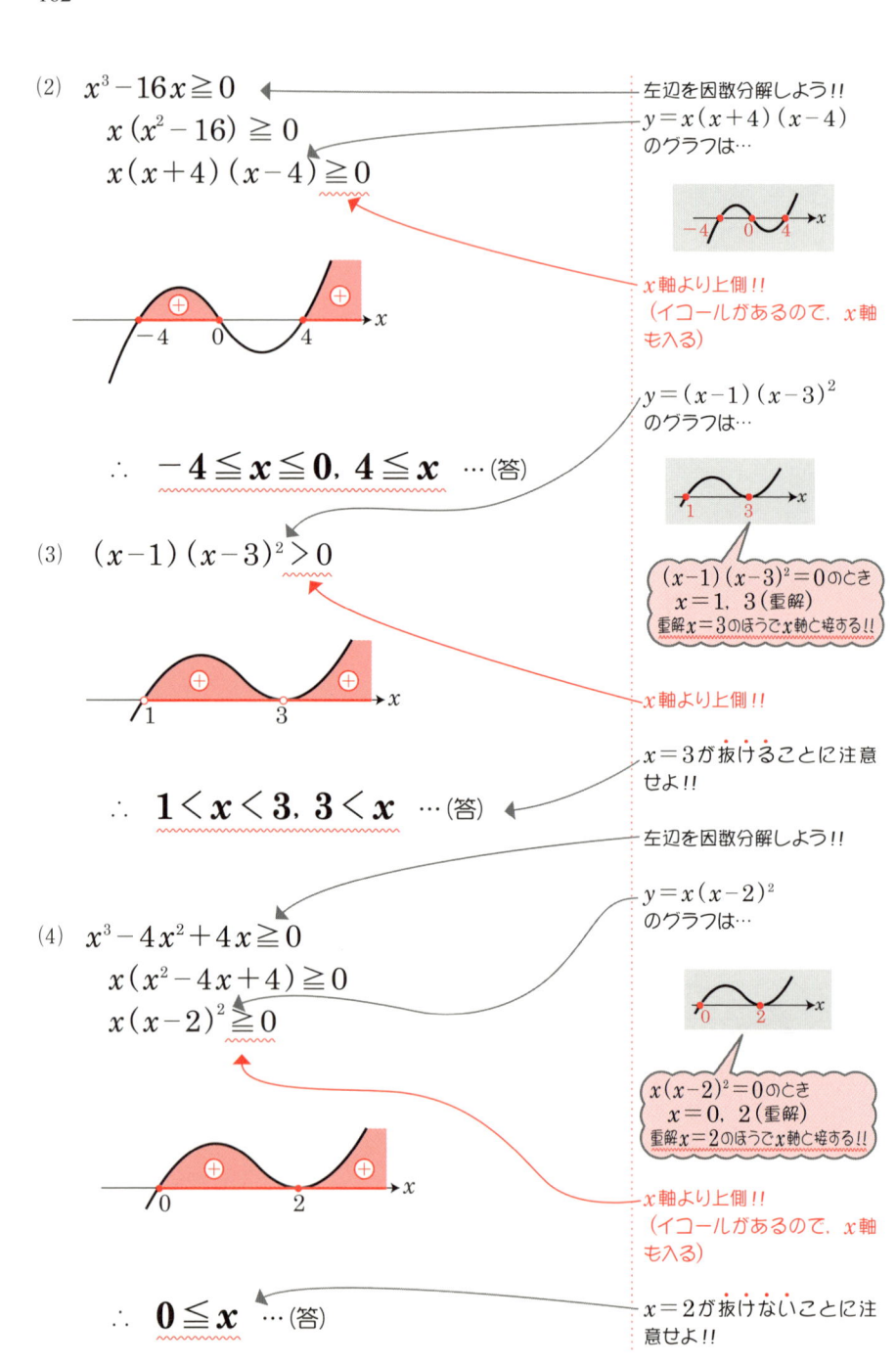

(2) $x^3 - 16x \geqq 0$ ← 左辺を因数分解しよう!!

$x(x^2 - 16) \geqq 0$

$x(x+4)(x-4) \geqq 0$

$y = x(x+4)(x-4)$ のグラフは…

x軸より上側!!
（イコールがあるので，x軸も入る）

∴ $-4 \leqq x \leqq 0, \ 4 \leqq x$ …(答)

(3) $(x-1)(x-3)^2 > 0$

$y = (x-1)(x-3)^2$ のグラフは…

$(x-1)(x-3)^2 = 0$ のとき $x = 1, \ 3$（重解）
重解$x=3$のほうでx軸と接する!!

x軸より上側!!

∴ $1 < x < 3, \ 3 < x$ …(答)

$x=3$が抜けることに注意せよ!!

(4) $x^3 - 4x^2 + 4x \geqq 0$ ← 左辺を因数分解しよう!!

$x(x^2 - 4x + 4) \geqq 0$

$x(x-2)^2 \geqq 0$

$y = x(x-2)^2$ のグラフは…

$x(x-2)^2 = 0$ のとき $x = 0, \ 2$（重解）
重解$x=2$のほうでx軸と接する!!

x軸より上側!!
（イコールがあるので，x軸も入る）

∴ $0 \leqq x$ …(答)

$x=2$が抜けないことに注意せよ!!

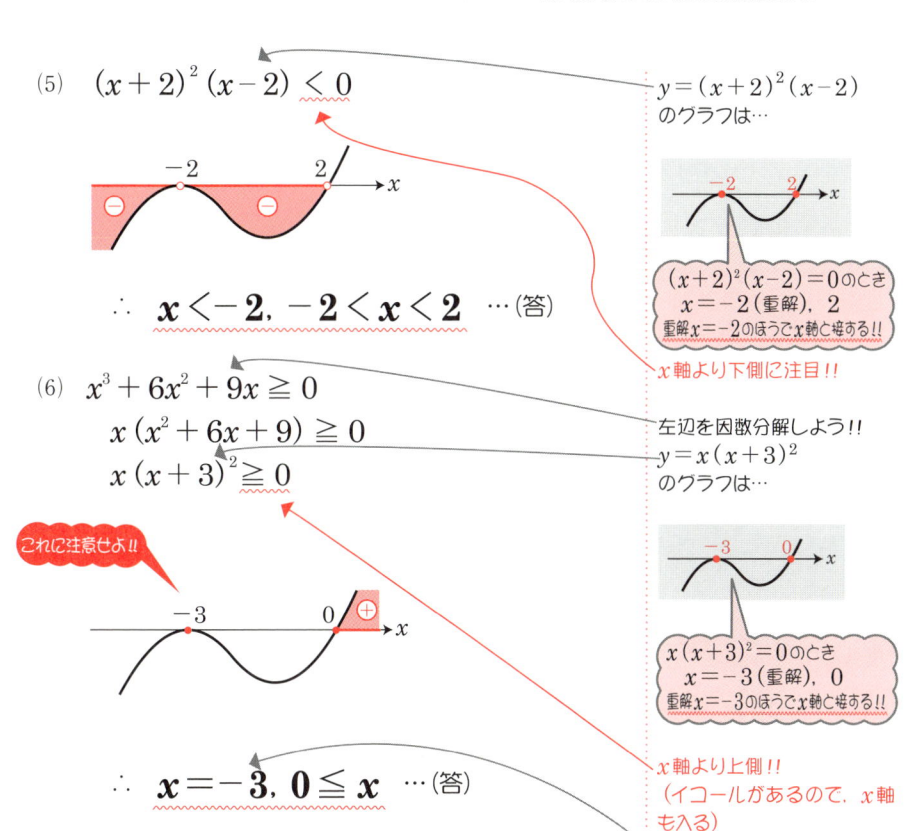

(5) $(x+2)^2(x-2) < 0$

$y=(x+2)^2(x-2)$ のグラフは…

$(x+2)^2(x-2)=0$ のとき
$x=-2$ (重解), 2
重解 $x=-2$ のほうで x 軸と接する!!

x 軸より下側に注目!!

∴ $x<-2,\ -2<x<2$ …(答)

(6) $x^3+6x^2+9x \geqq 0$
$x(x^2+6x+9) \geqq 0$
$x(x+3)^2 \geqq 0$

左辺を因数分解しよう!!
$y=x(x+3)^2$
のグラフは…

これに注意せよ!!

$x(x+3)^2=0$ のとき
$x=-3$ (重解), 0
重解 $x=-3$ のほうで x 軸と接する!!

x 軸より上側!!
(イコールがあるので, x 軸も入る)
$x=-3$ をお忘れなく

∴ $x=-3,\ 0 \leqq x$ …(答)

では，本題です！！

問題 14-3 〈モロ難〉

次の不等式が表す領域を図示せよ。

$$\log_x y \geq \log_y x$$

この問題は有名ですよ！！

ナイスな導入！！

本問において，不等式を解く上での重要なテクニックが必要なので，ここではこのお話を…

テクニックの確認コーナー

不等式 $x \geq \dfrac{1}{x}$ を解け！！

意外と単純に見えるが…

解説＆解答

まず，注意してほしいことがあります。

注意…？？

それは…

ハンパな気持ちで分母を払うことはNG！！

本問の場合…

$$x \geq \frac{1}{x}$$

この分母の x を払いたい！！

確かに

両辺に x をかけて…

$$x \times x \geq \frac{1}{x} \times x$$

として…

$$x^2 \geq 1$$

としてしまったら 爆死 です。

えーっ！！

理由は，$x > 0$ または $x < 0$ によって，不等号の向きがそのままなのか？逆転するのか？ がわからないからです。かといって，場合分けするのもメンドクサイ！！

Theme 14 領域がらみの問題を攻略せよ!!

そこで，**スーパーテクニック** を伝授しましょう!!

ではでは…

$$x \geq \frac{1}{x}$$

この分母の x を払いたいのですが…

（このとき，$x \neq 0$ …①）

右辺で x が分母にあるので，$x \neq 0$ は大前提です!!

$x > 0$ or $x < 0$ で場合分けしたくないので，両辺に $\boldsymbol{x^2}$ **をかける!!**

ことにします。x は右辺で分母となっているので $x \neq 0$ は前提となっています。つまり，$\boldsymbol{x^2 > 0}$ ということになります。したがって，x^2 を両辺にかけても不等号の向きが逆転する心配はないのです。

なるほど

では，実際にやってみましょう。

両辺に $x^2 (>0)$ をかけて…

$x^2 > 0$ だから，不等号の向きはそのままなのかぁ…

$$x \times x^2 \geq \frac{1}{x} \times x^2$$

$$x^3 \geq x$$

$$x^3 - x \geq 0$$

移項しました!!

$$x(x^2 - 1) \geq 0$$

$$x(x+1)(x-1) \geq 0$$

左辺を因数分解!!

$\therefore \ -1 \leq x \leq 0, \ 1 \leq x$ …②

①かつ②より

$$\boldsymbol{-1 \leq x < 0, \ 1 \leq x} \quad \text{…(答)}$$

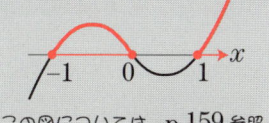

この図については，p.159 参照!!

①より $x \neq 0$ なので，$x = 0$ が抜けます!!

なるほど

このテクニックが，本問においてどこで登場するのか？？
では，本問の解答にまいりましょう!!

解答でござる

$\log_x y \geq \log_y x$ …(∗)

(∗)で，底と真数の条件から

$0 < x < 1, \ 1 < x$ …①

かつ

$0 < y < 1, \ 1 < y$ …②

(∗)より

$\log_x y \geq \dfrac{1}{\log_x y}$

このとき，②より

$\log_x y \neq 0$ …③

> **コメント**
> いま，$\log_x y$ が右辺で分母にあるが，②より $y \neq 1$ なので $\log_x y \neq 0$ となります。よって，心配はいりません!!

両辺に $(\log_x y)^2$ をかけて

$(\log_x y) \times (\log_x y)^2 \geq \dfrac{1}{\log_x y} \times (\log_x y)^2$

$(\log_x y)^3 \geq \log_x y$

$(\log_x y)^3 - \log_x y \geq 0$

$(\log_x y)\{(\log_x y)^2 - 1\} \geq 0$

$(\log_x y)(\log_x y + 1)(\log_x y - 1) \geq 0$

$-1 \leq \log_x y \leq 0, \ 1 \leq \log_x y$

このとき，③に注意して

$-1 \leq \log_x y < 0, \ 1 \leq \log_x y$

---

x も y も底であることに注意しよう!

真数条件よりも底の条件の方が，1がNGとなる分，厳しい!! よって，結果的に底の条件のみを考えればよいことになる!!

p.93 参照!!

$\log_y x = \dfrac{1}{\log_x y}$

これを右辺で活用してます!! これで底が x に統一されました!!

おーっと!! スーパーテクニック!!

$(\log_x y)^2 > 0$ より，両辺に $(\log_x y)^2$ をかけても不等号の向きは変化しない!!

文字に弱いアナタは…
$\log_x y = t$ とおこう!!
$t^3 \geq t$
$t^3 - t \geq 0$
$t(t^2 - 1) \geq 0$
$t(t+1)(t-1) \geq 0$

$-1 \leq t \leq 0, \ 1 \leq t$

p.164 の **テクニックの確認コーナー** の問題と同じです!!

これを書きかえて

$$\log_x \frac{1}{x} \leq \log_x y < \log_x 1 \quad \cdots Ⓐ$$

または

$$\log_x x \leq \log_x y \quad \cdots Ⓑ$$

i) $x > 1$ のとき
　　底が1より大きい

　　Ⓐより

$$\frac{1}{x} \leq y < 1 \quad \cdots ④$$

　　Ⓑより

$$x \leq y \quad \cdots ⑤$$

ii) $0 < x < 1$ のとき
　　底が0と1の間

　　Ⓐより

$$\frac{1}{x} \geq y > 1 \quad \cdots ⑥$$

　　Ⓑより

$$x \geq y \quad \cdots ⑦$$

以上より

　i) $x > 1$ のとき，②かつ④，または②かつ⑤
　　　①が分割されて表現されてます

　ii) $0 < x < 1$ のとき，②かつ⑥，または②かつ⑦

を図示すればよい。

コメント
①はどうしたか？？ ①の条件は，i) $x > 1$ または ii) $0 < x < 1$ と分割されて表現されているので，①については すでに言ってある，ということです!!

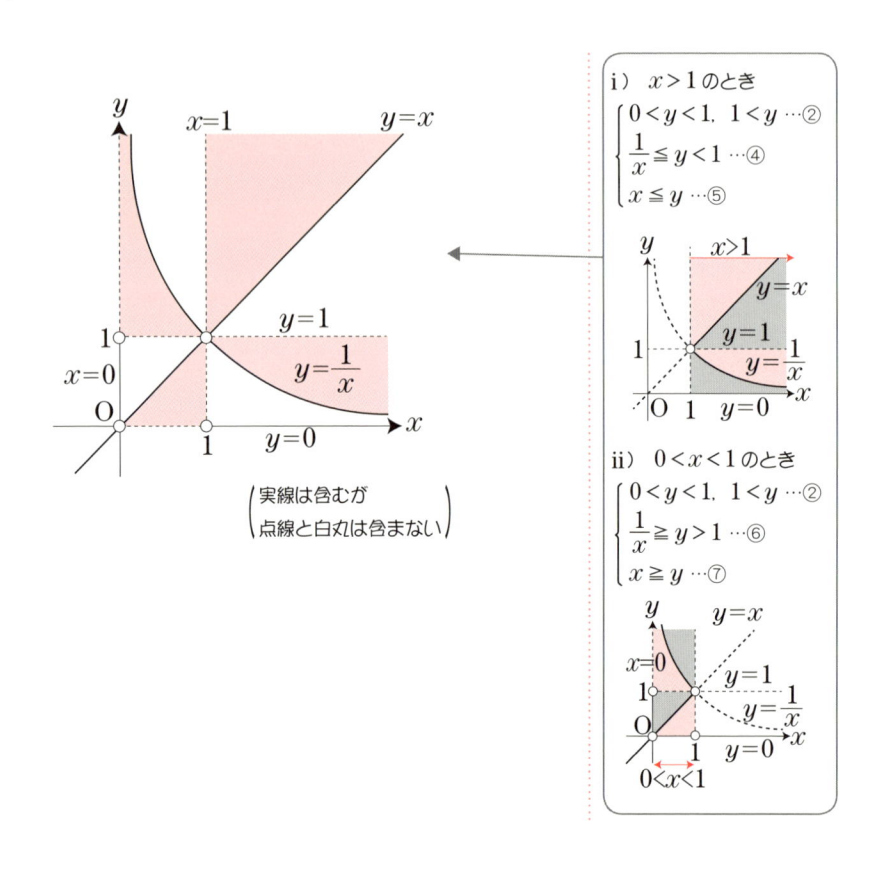

i) $x>1$ のとき
$$\begin{cases} 0<y<1,\ 1<y \cdots ② \\ \dfrac{1}{x} \leqq y < 1 \cdots ④ \\ x \leqq y \cdots ⑤ \end{cases}$$

ii) $0<x<1$ のとき
$$\begin{cases} 0<y<1,\ 1<y \cdots ② \\ \dfrac{1}{x} \geqq y > 1 \cdots ⑥ \\ x \geqq y \cdots ⑦ \end{cases}$$

（実線は含むが
点線と白丸は含まない）

Theme 15 指数関数&対数関数のグラフにズームイン!!

グラフの話ばっかりだよ!!

まず**平行移動**のお話からです。
とにかく、このお話はすべての関数において共通のお話なんです。

共通!?

一般論です!!

関数 $y = f(x)$ を x 軸方向（x 軸の正の方向）に p, y 軸方向（y 軸の正の方向）に q だけ平行移動させた関数は…

$$y - q = f(x - p)$$

y から、y 軸方向に平行移動させた値 q を引きます。

x から、x 軸方向に平行移動させた値 p を引きます。

例です!!   2次関数のときも同様でしたよ

$y = 3x^2$ を x 軸方向に 2, y 軸方向に 5 だけ平行移動させた関数は、 $y - 5 = 3(x - 2)^2$ より…

$$y = 3(x - 2)^2 + 5$$

頂点の座標は $(2, 5)$

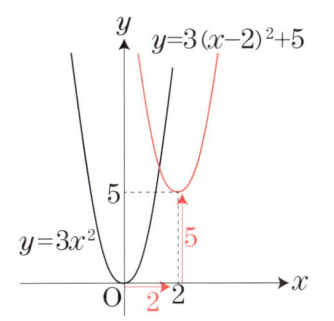

上の公式どおりに、$p = 2$, $q = 5$ を当てハメたら、ちゃんとうまくいくことが、左図からも理解できます。

もちろん，このお話は，指数関数や対数関数でも成立します。ちょっと演習してみましょう。

問題 15-1 標準

次の各問いに答えよ。

(1) 指数関数 $y=2^x$ を x 軸方向（x 軸の正の方向）に 3，y 軸方向（y 軸の正の方向）に 5 だけ平行移動させた関数は，$y=A\cdot 2^x+B$ と表せる。このとき，A と B の値を求めよ。

(2) 対数関数 $y=\log_3 x$ を x 軸方向（x 軸の正の方向）に -2，y 軸方向（y 軸の正の方向）に 1 だけ平行移動させた関数は，$y=\log_3(Ax+B)$ と表せる。このとき，A と B の値を求めよ。

前ページの公式 $y-q=f(x-p)$ を活用することは，いうまでもありませんが，これを用いたあと，指数計算や対数計算の話題に発展します。すべて基本的な計算ばかりですよ！！

基本的…！？

解答でござる

(1) $y=2^x$ …① ← $y=f(x)$

①を，x 軸方向に 3，y 軸方向に 5 だけ平行移動させた関数は

$$y-5=2^{x-3} \quad \text{…②}$$

と表せる。

$y-q=f(x-p)$
本問では，$p=3$, $q=5$ です！！

②より

$$y-5=2^x\times 2^{-3}$$

$$y-5=2^x\times\frac{1}{2^3}$$

$$y-5=\frac{1}{8}\times 2^x$$

変形開始です！！
$a^{\alpha+\beta}=a^{\alpha}\times a^{\beta}$ より
$2^{x-3}=2^x\times 2^{-3}$

右辺を並べかえただけです。

$$\therefore\quad y=\boxed{\frac{1}{8}}_A\cdot 2^x+\boxed{5}_B$$

左辺の -5 を移項！！

よって，

$$A = \dfrac{1}{8}, \ B = 5 \quad \cdots \text{(答)}$$

> $y = \boxed{A} \cdot 2^x + \boxed{B}$
> $\parallel \qquad\qquad \parallel$
> $y = \boxed{\dfrac{1}{8}} \cdot 2^x + \boxed{5}$

(2) $y = \log_3 x \quad \cdots$ ①

> $y = f(x)$

①を，x軸方向に-2，y軸方向に1だけ平行移動させた関数は

$$y - 1 = \log_3 \{x - (-2)\} \quad \cdots ②$$

> $y - q = f(x - p)$
> 本問では，$p = -2$，$q = 1$です!!

と表せる。

②より

$$y - 1 = \log_3 (x + 2)$$
$$y = \log_3 (x + 2) + 1$$

> 左辺の-1を移項!!

$$y = \log_3 (x + 2) + \log_3 3$$

> $1 = \log_3 3$ です!!
> 底を3でそろえなきゃ!!

$$y = \log_3 3(x + 2)$$
$$\therefore \ y = \log_3 (\underset{A}{\boxed{3}} x + \underset{B}{\boxed{6}})$$

> 重要公式
> $\log_a M + \log_a N = \log_a MN$
> を活用しました!!

よって

$$A = 3, \ B = 6 \quad \cdots \text{(答)}$$

> $y = \log_3 (\boxed{A} x + \boxed{B})$
> $\parallel \qquad\qquad \parallel$
> $y = \log_3 (\boxed{3} x + \boxed{6})$

逆バージョンもやっておきましょう。

問題 15-2 　標準

次の各問いに答えよ。

(1) 関数 $y = 27\left(3^x + \dfrac{1}{9}\right)$ は，関数 $y = 3^x$ を x 軸方向に p，y 軸方向に q だけ平行移動させたものである。このとき，p, q の値を求めよ。

(2) 関数 $y = \log_2 16(x-3)^2$ は，関数 $y = 2\log_2 x$ を x 軸方向に p，y 軸方向に q だけ平行移動させたものである。このとき，p, q の値を求めよ。

ナイスな導入!!

とにかく，

$$y - q = f(x - p)$$

の形に変形しよう!!

(1)では，もとの関数が $y = 3^x$ であるから…

$$y - q = 3^{x-p}$$

の形に!!

(2)では，もとの関数が $y = 2\log_2 x$ であるから…

$$y - q = 2\log_2(x - p)$$

の形に変形せよ!!

解答でござる

(1) $y = 27\left(3^x + \dfrac{1}{9}\right)$ 　　← $y - q = 3^{x-p}$ の形に…

　　$y = 27 \cdot 3^x + 27 \times \dfrac{1}{9}$

　　$y = 3^3 \cdot 3^x + 3$

　　$y = 3^{x+3} + 3$

基本だぞ!!
$a^\alpha \cdot a^\beta = a^{\alpha+\beta}$ より
$3^3 \cdot 3^x = 3^{x+3}$ です!!

∴ $y - \boxed{3} = 3^{x-(-3)}$
       q p

つまり，この関数は，関数 $y = 3^x$ を x 軸方向に $\boxed{-3}$，y 軸方向に $\boxed{3}$ だけ平行移動させたものである。
        p q

よって，

$$p = -3, \quad q = 3 \quad \cdots \text{(答)}$$

(2) $y = \log_2 16(x-3)^2$

$y = \log_2 16 + \log_2 (x-3)^2$

$y = 4 + 2\log_2(x-3)$

∴ $y - \boxed{4} = 2\log_2(x - \boxed{3})$
       q p

つまり，この関数は，関数 $y = 2\log_2 x$ を x 軸方向に $\boxed{3}$，y 軸方向に $\boxed{4}$ だけ平行移動させたものである。
        p q

よって

$$p = 3, \quad q = 4 \quad \cdots \text{(答)}$$

$y = 3^{x+3} + 3$
$y - 3 = 3^{x+3}$
$y - 3 = 3^{x-(-3)}$
これで
$y - q = 3^{x-p}$
の形になりました!!

$y - q = 2\log_2(x-p)$
の形に…

重要公式
$\log_a MN = \log_a M + \log_a N$
を活用しました!!

$\log_2 16 = \log_2 2^4$
$= 4\log_2 2 = 4 \times 1 = 4$

4を移項しました!!

とにかく!! もとの関数 $y = f(x)$ のデザインを問題文中から読み取って，$y - q = f(x - p)$ の形に変形すればいいのか…

次の問題に行く前に，もう，ある程度は学習済み（p.32 と p.98 参照！！）のお話ですが，実例を通して各グラフの位置関係を把握していただきたい！！

ポイント1

$y = 2^x$ と $y = \left(\dfrac{1}{2}\right)^x$ は **y 軸に関して対称**です！！

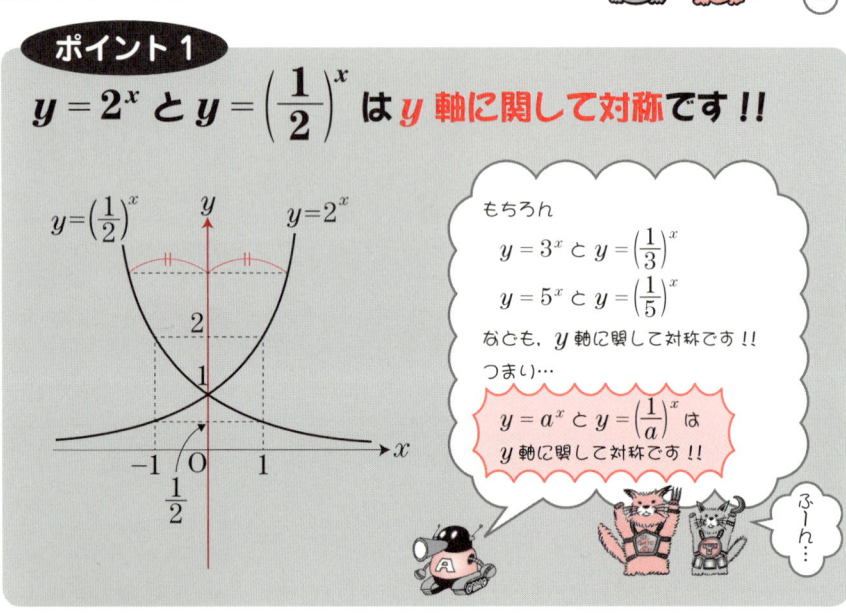

もちろん
$y = 3^x$ と $y = \left(\dfrac{1}{3}\right)^x$
$y = 5^x$ と $y = \left(\dfrac{1}{5}\right)^x$
なども，y 軸に関して対称です！！
つまり…

$y = a^x$ と $y = \left(\dfrac{1}{a}\right)^x$ は y 軸に関して対称です！！

ポイント2

$y = \log_2 x$ と $y = \log_{\frac{1}{2}} x$ は **x 軸に関して対称**です！！

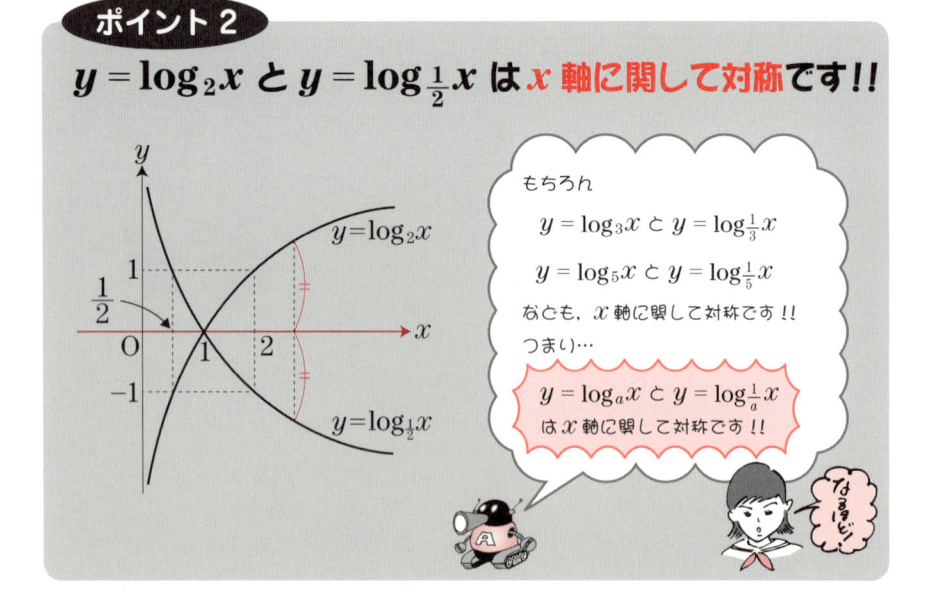

もちろん
$y = \log_3 x$ と $y = \log_{\frac{1}{3}} x$
$y = \log_5 x$ と $y = \log_{\frac{1}{5}} x$
なども，x 軸に関して対称です！！
つまり…

$y = \log_a x$ と $y = \log_{\frac{1}{a}} x$ は x 軸に関して対称です！！

補足コーナー

ポイント1 と **ポイント2** の理解をもう少し深めよう!!

そもそも，**x軸対称**では，右図のように，x座標がそのままで，**y座標のみ符号が変わる!!**

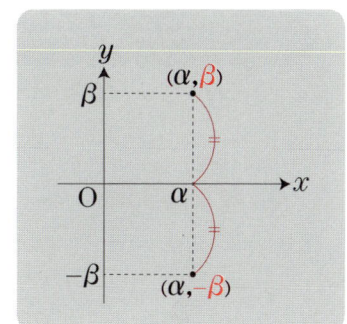

▼つまり…

グラフをx軸に関して対称移動させたいとき，上のような変化がグラフ上のすべての点で起こるから，**yを$-y$に書きかえる**作業をすればOK!!

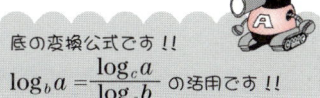

よくばりだなぁ…

$y = \log_a x$ をx軸に関して対称に移動させると…

$-y = \log_a x$

← yのところを$-y$に書きかえる!!

$y = -\log_a x$

$y = -\dfrac{\log_{\frac{1}{a}} x}{\log_{\frac{1}{a}} a}$

← 底の変換公式です!! $\log_b a = \dfrac{\log_c a}{\log_c b}$ の活用です!!

$y = \dfrac{\log_{\frac{1}{a}} x}{-\log_{\frac{1}{a}} a}$

← マイナスを分母へ…

$y = \dfrac{\log_{\frac{1}{a}} x}{\log_{\frac{1}{a}} a^{-1}}$

← 分母で $r\log_a M = \log_a M^r$ を活用!!

$y = \dfrac{\log_{\frac{1}{a}} x}{\log_{\frac{1}{a}} \frac{1}{a}}$

$y = \dfrac{\log_{\frac{1}{a}} x}{1}$

$\therefore\ y = \log_{\frac{1}{a}} x$

← **ポイント2**のお話です!! $y = \log_a x$ と $y = \log_{\frac{1}{a}} x$ はx軸に関して対称!!

ちなみに…

$y = a^x$ を x 軸に関して対称に移動させると…

$-y = a^x$ ← yのところを$-y$に書きかえる!!

∴ $y = -a^x$ ← これはこのままでOK!! 変形できません

一方，**y 軸対称**では，右図のように，y 座標がそのままで，x 座標のみ符号が変わる!!

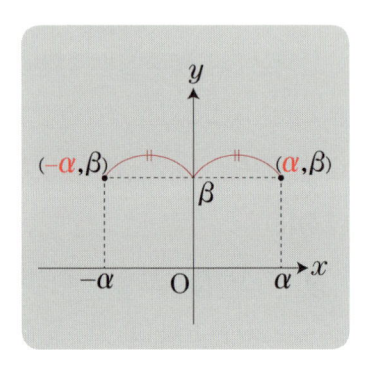

つまり…

グラフを y 軸に関して対称移動させたいとき，上のような変化がグラフ上のすべての点で起こるから，x を $-x$ に書きかえる作業をすればOK!!

$y = a^x$ を y 軸に関して対称に移動させると…

$y = a^{-x}$ ← xのところを$-x$に書きかえる!!

$y = (a^{-1})^x$ ← $a^{\alpha\beta} = (a^\alpha)^\beta$ を活用しました!!

∴ $y = \left(\dfrac{1}{a}\right)^x$ ← ポイント1 のお話です!! $y = a^x$ と $y = \left(\dfrac{1}{a}\right)^x$ は，y軸に関して対称!!

ちなみに…

$y = \log_a x$ を y 軸に関して対称に移動させると…

$y = \log_a(-x)$ ← xのところを$-x$に書きかえる!!

この場合，真数条件が$-x > 0$ より $x < 0$ となります。グラフの位置関係は次のとおり!!

Theme 15 指数関数&対数関数のグラフにズームイン!!

参考までに，$a>1$ の場合を例にすると，位置関係は次のとおり

$y=\log_a(-x)$ $y=\log_a x$

$y=\log_a x$ の真数条件は，$x>0$
$y=\log_a(-x)$ の真数条件は，
$-x>0$ より $x<0$

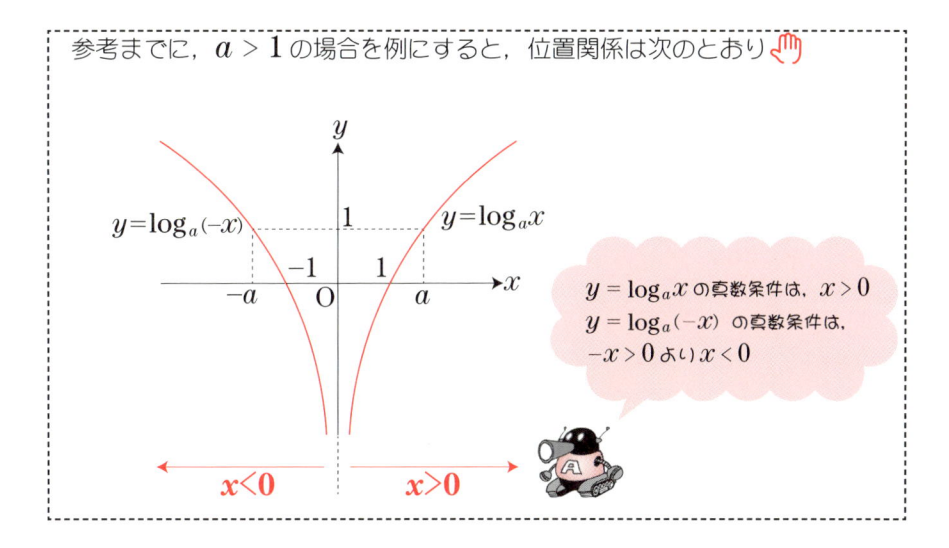

$x<0$ $x>0$

ついでに，**原点対称**では，右図のように，x 座標も y 座標もともに符号が変わる!!

つまり…

グラフを原点に関して対称に移動させたいとき，上のような変化がグラフ上のすべての点で起こるから，x を $-x$ に，y を $-y$ に書きかえる作業をすれば OK!!

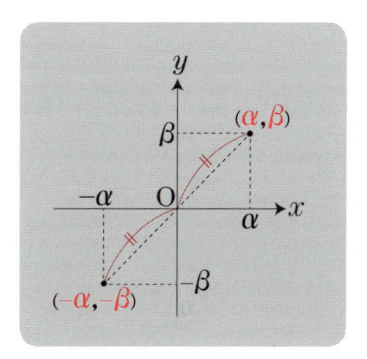

このお話は，あとで登場するよ!!

ポイント3

$y = 2^x$ と $y = \log_2 x$ は, 直線 $y = x$ に関して対称です!!

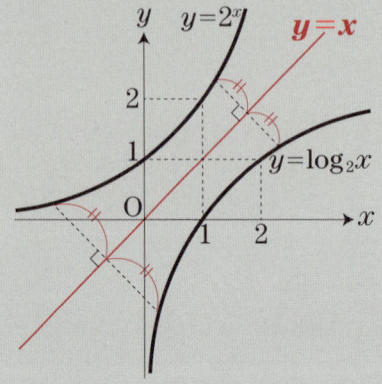

もちろん,
$y = 3^x$ と $y = \log_3 x$
$y = 5^x$ と $y = \log_5 x$
なども, 直線 $y = x$ に関して対称ですよ!!

こんな関係があったのかぁ…

そんでもって…

$y = \left(\dfrac{1}{2}\right)^x$ と $y = \log_{\frac{1}{2}} x$ も 直線 $y = x$ に関して対称です!!

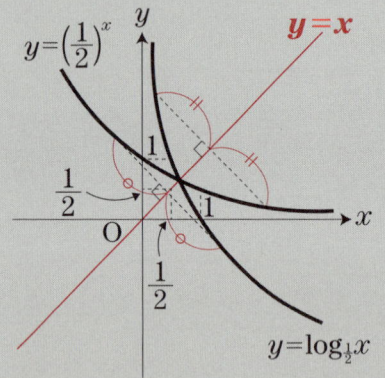

もちろん,
$y = \left(\dfrac{1}{3}\right)^x$ と $y = \log_{\frac{1}{3}} x$
$y = \left(\dfrac{1}{5}\right)^x$ と $y = \log_{\frac{1}{5}} x$
なども直線 $y = x$ に関して対称ですよ!!

ふ〜ん…

このお話をまとめておこう!!

$y = a^x$ と $y = \log_a x$ は直線 $y = x$ に関して対称です!!

底の a は $a > 1$ でも $0 < a < 1$ でも OKです!!

補足コーナー

もう少し突っ込んだ説明をしておこう!!

$y = a^x$ と $y = \log_a x$ はお互いに逆関数の関係にあります!!

では，逆関数とは何か?? を解明すべく，簡単な例で説明しましょう!!

簡単な例

$y = 3x$ の逆関数を求めよう!!

$y = 3x$ ←もとの関数です!!

Step1 x と y を入れかえます!!

$x = 3y$

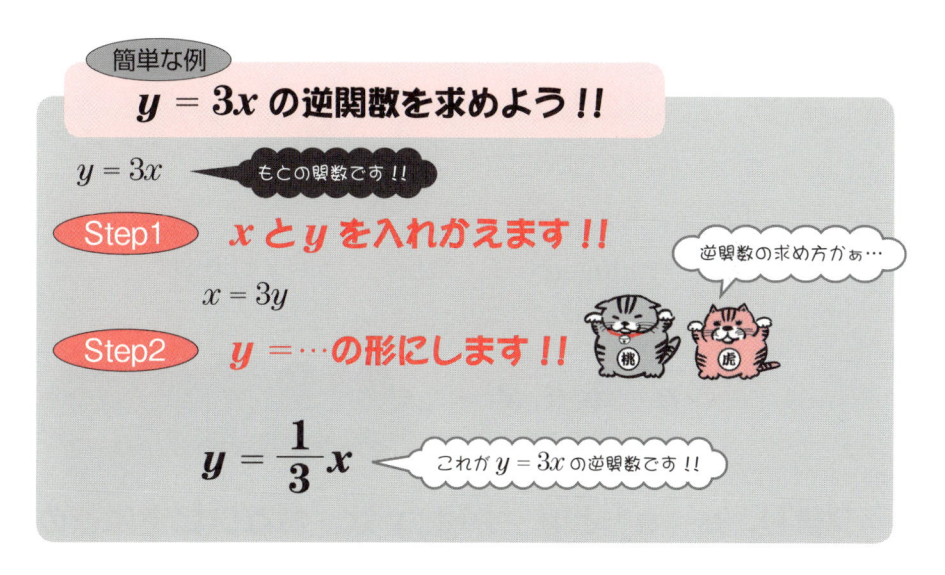

Step2 $y = \cdots$ の形にします!!

$y = \dfrac{1}{3}x$ ←これが $y = 3x$ の逆関数です!!

で!! もとの関数と逆関数は必ず**直線 $y = x$ に関して対称になります!!**

マジっすかぁー!?

本当だぁーっ!! $y = 3x$ と $y = \dfrac{1}{3}x$ は直線 $y = x$ に関して対称だぁー!!

では，本当に $y = a^x$ の逆関数が $y = \log_a x$ なのでしょうか？？
確かめてみましょう!!

$$y = a^x$$

オマエの逆関数を求めてやる!!

Step1 x と y を入れかえます!!

$x = a^y$

Step2 $y = \cdots$ の形にします!!

そのためにも
両辺 $\log_a \cdots$ の形へ…

両辺，底が a である対数をとって

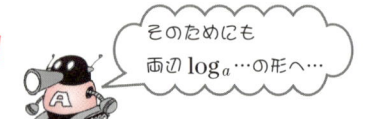

$\log_a x = \log_a a^y$

$\log_a x = y \log_a a$ 　　$\log_a M^r = r \log_a M$ でしたね!!

$\log_a x = y \times 1$ 　　$\log_a a = 1$ です!!

∴ $$y = \log_a x$$

おーっ!! 本当に $y = a^x$ の逆関数が $y = \log_a x$ になったぜ!!

つまり，$y = a^x$ と $y = \log_a x$ は，お互いに**逆関数**の関係にあるので，**直線 $y = x$ に関して対称**となるのは，アタリマエのお話でした!!

問題 15-3　　　　　　　　　　　　　　　　　　　　　標準

関数 $y = 3^x$ を，次の直線や点に関して対称に移動させたときの関数を，(イ)〜(ト) からそれぞれ選べ。

(1) x 軸　　(2) y 軸　　(3) 原点　　(4) $y = x$

(イ) $y = -3^x$　　　(ロ) $y = \left(\dfrac{1}{3}\right)^x$　　　(ハ) $y = -\left(\dfrac{1}{3}\right)^x$

(ニ) $y = \log_3 x$　　(ホ) $y = \log_3(-x)$　　(ヘ) $y = \log_{\frac{1}{3}} x$

(ト) $y = \log_{\frac{1}{3}}(-x)$

しっかり選べよ〜!!

解答でござる

$$y = 3^x \quad \cdots (*)$$

(1) $(*)$ を x 軸に関して対称に移動させると

$$-y = 3^x$$

$$\therefore \quad y = -3^x$$

よって，**(イ)** …(答)

> p.175 参照!!
> y のところを $-y$ に書きかえる!!

> これ以上簡単になりません

(2) $(*)$ を y 軸に関して対称に移動させると

$$y = 3^{-x}$$

$$y = (3^{-1})^x$$

$$\therefore \quad y = \left(\frac{1}{3}\right)^x$$

よって，**(ロ)** …(答)

> p.176 参照!!
> x のところを $-x$ に書きかえる!!

> $3^{-x} = 3^{(-1) \times x} = (3^{-1})^x$

> $3^{-1} = \frac{1}{3}$ です!!

> **ポイント1** のお話です!! よって，知識として知っているならば，計算は不要ですよ

(3) $(*)$ を原点に関して対称に移動させると

$$-y = 3^{-x}$$

$$-y = (3^{-1})^x$$

$$-y = \left(\frac{1}{3}\right)^x$$

$$\therefore \quad y = -\left(\frac{1}{3}\right)^x$$

よって，**(ハ)** …(答)

> p.177 参照!!
> x のところを $-x$
> y のところを $-y$
> に書きかえる!!

> $3^{-x} = 3^{(-1) \times x} = (3^{-1})^x$

> $3^{-1} = \frac{1}{3}$ です!!

(4) $(*)$ を直線 $y = x$ に関して対称に移動させると

$$y = \log_3 x$$

よって，**(ニ)** …(答)

> **ポイント3** です!!
> $y = a^x$ を直線 $y = x$ に関して対称に移動させると $y = \log_a x$ です!!

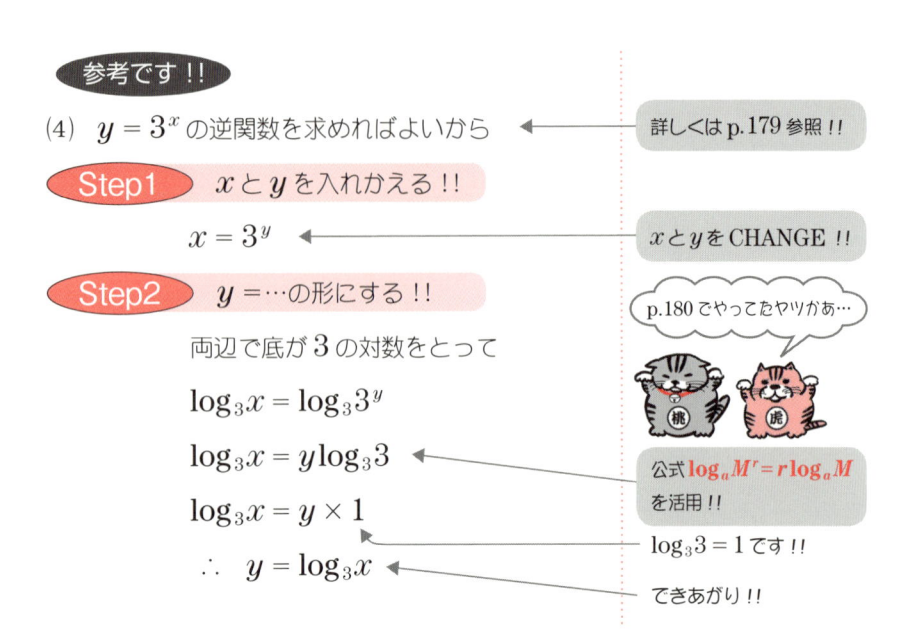

参考です!!

(4) $y=3^x$ の逆関数を求めればよいから ← 詳しくは p.179 参照!!

Step1 x と y を入れかえる!!

$$x = 3^y$$ ← x と y を CHANGE!!

Step2 $y=\cdots$ の形にする!!

両辺で底が 3 の対数をとって

$$\log_3 x = \log_3 3^y$$

$$\log_3 x = y\log_3 3$$ ← 公式 $\log_a M^r = r\log_a M$ を活用!!

$$\log_3 x = y \times 1$$ ← $\log_3 3 = 1$ です!!

$$\therefore \quad y = \log_3 x$$ ← できあがり!!

p.180 でやってたヤツかぁ…

ダメ押しです!!

位置関係は，ざっと次のとおりです。

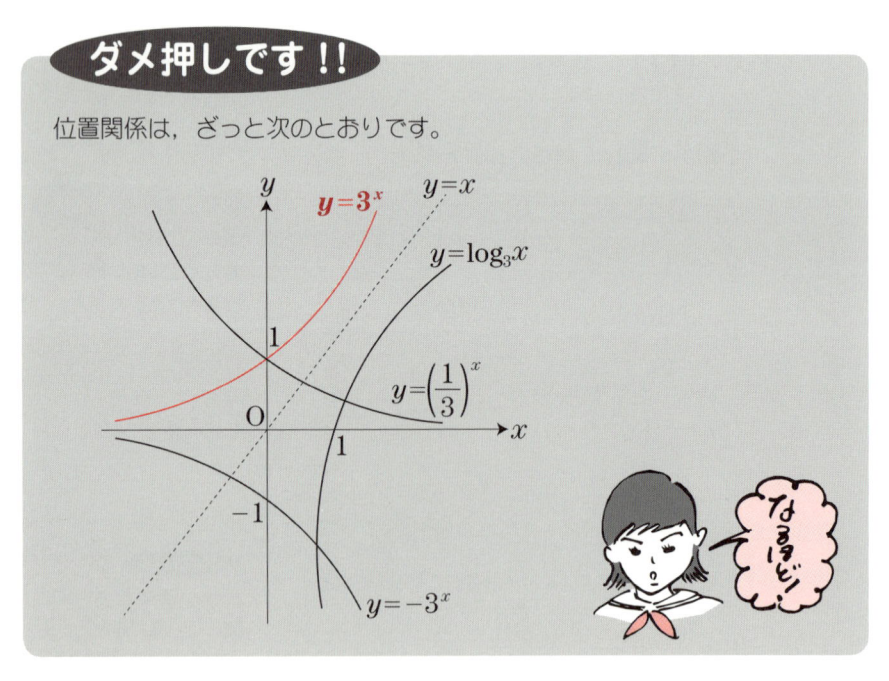

グラフ: $y=3^x$, $y=x$, $y=\log_3 x$, $y=\left(\frac{1}{3}\right)^x$, $y=-3^x$

なるほど！

では，もう一発いっとこう!!

問題 15-4 標準

関数 $y = \log_5 x$ を，次の直線や点に関して対称に移動させたときの関数を，(イ)〜(ト)からそれぞれ選べ。

(1) x軸 (2) y軸 (3) 原点 (4) $y = x$

(イ) $y = 5^x$ (ロ) $y = -5^x$ (ハ) $y = \left(\dfrac{1}{5}\right)^x$

(ニ) $y = -\left(\dfrac{1}{5}\right)^x$ (ホ) $y = \log_5(-x)$ (ヘ) $y = \log_{\frac{1}{5}} x$

(ト) $y = \log_{\frac{1}{5}}(-x)$

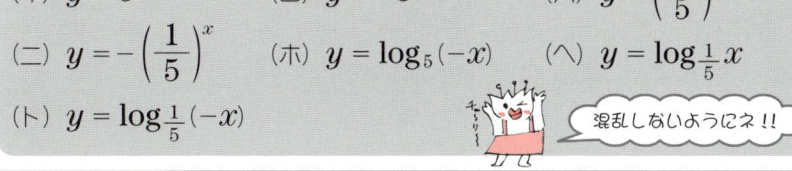

混乱しないようにネ!!

解答でござる

$$y = \log_5 x \quad \cdots (*)$$

(1) $(*)$ を x 軸に関して対称に移動させると

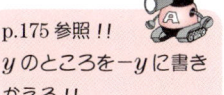

$$-y = \log_5 x$$

p.175 参照!! y のところを $-y$ に書きかえる!!

$$y = -\log_5 x$$

選択肢にないので，変形が必要です!!

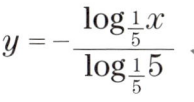

$$y = -\dfrac{\log_{\frac{1}{5}} x}{\log_{\frac{1}{5}} 5}$$

底の変換公式です!! $\log_a b = \dfrac{\log_c b}{\log_c a}$ の活用!!

$$y = \dfrac{\log_{\frac{1}{5}} x}{-\log_{\frac{1}{5}} 5}$$

マイナスを分母に!!

$$y = \dfrac{\log_{\frac{1}{5}} x}{\log_{\frac{1}{5}} 5^{-1}}$$

$-\log_{\frac{1}{5}} 5 = (-1) \times \log_{\frac{1}{5}} 5 = \log_{\frac{1}{5}} 5^{-1}$

$$y = \dfrac{\log_{\frac{1}{5}} x}{\log_{\frac{1}{5}} \dfrac{1}{5}}$$

$5^{-1} = \dfrac{1}{5}$

$$y = \frac{\log_{\frac{1}{5}} x}{1}$$

$\therefore\ y = \log_{\frac{1}{5}} x$

よって，**(ヘ)** …(答)

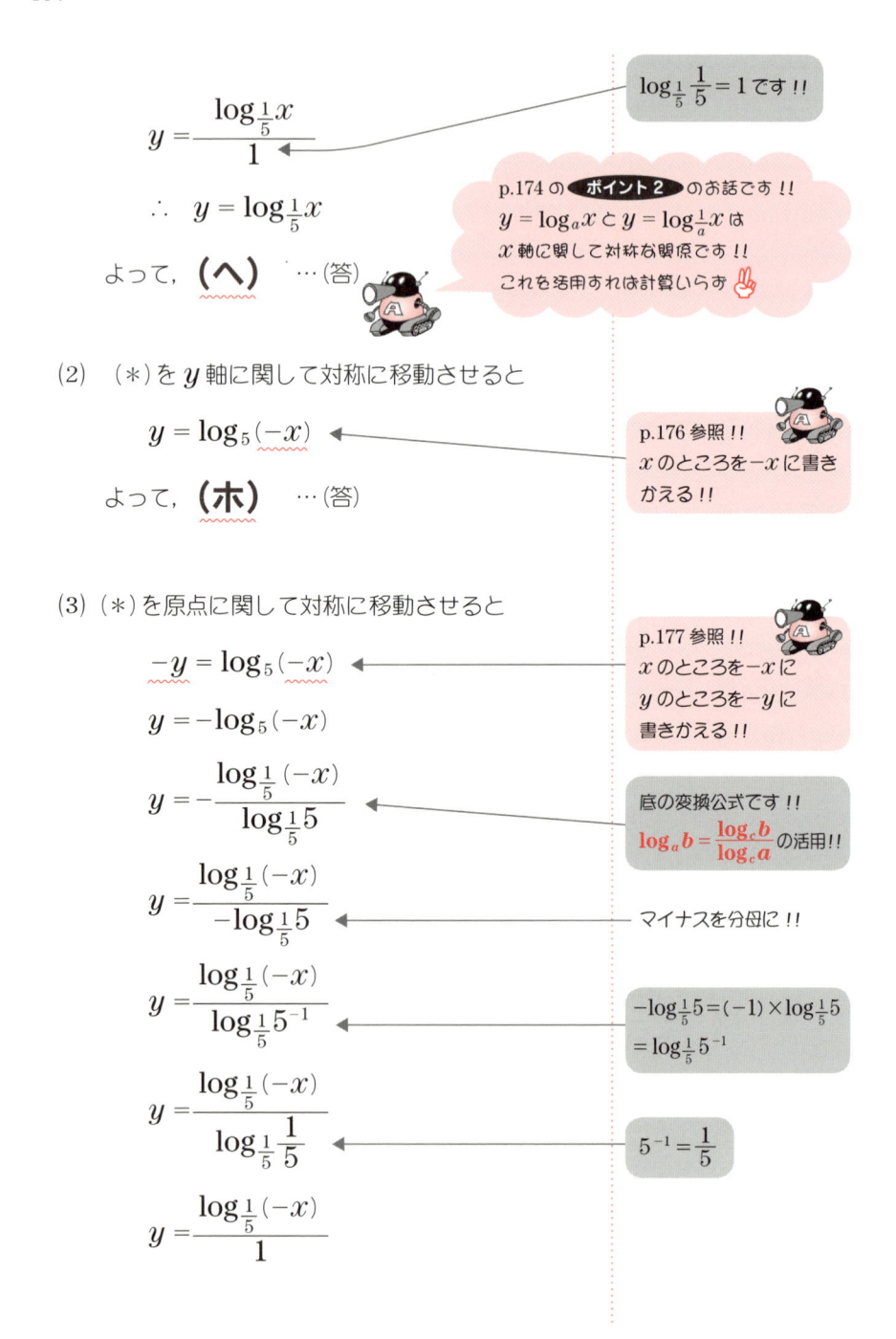

> $\log_{\frac{1}{5}} \frac{1}{5} = 1$ です!!

> p.174 の **ポイント2** のお話です!!
> $y = \log_a x$ と $y = \log_{\frac{1}{a}} x$ は
> x 軸に関して対称な関係です!!
> これを活用すれば計算いらず

(2) (＊)を y 軸に関して対称に移動させると

$$y = \log_5 (-x)$$

よって，**(ホ)** …(答)

> p.176 参照!!
> x のところを $-x$ に書きかえる!!

(3) (＊)を原点に関して対称に移動させると

$$-y = \log_5 (-x)$$

$$y = -\log_5 (-x)$$

$$y = -\frac{\log_{\frac{1}{5}} (-x)}{\log_{\frac{1}{5}} 5}$$

$$y = \frac{\log_{\frac{1}{5}} (-x)}{-\log_{\frac{1}{5}} 5}$$

$$y = \frac{\log_{\frac{1}{5}} (-x)}{\log_{\frac{1}{5}} 5^{-1}}$$

$$y = \frac{\log_{\frac{1}{5}} (-x)}{\log_{\frac{1}{5}} \frac{1}{5}}$$

$$y = \frac{\log_{\frac{1}{5}} (-x)}{1}$$

> p.177 参照!!
> x のところを $-x$ に
> y のところを $-y$ に
> 書きかえる!!

> 底の変換公式です!!
> $\log_a b = \dfrac{\log_c b}{\log_c a}$ の活用!!

> マイナスを分母に!!

> $-\log_{\frac{1}{5}} 5 = (-1) \times \log_{\frac{1}{5}} 5$
> $= \log_{\frac{1}{5}} 5^{-1}$

> $5^{-1} = \dfrac{1}{5}$

$\therefore\ y = \log_{\frac{1}{5}}(-x)$

よって，**(ト)** …(答)

(4) (*)を直線 $y = x$ に関して対称に移動させると

$y = 5^x$

よって，**(イ)** …(答)

> p.178 の **ポイント3** です!!
> $y = \log_a x$ を直線 $y = x$ に関して対称に移動させると，$y = a^x$ です!!

参考です!!

(4) $y = \log_5 x$ の逆関数を求めればよいから

詳しくは p.179 参照!!

Step1 x と y を入れかえる!!

$x = \log_5 y$

x と y を CHANGE!!

Step2 $y = \cdots$ の形にする!!

$y = 5^x$

p.64 参照!!
対数の定義のお話です!!

ダメ押しです!!

位置関係は，ざっと次のとおりです。

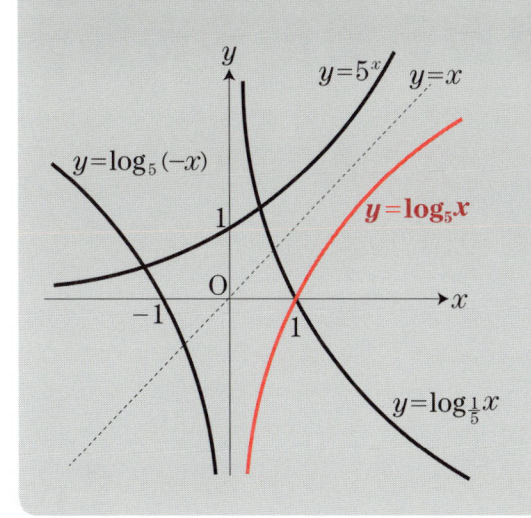

ボクはマスターしたぞ!!

(グラフ: $y = 5^x$，$y = x$，$y = \log_5(-x)$，$y = \log_5 x$，$y = \log_{\frac{1}{5}} x$)

Theme 16 有理数と無理数の話題がからむ問題

難しそうだなぁ…

まず，数の分類について触れておきます。$\sqrt{-3}$ のようにありえない数を **虚数** と申します。え!? なぜありえないって?? 2乗してマイナスになる数なんてないでしょ!! 同様に，$\sqrt[4]{-2}$（4乗してマイナスに!!）や $\sqrt[6]{-5}$（6乗してマイナスに!!）なども虚数です。そりゃそうです。偶数乗してマイナスになる数はありえません

なるほどねぇ…

このような虚数でなく，実際にありえる数を **実数** といい，この実数は，さらに **有理数** と **無理数** に分類されます。では，まとめておきましょう。

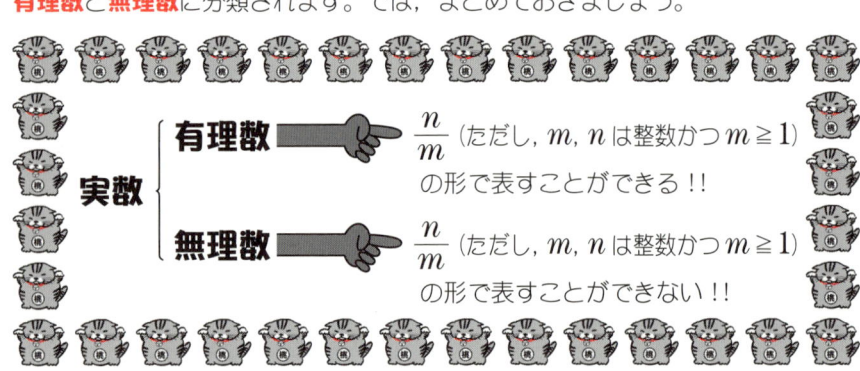

実数 ┬ **有理数** ➡ $\dfrac{n}{m}$（ただし，m, n は整数かつ $m \geq 1$）の形で表すことができる!!
　　 └ **無理数** ➡ $\dfrac{n}{m}$（ただし，m, n は整数かつ $m \geq 1$）の形で表すことができない!!

では，準備をしましょう!!

準備問題

次の数を，有理数と無理数に分類せよ。
(1) 3　　(2) -2　　(3) $\dfrac{1}{3}$　　(4) 0.3　　(5) $\sqrt{2}$　　(6) π

解答でござる

(1) $3 = \dfrac{3}{1}$
よって，3は **有理数** …(答)

$\dfrac{n}{m}$（ただし，m, n は整数かつ $m \geq 1$）で表せました!!

(2) $-2 = \dfrac{-2}{1}$

よって，-2 は **有理数** …(答)

(3) $\dfrac{1}{3}$ は **有理数** …(答)

(4) $0.3 = \dfrac{3}{10}$

よって，0.3 は **有理数** …(答)

(5) $\sqrt{2} = 1.414213\cdots\cdots$

これは，$\dfrac{n}{m}$（ただし，m, n は整数かつ $m \geq 1$）の形で表すことができません。

よって，$\sqrt{2}$ は **無理数** …(答)

(6) $\pi = 3.1415\cdots\cdots$

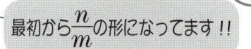

これは，$\dfrac{n}{m}$（ただし，m, n は整数かつ $m \geq 1$）の形で表すことができません。

よって，π は **無理数** …(答)

ちょっと言わせて

ちなみに，**規則的**かつ永久に続く小数のことを **循環小数** と申しまして，コイツは **有理数** なんですよ

$0.333333333333\cdots\cdots = \dfrac{1}{3}$

$0.121212121212\cdots\cdots = \dfrac{4}{33}$

$0.594594594594\cdots\cdots = \dfrac{22}{37}$

このように，循環小数は $\dfrac{n}{m}$（ただし，m, n は整数かつ $m \geq 1$）の形になるので，有理数ということになります。

では，本題です．

問題 16-1 （ちょいムズ）

$\log_2 3$ が無理数であることを証明せよ．

> 無理数であることを直接証明するのは難しいので，**有理数でない**ことを証明します．そこで，有理数であると仮定して矛盾を導く作戦に出ます！！これを，人呼んで**背理法**と申します．

> 背理法…聞いたことあるぞ！！

解答でござる

証明の仕方を覚えておこう！！

$\log_2 3$ が有理数であると仮定する．つまり

$$\log_2 3 = \frac{n}{m} \quad \cdots ①$$

（ただし，m, n は整数かつ $m \geq 1$）

と表すことができると仮定する．

有理数の定義です！！ p.186 参照！！

①より

$$3 = 2^{\frac{n}{m}}$$

$\log_a b = p$
$\Updownarrow$
$b = a^p$

対数の定義です！！ p.64 参照！！

両辺を m 乗して

$$3^m = \left(2^{\frac{n}{m}}\right)^m$$

$$3^m = 2^n \quad \cdots ②$$

$\left(2^{\frac{n}{m}}\right)^m = 2^{\frac{n}{m} \times m} = 2^n$

m, n は整数であるから，②の左辺は 3 の倍数である．一方，②の右辺は 2 の倍数であるが，3 の倍数ではない．したがって，②は等式として成立しない．つまり，①自体が誤りということになるので，仮定に反する結果となった．よって，$\log_2 3$ は有理数ではなく，無理数である．

仮定して，仮定が誤りである状況にもっていく！！ これこそが，**背理法**の神髄である！！

（証明終わり）

オイラがネコであることも証明できるのか？？

少しレベルを上げてみましょう。

問題 16-2 〔モロ難〕

次の各問いに答えよ。

(1) $2^x = 3^y$ をみたす有理数 x, y を求めよ。ただし，$\log_2 3$ が無理数であることは，必要ならば使ってもよい。

(2) $5^x 3^{y+2} = 5^{y+1} 9^x$ をみたす有理数 x, y を求めよ。ただし，$\log_3 5$ が無理数であることは，必要ならば使ってもよい。

ナイスな導入!!

x と y に **有理数** という制限があるところが最大のポイント!!

(1)を例にして，先に結論から言ってしまおう!!

$$2^x = 3^y$$

こんな式が成立するのは，ぶっちゃけ $2^0 = 1$ かつ $3^0 = 1$ となる場合しかありません!!

つまり!!

$$x = 0 \text{ かつ } y = 0$$

いきなり??

となります。

しかしながら，これでは解答になりません

そいやそーだ!!

そこで!!

$$y \neq 0 \text{ を仮定して矛盾を導こう!!}$$

もちろん，$x \neq 0$ を仮定する方法もあります。

では，実際にやってみましょう。

解答でござる

(1) $2^x = 3^y$ …①

$y \neq 0$ を仮定すると，①の両辺を $\frac{1}{y}$ 乗することにより

$$(2^x)^{\frac{1}{y}} = (3^y)^{\frac{1}{y}}$$

$$2^{\frac{x}{y}} = 3$$

$\therefore \quad \frac{x}{y} = \log_2 3$ …②

x, y が有理数のとき，$\frac{x}{y}$ も有理数となるので，②で $\log_2 3$ も有理数となってしまい，**$\log_2 3$ が無理数であることに反する**。よって，仮定が誤りで $y = 0$ ということになる。

①で，$y = 0$ のとき

$$2^x = 3^0$$

$\therefore \quad 2^x = 1$

つまり，$x = 0$

以上，まとめて

$$\boldsymbol{x = 0, \; y = 0} \quad \text{…(答)}$$

（吹き出し）$y \neq 0$ を仮定して，これが誤りであれば $y = 0$ が決定します!!

（吹き出し）$(3^y)^{\frac{1}{y}} = 3^{y \times \frac{1}{y}} = 3^1 = 3$

（吹き出し）$b = a^p$ ⇔ $\log_a b = p$ 対数の定義です!!

（吹き出し）$\frac{\text{有理数}}{\text{有理数}} = \text{有理数}$ です!!

（吹き出し）本問では，「$\log_2 3$ が無理数であることは，必要ならば使ってもよい」と書いてあります。ちなみに，$\log_2 3$ が無理数であるという証明は，問題 16-1 でやってます。

（吹き出し）そうだったね!!

(2)

（吹き出し）本問は，$3^{\blacktriangle}$ と $5^{\bullet}$ が左辺と右辺にバラけているので，コイツらをまとめることから始めましょう!! つまり，(1)のような展開に運びやすいように…

$$3^{\blacktriangle} = 5^{\bullet}$$

の形にもっていきます。

（吹き出し）結局，(1)の解法と同じになるわけか…

$$5^x 3^{y+2} = 5^{y+1} 9^x$$
$$5^x 3^{y+2} = 5^{y+1} (3^2)^x$$
$$5^x 3^{y+2} = 5^{y+1} 3^{2x}$$
$$\frac{3^{y+2}}{3^{2x}} = \frac{5^{y+1}}{5^x}$$
$$3^{y+2-2x} = 5^{y+1-x} \quad \cdots ①$$
$$3^{-2x+y+2} = 5^{-x+y+1}$$

$\underline{-x+y+1 \neq 0}$ を仮定すると，①の両辺を $\dfrac{1}{-x+y+1}$ 乗することにより

$$\left(3^{-2x+y+2}\right)^{\frac{1}{-x+y+1}} = \left(5^{-x+y+1}\right)^{\frac{1}{-x+y+1}}$$

$$3^{\frac{-2x+y+2}{-x+y+1}} = 5$$

$$\therefore \quad \frac{-2x+y+2}{-x+y+1} = \log_3 5 \quad \cdots ②$$

x, y が有理数のとき，$\dfrac{-2x+y+2}{-x+y+1}$ も有理数となるので，②で $\log_3 5$ も有理数となってしまい，**$\log_3 5$ が無理数であることに反する。**

よって，仮定が誤りで

$$\boldsymbol{-x+y+1=0} \quad \cdots ③$$

ということになる。

　③を①に代入して

$$3^{-2x+y+2} = 5^0$$

$$\therefore \quad 3^{-2x+y+2} = 1$$

つまり

$$\boldsymbol{-2x+y+2 = 0} \quad \cdots ④$$

③,④を解いて

$$x = 1, \quad y = 0 \quad \cdots (答)$$

$$\begin{array}{r} -x+y+1=0 \quad \cdots ③ \\ -\underline{)-2x+y+2=0 \quad \cdots ④} \\ x \quad -1 = 0 \end{array}$$
$$\therefore \quad x = 1$$

確認です!!

もしも，$\log_2 3$ や $\log_3 5$ が無理数であることを活用できなかったら，どうしますか？？　本問では，活用してよいと問題文中に書いてあったので，遠慮なく使わせていただきましたが…（^o^）v

(2)の場合で補足説明をします。

答案としては，冒頭で $\log_3 5$ が無理数であることを説明してしまいましょう。説明の仕方は，**問題 16-1** で $\log_2 3$ が無理数であることを証明した方法とまったく同じです。では，やってみましょうか…

$\log_3 5$ が有理数であると仮定する。つまり

$$\log_3 5 = \frac{n}{m} \text{（ただし，} m, n \text{ は整数かつ } m \geq 1 \text{）} \quad \cdots ①$$

と表すことができると仮定する。

①より

$$5 = 3^{\frac{n}{m}}$$

対数の定義です!!
$\log_a b = p \Leftrightarrow b = a^p$

両辺を m 乗して

$$5^m = 3^n \quad \cdots ②$$

$5^m = \left(3^{\frac{n}{m}}\right)^m$ より

m, n は整数であるから，②の左辺は 5 の倍数である。一方，②の右辺は 3 の倍数であるが，5 の倍数ではない。よって，②は等式として成立しない。つまり，①自体が誤りということになるので，仮定に反する結果となった。したがって，「$\log_3 5$ は有理数ではなく無理数である。…（＊）」としておいて，先ほどの答案につなげていけば OK です。

Theme 17 公式証明ダイジェスト！

問題 17-1 [標準]

次の公式を証明せよ。
ただし, $a > 0$, $a \neq 1$, $M > 0$, $N > 0$, r は実数とする。

(1) $\log_a M + \log_a N = \log_a MN$

(2) $\log_a M - \log_a N = \log_a \dfrac{M}{N}$

(3) $\log_a M^r = r \log_a M$

証明でござる

(1) $\begin{cases} x = \log_a M \\ y = \log_a N \end{cases}$ …① とおく。

このとき, ①より, $\begin{cases} M = a^x \\ N = a^y \end{cases}$ …② となる。

（対数つまり log の定義です！ $P = \log_a b \Leftrightarrow b = a^P$）

ここで, ②から, $MN = a^x \times a^y = a^{x+y}$

（対数つまり log の定義です！ $P = \log_a b \Leftrightarrow b = a^P$）

$\therefore \ x + y = \log_a MN$ …③

一方, ①から, $x + y = \log_a M + \log_a N$ …④（一致！）

③④から, $\boldsymbol{\log_a M + \log_a N = \log_a MN}$ （証明終わり）

(2) ②から, $\dfrac{M}{N} = \dfrac{a^x}{a^y} = a^{x-y}$

（対数つまり log の定義です！ $P = \log_a b \Leftrightarrow b = a^P$）

$\therefore \ x - y = \log_a \dfrac{M}{N}$ …⑤

一方, ①から, $x - y = \log_a M - \log_a N$ …⑥（一致！）

⑤⑥から, $\boldsymbol{\log_a M - \log_a N = \log_a \dfrac{M}{N}}$ （証明終わり）

(3) $x = \log_a M$ …⑦ とおく。

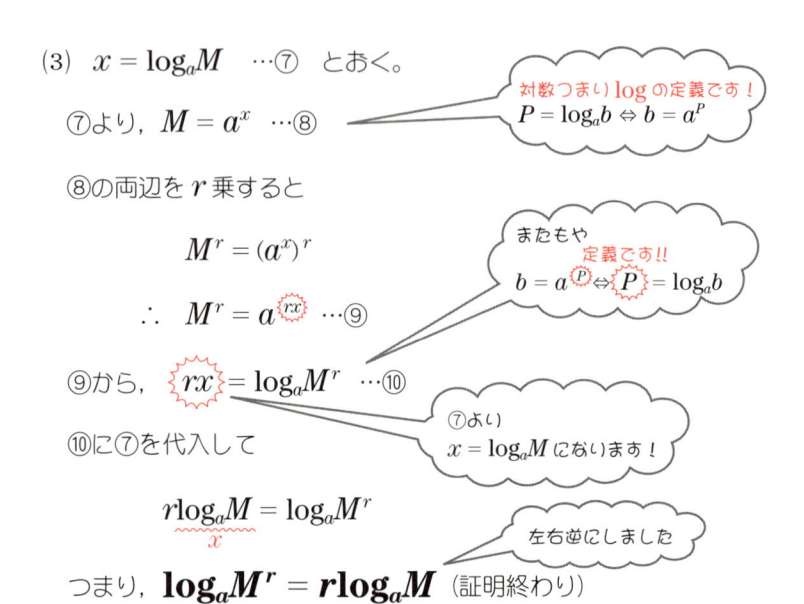

⑦より, $M = a^x$ …⑧

> 対数つまり $\log$ の定義です！
> $P = \log_a b \Leftrightarrow b = a^P$

⑧の両辺を r 乗すると

$$M^r = (a^x)^r$$

$$\therefore \quad M^r = a^{rx} \text{ …⑨}$$

> またもや定義です!!
> $b = a^{\boxed{P}} \Leftrightarrow \boxed{P} = \log_a b$

⑨から, $\boxed{rx} = \log_a M^r$ …⑩

> ⑦より $x = \log_a M$ になります！

⑩に⑦を代入して

$$r\underline{\log_a M}_{x} = \log_a M^r$$

> 左右逆にしました

つまり, $\boldsymbol{\log_a M^r = r\log_a M}$ （証明終わり）

問題 17-2 【標準】

a, c が 1 以外の正の数, $b > 0$ のとき,
$\log_a b = \dfrac{\log_c b}{\log_c a}$ を証明せよ。

証明でござる

$x = \log_a b$ …① とおく。

> 対数の定義！

このとき, ①より, $b = a^x$ …②

②より, $\log_c b = \log_c a^x = x\log_c a$ …③

③より, $\dfrac{\log_c b}{\log_c a} = \dfrac{x\log_c a}{\log_c a} = x$ …④

> この公式にはお世話になったね♥

①④を比較して, $\boldsymbol{\log_a b = \dfrac{\log_c b}{\log_c a}}$ （証明終わり）

問 題 一 覧 表

問題 1-1　　　　　　　　　　　　　　　　　　　　　　　基礎の基礎

次の式を簡単にせよ。

(1) $\sqrt[4]{125} \times \sqrt[4]{5}$

(2) $\sqrt[3]{24} \div \sqrt[3]{3}$

(3) $\sqrt[4]{162} \times \sqrt[4]{64} \div \sqrt[4]{8}$

(4) $\sqrt[5]{-192} \div \sqrt[5]{12} \times \sqrt[5]{486}$ (p.10)

問題 1-2　　　　　　　　　　　　　　　　　　　　　　　基礎

次の式を簡単にせよ。

(1) $3\sqrt{8} + \sqrt{18} - 2\sqrt{2} - \sqrt{50}$

(2) $2\sqrt[3]{81} - \sqrt[3]{-3} + 4\sqrt[3]{-192} + 5\sqrt[3]{24}$

(3) $2\sqrt[4]{32} + 3\sqrt[4]{162} - 2\sqrt[4]{1250}$ (p.14)

問題 2-1　　　　　　　　　　　　　　　　　　　　　　　基礎の基礎

次の式を簡単にせよ。

(1) $7^0 \times 3^2 \times 2^3 \times 6^{-2}$　　(2) $(2^3)^{-2}$

(3) $\sqrt[3]{2^2} \times \sqrt[6]{6^2} \times \sqrt[12]{3^8}$　　(4) $\sqrt[5]{3^4} \times 9^{\frac{1}{10}} \times 3^{-1}$

(5) $\sqrt[3]{-2^4} \times \sqrt{10} \times 2^{\frac{1}{6}} \times 5^{-\frac{1}{2}}$ (p.18)

問題 2-2　基礎

次の式を簡単にせよ。ただし，$a > 0$, $b > 0$ とする。

(1) $\sqrt{a} \times \sqrt[3]{a} \times \sqrt[6]{a}$

(2) $\sqrt[4]{a^2 \sqrt{a^3 \sqrt[3]{a^2}}}$

(3) $\sqrt[3]{a\sqrt{a}} \times \sqrt[4]{a} \div \sqrt{a\sqrt{a}}$

(4) $(a^{\frac{1}{4}} - b^{\frac{1}{4}})(a^{\frac{1}{4}} + b^{\frac{1}{4}})(a^{\frac{1}{2}} + b^{\frac{1}{2}})$ 　　　　　　(p.22)

問題 2-3　標準

次の式を簡単にせよ。

(1) $4 \times 24^{\frac{1}{3}} - 3 \times 81^{\frac{1}{3}}$

(2) $\sqrt[3]{-54} + 2\sqrt[6]{4} + \sqrt[3]{16}$

(3) $\sqrt[4]{2^9} - \sqrt[4]{2} - \sqrt[4]{2^6} \div \sqrt[4]{2}$ 　　　　　　(p.24)

問題 2-4　標準

$2^x + 2^{-x} = 5$ のとき，次のそれぞれの値を求めよ。

(1) $4^x + 4^{-x}$

(2) $8^x + 8^{-x}$ 　　　　　　(p.28)

問題 3-1　基礎の基礎

次の各組の数で大きい方を答えよ。

(1) $A = 3^{\frac{3}{2}}$, $B = 3^{\frac{5}{4}}$

(2) $A = \sqrt[5]{2^3}$, $B = \sqrt[8]{2^5}$

(3) $A = \left(\dfrac{1}{3}\right)^{\frac{5}{6}}$, $B = \left(\dfrac{1}{3}\right)^{\frac{6}{7}}$ 　　　　　　(p.33)

問題 3-2 【基礎】

次の不等式を解け。

(1) $3^{2x} < 3^{x+5}$

(2) $5^{3x+2} \geqq 25^{x+3}$

(3) $\left(\dfrac{1}{3}\right)^{2x+1} < \left(\dfrac{1}{3}\right)^{-x+3}$

(4) $(\sqrt{2})^{x+2} < 8^{x-1}$

(5) $\left(\dfrac{1}{2}\right)^{x^2+1} > \left(\dfrac{1}{2}\right)^{x+3}$

(p.35)

問題 3-3 【標準】

次の各組の数を小さい順に並べよ。

(1) $A = 2^{\frac{1}{2}}, \quad B = 3^{\frac{1}{3}}, \quad C = 5^{\frac{1}{4}}$

(2) $A = \sqrt{2}, \quad B = \sqrt[3]{3}, \quad C = \sqrt[5]{5}$

(3) $A = \sqrt[3]{3}, \quad B = \sqrt[4]{5}, \quad C = \sqrt[5]{6}$

(p.38)

問題 4-1 【標準】

次の方程式を解け。

(1) $4^x - 2^{x+1} - 8 = 0$

(2) $9^{x+1} + 8 \cdot 3^x - 1 = 0$

(3) $8^x + 2 \cdot 4^x - 2^x - 2 = 0$

(p.43)

問題 4-2 【ちょいムズ】

次の連立方程式を解け。

(1) $\begin{cases} 2^x + 2^y = 40 & \cdots ① \\ 2^{x+y} = 256 & \cdots ② \end{cases}$

(2) $\begin{cases} 4^x = 8^{y-1} & \cdots ① \\ 27^x = 3^{y+1} & \cdots ② \end{cases}$

(p.47)

問題 4-3 【ちょいムズ】

次の不等式を解け。

(1) $4^x - 17 \cdot 2^{x-1} + 4 < 0$

(2) $5^{2x+1} + 59 \cdot 5^x - 12 > 0$

(3) $27^x - 4 \cdot 3^{2x-1} + 3^{x-1} \leqq 0$

(p.50)

問題 5-1 【標準】

関数 $y = 4^{x+1} + 2^{x+2} + 3$ のとり得る値の範囲を求めよ。

(p.55)

問題 5-2 【ちょいムズ】

$y = 4^x + 4^{-x} - 5(2^x + 2^{-x}) + 3$ がある。このとき,

(1) $t = 2^x + 2^{-x}$ とするとき, y を t の式で表せ。

(2) t の最小値とそのときの x の値を求めよ。

(3) y の最小値とそのときの x の値を求めよ。

(p.59)

問題 6-1 【基礎の基礎】

次の方程式を解け。

(1) $3^x = 5$

(2) $7^x = 13$

(3) $4^x - 2^{x+1} - 3 = 0$

おまけ 懐かしのタイプ…

(4) $2^x = 8$ theme 4 のタイプ！

(p.64)

問題 6-2 【基礎】

$\log_{10} 2 = a$, $\log_{10} 3 = b$, $\log_{10} 7 = c$ として, 次の値を a, b, c で表せ。

(1) $\log_{10} 6$

(2) $\log_{10} 24$

(3) $\log_{10} \dfrac{12}{49}$

(4) $\log_{10} 5$

(5) $\log_{10} \sqrt{21}$

(p.68)

問題 6-3 標準

次の式の値を求めよ。

(1) $\log_{10}\dfrac{4}{5} + 2\log_{10}5\sqrt{5}$

(2) $\log_2 30 + 2\log_2 3 - \log_2 135$

(3) $\log_5 75 + \log_5 15 - \dfrac{1}{2}\log_5 81$

(4) $2\log_3\dfrac{\sqrt{5}}{4} - \dfrac{1}{2}\log_3 5 + 4\log_3 2 - \dfrac{1}{2}\log_3\dfrac{5}{9}$

(p.71)

問題 7-1 標準

x, y, z が 1 と異なる正の実数であるとき，
$(\log_x y)\cdot(\log_y z)\cdot(\log_z x)$ の値を求めよ。

(p.74)

問題 7-2 標準

次の式の値を求めよ。

(1) $\log_3 25 \cdot \log_5 81$

(2) $\log_4 9 \cdot \log_3 125 \cdot \log_5 8$

(p.76)

問題 7-3 ちょいムズ

次の値を求めよ。

(1) $25^{\log_5 3}$

(2) $81^{\log_3 7}$

(3) $\sqrt{6}^{\frac{1}{2}\log_6 4}$

(p.79)

問題 8-1 基礎

次の方程式を解け。

$2\log_2(x+1) = \log_2(x+7)$

(p.82)

問題 8-2 　標準

次の方程式を解け。

$$\log_3(x-3) = \log_9(x-1)$$

(p.83)

問題 8-3 　標準

次の方程式を解け。

(1) $\log_2(2x+3) + \log_2(4x+1) = 2\log_2 5$

(2) $2\log_3(x+5) - \log_3(x+3) = \log_3 10$

(3) $\log_2(x-5) - \log_4(x-1) = \dfrac{1}{2}$

(4) $\log_3(11-x) - 1 = \log_9(x-1)$

(p.86)

問題 8-4 　標準

次の方程式を解け。

(1) $(\log_2 x)^2 - 3\log_2 x + 2 = 0$

(2) $(\log_3 x)^2 - \log_3 x^2 - 3 = 0$

(3) $(\log_2 x^2)^2 + 8(\log_2 x - 4) = 0$

(p.90)

問題 8-5 　標準

次の方程式を解け。

$$3\log_2 x + 3\log_x 2 = 10$$

(p.94)

問題 9-1 　標準

次の不等式を解け。

(1) $\log_2(2x-3) < 3$　　(2) $\log_{\frac{1}{2}}(x+2) < 0$

(p.99)

問題 9-2 〔ちょいムズ〕

次の不等式を解け。

(1) $\log_2 x + \log_2(10-x) < 4$

(2) $2\log_{\frac{1}{3}}(x-2) > \log_{\frac{1}{3}}(x+4)$

(3) $\log_2(x-3) < 2\log_4(3x+5) - \log_2(x+5)$

(p.101)

問題 9-3 〔ちょいムズ〕

次の不等式を解け。ただし，$a > 0$ かつ $a \neq 1$ とする。

(1) $\log_a(2-x) \geqq \log_a(x+5)$

(2) $\log_a(3-x) < \log_a 2 + \log_a x$

(3) $\log_a 3 + \log_a(x^2-x-6) \geqq \log_a 2 + \log_a(x^2-5x)$

(p.105)

問題 10-1 〔基礎〕

次の数を小さい順に並べよ。

(1) $A = \log_3 7$, $B = 2$, $C = 3\log_3 2$

(2) $A = \log_{\frac{1}{3}} 2$, $B = 2$, $C = -\log_{\frac{1}{3}} 5$

(p.110)

問題 10-2 〔基礎〕

次の数を小さい順に並べよ。

(1) $A = \log_5 2$, $B = \log_5 \frac{1}{3}$, $C = 0$

(2) $A = \log_{\frac{1}{2}} \frac{1}{3}$, $B = \log_{\frac{1}{2}} 5$, $C = 0$

(p.111)

問題 10-3 〔標準〕

次の数を小さい順に並べよ。

$$A = 2\log_2 3, \quad B = 3\log_4 3, \quad C = \frac{5}{2}$$

(p.113)

問題 10-4 〔ちょいムズ〕

$1 < x < a < 2$ のとき,
$$A = \log_a x^2, \quad B = \log_a 2x, \quad C = \log_a x, \quad D = (\log_a x)^2$$
を小さい順に並べよ。

(p.116)

問題 11-1 〔標準〕

$2 \leq x \leq 16$ のとき,次の関数の最大値と最小値と,そのときの x の値を求めよ。
$$y = (\log_2 x)^2 - 4\log_2 x + 5$$

(p.119)

問題 11-2 〔標準〕

$\dfrac{1}{9} \leq x \leq 27$ のとき,次の関数の最大値と最小値と,そのときの x の値を求めよ。
$$y = (\log_{\frac{1}{3}} x)^2 + \log_{\frac{1}{3}} x^2 + 2$$

(p.121)

問題 11-3 〔ちょいムズ〕

$x \geq 3$, $y \geq 3$, $xy = 81$ のとき,$(\log_3 x)(\log_3 y)$ の最大値と最小値,またそのときの x, y の値を求めよ。

(p.123)

問題 11-4 〔標準〕

次の各問いに答えよ。
(1) $y = \log_3(x^2 - 2x + 10)$ の最小値と,そのときの x の値を求めよ。
(2) $y = \log_{\frac{1}{2}}(x^2 - 4x + 8)$ の最大値と,そのときの x の値を求めよ。
(3) $y = \log_2(x+5) + \log_2(3-x)$ の最大値と,そのときの x の値を求めよ。

(p.127)

問題 12-1 【標準】

n が自然数であるとき，次の不等式をみたす n の値を求めよ。ただし，$\log_{10}2 = 0.3010$, $\log_{10}3 = 0.4771$ とする。

$$200000 < 3^n < 5000000$$

(p.131)

問題 12-2 【標準】

とあるアニメでのお話です。ネコのようなロボットが，ある子どもに，時間が 1 分経つと 2 倍に増えるまんじゅうを 1 個与えました。食べてしまえばよかったものの，この子どもは食べなかったので，どんどんまんじゅうが増えて，大変なことになってしまいました。このまんじゅうが 1 億個を超えるのは何分後でしょうか。ただし，$\log_{10}2 = 0.3010$ とする。

(p.133)

問題 12-3 【標準】

桃太郎銀行の年利（複利）は 8% の固定利率で，虎次郎銀行の年利（複利）は 5% の固定利率である。$\log_{10}2=0.3010$, $\log_{10}3=0.4771$, $\log_{10}7=0.8451$ として，次の各問いに答えよ。

(1) 桃太郎銀行に 10 万円預金したとする。預金額が 20 万円を超えるのは，何年後であるか。

(2) 桃太郎銀行に 10 万円，虎次郎銀行に 20 万円預金したとする。預金額が逆転するのは何年後であるか。

(p.134)

問題 13-1 【標準】

2^{100} は何桁の数か。ただし，$\log_{10}2 = 0.3010$ とする。

(p.140)

問題 13-2 ちょいムズ

3^{100} について，以下の問いに答えよ。
ただし，$\log_{10}2 = 0.3010$，$\log_{10}3 = 0.4771$ とする。

(1) 3^{100} は何桁の数か。
(2) 3^{100} の最高位の数を求めよ。

(p.141)

問題 13-3 ちょいムズ

次の数の**桁数**と**最高位**の数を求めよ。
ただし，$\log_{10}2 = 0.3010$，$\log_{10}3 = 0.4771$，$\log_{10}7 = 0.8451$ とする。

(1) 7^{20}
(2) 6^{50}

(p.145)

問題 13-4 標準

$\left(\dfrac{1}{12}\right)^{100}$ を小数で表したとき，小数点以下にはじめて 0 でない数が現れるのは，小数第何位か？
ただし，$\log_{10}2 = 0.3010$，$\log_{10}3 = 0.4771$ とする。

(p.148)

問題 14-1 基礎

次の不等式が表す領域を図示せよ。

(1) $\log_2 y \geqq \log_2 (x-3)$
(2) $\log_{\frac{1}{2}} y \leqq \log_{\frac{1}{2}} (4-x^2)$

(p.152)

問題 14-2 標準

次の不等式が表す領域を図示せよ。

(1) $\log_x y \geqq \log_x (x^2+1)$
(2) $\log_y (y+2) \leqq \log_y (x+3)$

(p.154)

問題 14-3 [モロ難]

次の不等式が表す領域を図示せよ。

$$\log_x y \geq \log_y x$$

(p.164)

問題 15-1 [標準]

次の各問いに答えよ。

(1) 指数関数 $y = 2^x$ を x 軸方向（x 軸の正の方向）に 3，y 軸方向（y 軸の正の方向）に 5 だけ平行移動させた関数は，$y = A \cdot 2^x + B$ と表せる。このとき，A と B の値を求めよ。

(2) 対数関数 $y = \log_3 x$ を x 軸方向（x 軸の正の方向）に -2，y 軸方向（y 軸の正の方向）に 1 だけ平行移動させた関数は，$y = \log_3(Ax + B)$ と表せる。このとき，A と B の値を求めよ。

(p.170)

問題 15-2 [標準]

次の各問いに答えよ。

(1) 関数 $y = 27\left(3^x + \dfrac{1}{9}\right)$ は，関数 $y = 3^x$ を x 軸方向に p，y 軸方向に q だけ平行移動させたものである。このとき，p, q の値を求めよ。

(2) 関数 $y = \log_2 16(x-3)^2$ は，関数 $y = 2\log_2 x$ を x 軸方向に p，y 軸方向に q だけ平行移動させたものである。このとき，p, q の値を求めよ。

(p.172)

問題 15-3 　標準

関数 $y = 3^x$ を，次の直線や点に関して対称に移動させたときの関数を，(イ)～(ト)からそれぞれ選べ。

(1) x 軸　　(2) y 軸　　(3) 原点　　(4) $y = x$　　　　(p.180)

(イ) $y = -3^x$　　(ロ) $y = \left(\dfrac{1}{3}\right)^x$　　(ハ) $y = -\left(\dfrac{1}{3}\right)^x$

(ニ) $y = \log_3 x$　　(ホ) $y = \log_3(-x)$　　(ヘ) $y = \log_{\frac{1}{3}} x$

(ト) $y = \log_{\frac{1}{3}}(-x)$

問題 15-4 　標準

関数 $y = \log_5 x$ を，次の直線や点に関して対称に移動させたときの関数を，(イ)～(ト)からそれぞれ選べ。

(1) x 軸　　(2) y 軸　　(3) 原点　　(4) $y = x$　　　　(p.183)

(イ) $y = 5^x$　　(ロ) $y = -5^x$　　(ハ) $y = \left(\dfrac{1}{5}\right)^x$

(ニ) $y = -\left(\dfrac{1}{5}\right)^x$　　(ホ) $y = \log_5(-x)$　　(ヘ) $y = \log_{\frac{1}{5}} x$

(ト) $y = \log_{\frac{1}{5}}(-x)$

問題 16-1 　ちょいムズ

$\log_2 3$ が無理数であることを証明せよ。

(p.188)

問題 16-2 モロ難

次の各問いに答えよ。

(1) $2^x = 3^y$ をみたす有理数 x, y を求めよ。ただし，$\log_2 3$ が無理数であることは，必要ならば使ってもよい。

(2) $5^x 3^{y+2} = 5^{y+1} 9^x$ をみたす有理数 x, y を求めよ。ただし，$\log_3 5$ が無理数であることは，必要ならば使ってもよい。

(p.189)

問題 17-1 標準

次の公式を証明せよ。
ただし，$a > 0$, $a \neq 1$, $M > 0$, $N > 0$, r は実数とする。
(1) $\log_a M + \log_a N = \log_a MN$
(2) $\log_a M - \log_a N = \log_a \dfrac{M}{N}$
(3) $\log_a M^r = r \log_a M$

(p.193)

問題 17-2 標準

a, c が1以外の正の数，$b > 0$ のとき，
$\log_a b = \dfrac{\log_c b}{\log_c a}$ を証明せよ。

(p.194)

〔著者紹介〕

坂田　アキラ（さかた　あきら）
　N予備校講師。
　1996年に流星のごとく予備校業界に現れて以来、ギャグを交えた巧みな話術と、芸術的な板書で繰り広げられる"革命的講義"が話題を呼び、抜群の動員力を誇る。
　現在は数学の指導が中心だが、化学や物理、現代文を担当した経験もあり、どの科目を教えさせても受講生から「わかりやすい」という評判の人気講座となる。
　著書は、『DVD付　坂田アキラの 「ベクトル」合格講座』『改訂版 坂田アキラの　数列が面白いほどわかる本』などの数学参考書のほか、理科の参考書として『大学入試　坂田アキラの　化学基礎の解法が面白いほどわかる本』『大学入試　坂田アキラの　物理基礎・物理［力学・熱力学編］の解法が面白いほどわかる本』（以上、KADOKAWA）など多数あり、その圧倒的なわかりやすさから、「受験参考書界のレジェンド」と評されることもある。

坂田アキラの　指数・対数が面白いほどわかる本（検印省略）

2015年 5 月19日　第 1 刷発行
2023年12月 5 日　第 8 刷発行

著　者　坂田　アキラ（さかた　あきら）
発行者　山下　直久

発　行　株式会社KADOKAWA
　　　　〒102-8177　東京都千代田区富士見2-13-3
　　　　電話　0570-002-301（ナビダイヤル）

●お問い合わせ
https://www.kadokawa.co.jp/（「お問い合わせ」へお進みください）
※内容によっては、お答えできない場合があります。
※サポートは日本国内のみとさせていただきます。
※Japanese text only

定価はカバーに表示してあります。

DTP／ニッタプリントサービス　印刷・製本／加藤文明社

©2015 AKIRA SAKATA, Printed in Japan.
ISBN978-4-04-600733-9　C7041

本書の無断複製（コピー、スキャン、デジタル化等）並びに無断複製物の譲渡及び配信は、著作権法上での例外を除き禁じられています。また、本書を代行業者などの第三者に依頼して複製する行為は、たとえ個人や家庭内での利用であっても一切認められておりません。